U0151865

国家科学技术学术著作出版基金资助出版

海洋非成岩天然气水合物固态流化开采模拟实验技术及系统

赵金洲　周守为　魏　纳
李海涛　李清平　郭　平　等 著

科学出版社
北　京

内容简介

本书详细阐述首次系统开展海洋天然气水合物固态流化开采大型物理模拟实验、试采方案制定、工艺优化设计和井下工具研发，全面支持全球首次试采成功的过程。通过技术对标发现，海洋天然气水合物固态流化开采方法属世界首创，模拟实验技术及系统达到国际领先水平，固态流化开采技术有望成为引领全球海洋天然气水合物开发的一项颠覆性技术。

本书可供油气田开发工程、油气井工程、地质工程、海洋油气工程等领域的科技工作者、高校学生以及海洋资源利用的行业决策者参考。

审图号：GS 川（2022）73 号

图书在版编目(CIP)数据

海洋非成岩天然气水合物固态流化开采模拟实验技术及系统 / 赵金洲等著. — 北京：科学出版社, 2022.8

ISBN 978-7-03-067766-2

Ⅰ. ①海… Ⅱ. ①赵… Ⅲ. ①海洋-天然气水合物-气田开发-模拟实验 Ⅳ. ①TE5

中国版本图书馆 CIP 数据核字（2021）第 016789 号

责任编辑：罗　莉 / 责任校对：彭　映

责任印制：罗　科 / 封面设计：墨创文化

科学出版社出版

北京东黄城根北街16号

邮政编码：100717

http://www.sciencep.com

四川煤田地质制图印刷厂印刷

科学出版社发行　各地新华书店经销

*

2022年8月第　一　版　　开本：787×1092　1/16

2022年8月第一次印刷　　印张：14 1/4

字数：340 000

定价：198.00 元

（如有印装质量问题，我社负责调换）

前　言

天然气水合物是甲烷等烃类气体与水相互作用形成的笼形化合物，俗称“可燃冰”，主要分布在陆地冻土带和沿海大陆架，90%以上分布在海域，是潜力巨大的接替能源。《国家中长期科学和技术发展规划纲要(2006—2020 年)》将“天然气水合物开发技术”列为“前沿技术”之一，要求重点研究天然气水合物的勘探理论与开发技术、天然气水合物地球物理与地球化学勘探和评价技术，突破天然气水合物钻井技术和安全开采技术；国家《能源发展战略行动计划(2014—2020 年)》提出积极推进天然气水合物资源勘查与评价，要求加大天然气水合物勘探开发技术攻关力度，培育具有自主知识产权的核心技术，积极推进试采工程；国家《能源技术革命创新行动计划(2016—2030 年)》提出突破天然气水合物勘探开发基础理论和关键技术，开展先导钻探和试采试验，建设天然气水合物开采示范工程；国家《能源生产和消费革命战略(2016—2030)》提出大力研发经济安全的天然气水合物开采技术，稳妥推动天然气水合物试采。

当前，在一系列国家安全构成要素中，能源安全是重中之重，而能源安全矛盾集中体现在油气安全问题上。我国石油和天然气对外依存度已高达 73%和 46%，油气安全形势极其严峻，党和国家要求把油气安全“饭碗”牢牢端在自己手里。近年来，习近平总书记先后作出加强天然气产供储销体系建设，大力提升勘探开发力度，努力保障国家能源安全的重要指示和重要批示，并在 2020 年 9 月 11 日的科学家座谈会上强调“油气勘探开发、新能源技术发展不足”，在 2021 年的两院院士大会、中国科协第十次全国代表大会上再次强调要从国家急迫需要和长远需求出发，在石油天然气等方面关键核心技术上全力攻坚。提升国内油气产量是保障能源安全的压舱石，保障国家油气安全红线必须确保天然气年产量 2600 亿~3000 亿立方米：必须大幅度提高深层气、致密气产量，经济高效开发非常规气，其中页岩气是主体、煤层气是补充、天然气水合物做储备，加快天然气水合物开发研究和试采是保障国家油气安全的重大战略部署。

全球已在 79 个国家和地区发现了天然气水合物，日本、美国、挪威、韩国、印度、中国是开展天然气水合物研究与试采最活跃的六个国家。1965 年，苏联在麦索雅哈气田首次发现冻土天然气水合物，并开展了世界上最早的天然气水合物试采工程；美国天然气水合物调查研究一直走在世界前列，1971 年首次在布莱克海台发现海洋天然气水合物，2002 年采用热激法首次在加拿大麦肯齐冻土区成功实施试采工程，2007~2008 年两次在麦肯齐实施降压法试采，2012 年首次在阿拉斯加北坡成功实施二氧化碳置换法试采，但由于页岩气革命的成功，美国暂缓了天然气水合物试采进程；挪威在天然气水合物二氧化碳置换、海底边坡稳定性、水体及大气环境等方面的研究居世界前列；韩国也十分重视天然气水合物基础研究，正开展郁陵盆地试采区选择和试采监测系统研究；印度于 1997 年开始实施国家天然气水合物计划，目前正在制定东海岸克里希纳-戈达瓦里盆地试采计划。

由于常规油气资源匮乏，日本极其重视天然气水合物资源调查和开发利用研究。1995年日本开始实施为期6年的天然气水合物专项计划，2001年又启动为期15年的“21世纪水合物研发计划”。日本积极参与加拿大、美国冻土天然气水合物试采，掌握了降压法、热激法和二氧化碳置换法试采技术，为其海域试采打下坚实基础。2013年，日本在其南海海槽成功采用降压法实施了全球首次海洋天然气水合物试采，被誉为“世界海洋天然气水合物开发史上的里程碑”；2017年又成功实施两次试采，其海洋天然气水合物降压法开发研究与试采水平居于世界领先地位。

我国从20世纪末开始跟踪研究海洋天然气水合物。20多年来在国家持续支持下取得了重要进展。中国地质调查局2011年在祁连山冻土区首次成功实施降压法和热激法试采试验，2016年运用“山”字形水平对接井再次成功实施降压法试采。2017年5月和2020年2月，由中国地质调查局牵头，在南海神狐海域分别采用直井和水平井成功实施天然气水合物降压法试采并创造了多项世界纪录。

我们将天然气水合物分为成岩型和非成岩型两大类，其中非成岩型占76.5%以上。目前，世界天然气水合物试采技术以降压法为主，降压法主要适合冻土水合物和海洋成岩天然气水合物开发，海洋非成岩天然气水合物采用降压法短期科研试采回避了长期开采面临的环境、装备、生产和工程地质等安全风险。针对海洋非成岩天然气水合物的自然属性和赋存特征，周守为院士2012年在第87届“双清论坛”上首次提出固态流化开采科学思想，2014年在第九届世界天然气水合物研究与开发大会上向全球正式报告“六个利用”科学技术原理和固态流化开采科学思想。固态流化开采的科学实质是将固态天然气水合物先碎化、后流化为天然气水合物浆体，进入封闭管道初步分解，再举升到海面平台深度分解并进行气、液、固分离，从而获得天然气。但固态流化开采原理是否科学可行？开采工艺流程能否实现？试采工程如何实施？为此，西南石油大学联合中海油研究总院有限责任公司、中国航天科工集团四川宏华石油设备有限公司，发明海洋非成岩天然气水合物固态流化开采模拟实验方法及技术，研制成功全球首个具有完全自主知识产权的海洋非成岩天然气水合物固态流化开采大型物理模拟实验系统，实现了1500m水深、4500m管长固态流化开采全程模拟，建成世界首个海洋天然气水合物固态流化开采实验室。首次系统开展海洋非成岩天然气水合物固态流化开采实验，为试采方案制定、工艺优化设计和水下工具研制提供了重要支撑。2017年5月，在我国南海神狐海域成功实施全球首次海洋水合物固态流化试采，是世界海洋水合物开发史上的又一个里程碑。

固态流化开采研究取得突破性进展并处世界领先，2017年12月《Science》杂志以“Latest Achievement of SKL of SWPU”为题报道了固态流化试采以及实验室建设成果。2018年3月，专家鉴定评价“固态流化开采方法世界首创，模拟实验技术及系统国际领先”，《海洋非成岩天然气水合物固态流化开采模拟实验技术及系统》获首个中国石油和化工自动化行业技术发明特等奖。2018年10月，CNKI网络首发石油工业首篇“增强出版”论文《海洋天然气水合物固态流化开采大型物理模拟实验》，CCTV-13《新闻直播间》以此文为典型报道“巩固学术话语权”的重大意义。我国海洋天然气水合物从跟踪研究与试采以来，降压法后来居上，固态流化法国际领跑，世界天然气水合物研究与开发大会(第十二届)提前于2018年11月首次在中国(西南石油大学)召开，来自中国、美国、加拿大、印度、挪威、日本等国家的500余名代表参加会议，中国工程院李晓红院长莅临大会致辞，周守为院士首次代表中国当选世界天然气水合物研究与开发大会执委会委员。2019年团队撰写的《关于扩大可燃冰绿色开采技术领先优势 多元化保障国家能源安全的建议》被中共中央办公厅《每日汇报》单篇采用，供中央领导决策参阅。2019年“海洋非成岩天然气水合物固态流化开采模拟实验技术及系统”获法国道达尔(Total)未来能源创新奖。2020年，提交院士建议《关于稳步推进海域天然气水合物、浅层气和深部常规油气“三气合采 立体开发”重大工程的建议》。2020年完成《面向2035的深海天然气水合物开发战略研究》，入选中国工程院“庆祝建党100周年巡礼百个优秀咨询项目”，撰写出版《中国工程科技2035发展战略研究》第6章“面向2035年的深海天然气水合物开发技术路线图”。2017年获批天然气水合物国家重点实验室、2020年获批海洋天然气水合物开发省部共建协同创新中心、2021年获批深海天然气水合物高效开发学科创新引智基地。

《海洋非成岩天然气水合物固态流化开采模拟实验技术及系统》正是在全面总结这些科研工作基础上撰写完成的。全书分为五章，具体分工如下：第1章由赵金洲、周守为主笔，第2章由赵金洲、李海涛、张耀主笔，第3章由赵金洲、魏纳、郭平主笔，第4章由魏纳、李海涛、王国荣主笔，第5章由周守为、李清平、魏纳主笔。参与本书撰写的还有裴俊、徐汉明、江林、张超、李聪、谯意、郑浩然、张绪超、白睿玲、张盛辉、廖兵、赵幸欣、王晓然、邱彤、吴江、王鑫伟、张傲洋、薛瑾。全书由魏纳教授统稿、赵金洲教授定稿。本书的撰写得到了中海油研究总院有限责任公司、中国航天科工集团四川宏华石油设备有限公司和科学出版社的大力支持以及科技部国家科学技术学术著作出版基金和国家重点研发计划项目的资助。西南石油大学罗平亚院士等专家也为本书提出了许多宝贵的撰写和修改意见。

海洋天然气水合物高效开发研究与试采是新兴战略科技领域，其理论与技术尚在不断完善之中，敬请读者和专家批评指止。同时，也诚挚感谢长期以来关心、支持西南石油大学海洋天然气水合物学科发展的同志们。

赵金洲

2021年12月

目 录

第 1 章 天然气水合物资源调查与试采技术研究现状

1.1 天然气水合物资源特点及分布

全球一次能源正在迈入石油、天然气、煤炭和新能源“四分天下”的格局，但相当长一段时期内新能源还难以独担重任，石油与天然气仍然是当下不可或缺的主力能源[1]。当今世界，能源安全是各国国家安全的优先领域，抓住能源就抓住了国家发展和安全战略的“牛鼻子”[2]。相关数据显示[3,4]，2021 年我国累计生产天然气 $2.053\times10^{11}m^3$，对外依存度达 46%，国家能源安全形势极为严峻。

作为世界最大的能源消费国，如何有效保障国家能源安全、有力保障国家经济社会发展，始终是我国能源发展的首要问题。2014 年 6 月，习近平总书记在中央财经领导小组第六次会议上强调，能源安全是关系国家经济社会发展的全局性、战略性问题，对国家繁荣发展、人民生活改善、社会长治久安至关重要。现今能源开发，稳油增气是大势所趋，天然气将形成对石油的“第一次革命”，进入天然气发展时代。面对能源供需格局新变化、国际能源发展新趋势，为保障国家能源安全，必须推动能源生产和消费革命。

天然气水合物是甲烷等烃类气体与水在高压、低温条件下形成的笼形结晶状化合物，俗称“可燃冰”[5]。在天然气水合物中，水分子作为主体形成笼形结构，甲烷等烃类气体作为客体分子进入并填充到主体分子构成的多面体晶体中，两者通过范德华力产生相互作用。在标准状况下，完全饱和的 $1m^3$ 天然气水合物可以分解为 $164m^3$ 天然气和 $0.8m^3$ 水。因此，天然气水合物具有储气密度高、燃烧热值高等特点，是一种清洁高效的能源[6]。

天然气水合物具有资源量大的特点，全球总资源量达 $7.6\times10^{18}m^3$，是已知含碳化合物(包括煤、石油和常规天然气等)总和的 2 倍，仅我国南海资源量就达 $8.5\times10^{13}m^3$，是全国陆地常规天然气储量的 2.12 倍。从长远看，页岩气、页岩油、天然气水合物等非常规油气必将形成对常规油气的“第二次革命”，尤其是“水合物革命”有可能比“页岩气革命”更具颠覆性。未来天然气水合物商业化开发预计将使我国天然气对外依存度降低 20%，将在推动能源生产和消费革命以及中美贸易摩擦日益激烈的背景下在国家能源安全与南海维权等方面发挥重大作用[7-11]。

天然气水合物高效开发是当今世界科技创新及竞争的前沿和热点，其开采技术在国家层面具有战略性和革命性特征，近年来受到国家高度重视。2006 年，《国家中长期科学和技术发展规划纲要(2006—2020 年)》[12]将天然气水合物开发技术部署为 24 项前沿技术之一，提出突破天然气水合物钻井技术和安全开采技术；2014 年，国家《能源发展战略行动计划(2014—2020 年)》提出加大天然气水合物勘探开发技术攻关力度，培育具有自主知识产权的核心技术，积极推进试采工程；2016 年，国家《能源技术革命创新行动计划(2016—2030 年)》提出突破天然气水合物勘探开发基础理论和关键技术，开展先导钻探和试采试验。2017 年 11 月 16 日，国土资源部(现自然资源部)在北京召开新闻发布会[13-15]，国务院正式批准将天然气水合物列为第 173 个矿种。

自然界天然气水合物成藏通常需要 4 项基本条件，即低温高压环境、充足的气源、水相的存在、流体运移聚集通道与空间。根据天然气水合物形成条件，其主要分布在高纬度或高海拔的陆地永久冻土带地区和水深 300~3000m 的大洋边缘海域陆坡、岛屿和盆地的表层沉积物或沉积岩中，也可以散布于海底泥线附近。天然气水合物稳定存在的温度、压力条件如图 1-1 所示[16-18]。据资料显示，陆地上 27%和大洋底 90%的地区具有形成天然气水合物的有利条件，绝大部分的天然气水合物分布在海域，其资源量是陆地的 100 倍以上[19,20]。

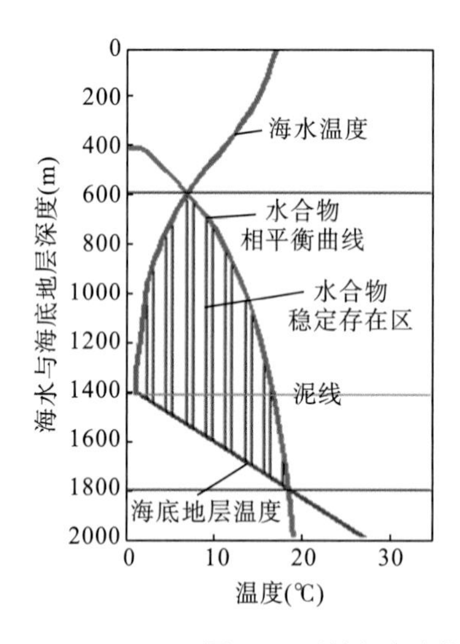

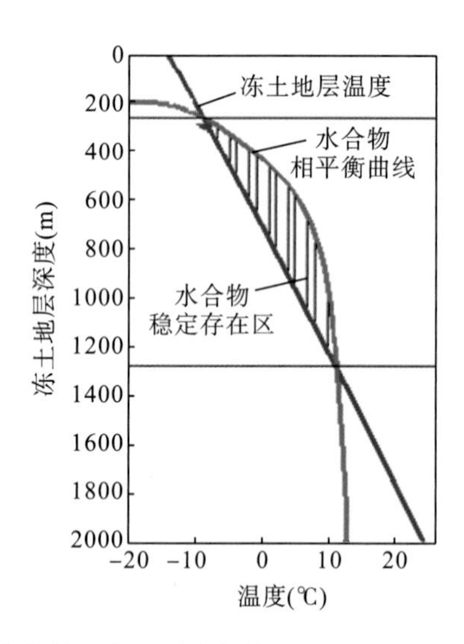

图 1-1　天然气水合物稳定存在的温度、压力条件

目前，世界范围内多个区域已发现天然气水合物，如图 1-2 所示，其中在海域通过取样、地震标志、生物或碳酸盐结壳标志等直接或间接发现的天然气水合物有近百处。已调查并圈定含有天然气水合物的海域主要分布在西太平洋海域的白令海、鄂霍次克海、千岛海沟、冲绳海槽、四国海槽、南海海槽、苏拉威西海，东太平洋海域的中美海槽、北加利福尼亚-俄勒冈滨外、秘鲁海槽，大西洋海域的美国东海岸外布莱克海台、墨西哥湾、加勒比海、南美东海岸外陆缘、非洲西海岸海域，印度洋的阿曼海湾，北极的巴伦支海和波弗特海，南极的罗斯海和威德尔海，欧亚大陆的黑海、里海等[21-23]。

我国海域天然气水合物资源潜力巨大，其中南海北部陆坡、东海陆坡、台湾东北与东南海域、东海冲绳海槽以及东沙与南沙海槽等区域都具有天然气水合物形成的有利地质条件[24,25]。2002 年起，我国在东沙、神狐、西沙、琼东南 4 个海区进行天然气水合物资源调查，2007 年、2013 年、2015 年、2017 年均成功获取海域天然气水合物样品，初步圈定 11 个成矿远景区、25 个有利区块，如图 1-3 所示，资源量达 $8.5\times10^{13}m^3$[24,25]。

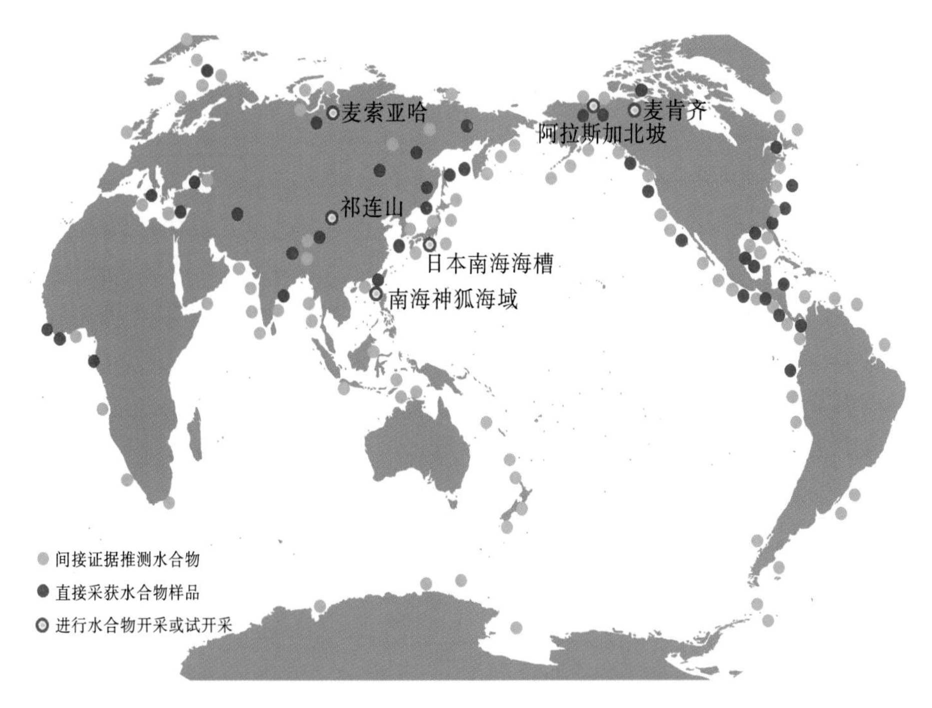

图 1-2　世界天然气水合物资源分布图

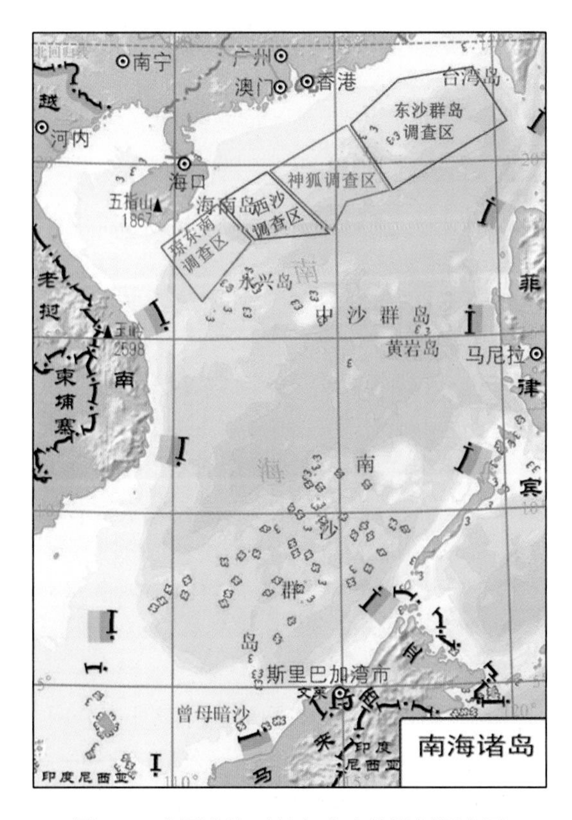

图 1-3　我国南海天然气水合物资源调查区

1.2　天然气水合物藏分类

根据已有的钻探取样资料及地质勘探资料，自然界中天然气水合物的存在形式主要有如下几种[26,27]：①冻土砂岩水合物；②海洋砂岩水合物；③海洋粉砂质泥岩水合物；④海洋脉状块状水合物；⑤海洋泥质岩水合物。不同成藏形式的天然气水合物和资源量分布金字塔如图 1-4 所示，位于金字塔顶端的天然气水合物类型开采难度最小，但资源量最少，越往下资源量越大，但开采难度逐渐加大。冻土砂岩和海洋砂岩水合物孔隙度、渗透性以及气体饱和度好，但资源量少；海洋粉砂质泥岩水合物和海洋脉状块状水合物储量较为丰富且饱和度较高，随着开采技术水平的提高未来也可实现开采；海洋泥质岩水合物藏储量十分丰富，但存在储层渗透性低、开采难度大的问题，开采技术的提高将对该类型水合物藏未来的开采起到关键作用。

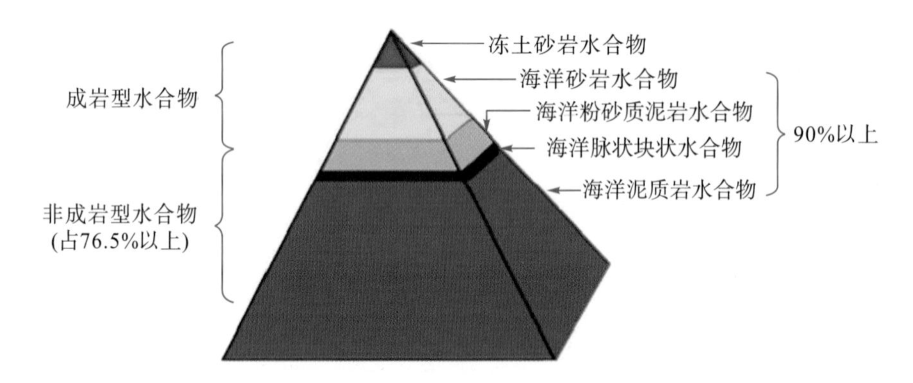

图 1-4　不同储藏形式的天然气水合物资源分布金字塔

依据自然界中天然气水合物的赋存形式，从开发角度可以将天然气水合物大致分为如下两种：

(1) 成岩型天然气水合物。成岩型天然气水合物是指水合物组分充填在岩石孔喉、裂隙当中并具有一定圈闭构造和岩石骨架的矿体，如图 1-5 所示。此类矿体一般具有类似常规油气藏的稳定圈闭构造且具有岩石骨架作为储层骨架，储层内部环境相对稳定，水合物不易发生无序分解，储层结构不易垮塌。冻土砂岩水合物、海洋砂岩水合物、部分海洋粉砂质泥岩水合物属于成岩型天然气水合物。

图 1-5　典型成岩型天然气水合物

(2) 非成岩型天然气水合物。非成岩型天然气水合物一般没有像常规油气藏和砂岩水合物储层的稳定圈闭构造并且没有岩石骨架作为储层骨架，水合物本身即为储层骨架，水合物胶结弱，储层不稳定，水合物层受到外界影响易分解，储层易垮塌溃散且水合物分解难以控制，如图 1-6 所示。部分海洋粉砂质泥岩水合物、海洋脉状块状水合物、海洋泥质岩水合物属于非成岩型天然气水合物，其资源量约占海域天然气水合物总资源量的 76.5% 以上。

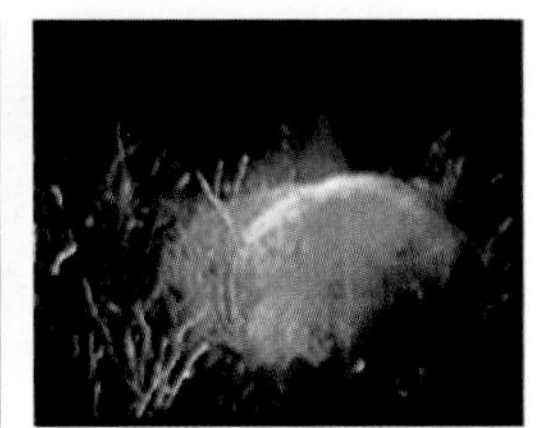

图 1-6　典型非成岩型天然气水合物

依据水合物岩样的敏感性强度、饱和度、粒径以及胶结强度，将水合物初步分为非成岩Ⅰ类、非成岩Ⅱ类、非成岩Ⅲ类和成岩Ⅳ类、成岩Ⅴ类(表 1-1)[28]。

表 1-1　天然气水合物藏分类

指标	非成岩					成岩			
	Ⅰ类	Ⅱ类		Ⅲ类		Ⅳ类		Ⅴ类	
储层骨架	纯水合物	水合物		岩石/水合物		岩石		岩石	
中位粒径	/	<48μm、粉砂+黏土		80~48μm、细砂+黏土		<48μm、中砂+黏土		80~48μm、粗砂+黏土	
饱和度	>90%	<40%	40%~60%	<40%	40%~60%	<40%	40%~60%	<40%	40%~60%
级内指标	/	0.34	0.80	0.46	0.73	0.73	1.07	0.47	0.70
等级指标	<0.25	0.25	0.34	0.46	0.52	0.70	0.77	0.84	0.89
储层稳定性	基本不含砂土，分解后形成水和甲烷	水合物为骨架主体，分解后岩石骨架坍塌		分解后岩石骨架变形较小	水合物为骨架主体，分解后岩石骨架基本变形	水合物填充在骨架空隙中，分解后岩石骨架变形较小		天然气水合物填充在骨架空隙中，分解后岩石骨架稳定	

1.3　天然气水合物开采方法分类

目前，国际常用的天然气水合物开采方法可分为 4 类[29-34]：降压开采法、热激开采法、注化学剂开采法、二氧化碳置换开采法，如图 1-7 所示。开采原理均是采用各种方法打破天然气水合物相平衡状态，从而使天然气水合物分解并采出天然气。此外，还有针对海域非成岩天然气水合物开发提出的固态流化开采法。

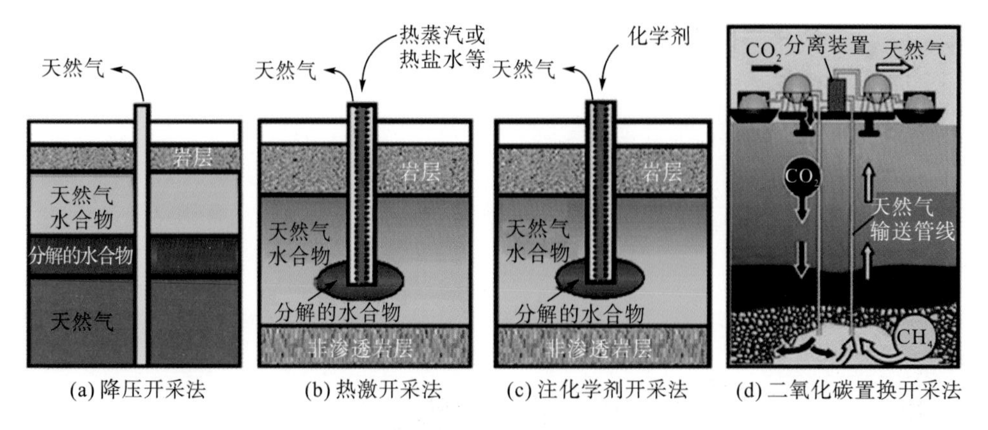

(a) 降压开采法　(b) 热激开采法　(c) 注化学剂开采法　(d) 二氧化碳置换开采法

图 1-7　国际常用的天然气水合物开采方法

1.3.1　降压开采法

降压开采法通过降低天然气水合物储层压力，破坏水合物相平衡状态，促成分解产气。该方法可通过调节井底流压等措施控制储层压力变化以控制水合物分解速率[35-38]。目前，全球已实施的天然气水合物试采工程以降压开采法为主，20 世纪 60 年代以来，苏联、加拿大、美国、日本、中国等国家先后利用降压法实施了水合物试采。该方法在长期生产上仍面临以下挑战：①海域天然气水合物资源大多赋存于深水浅表层，成岩程度低，水合物分解后储层呈现承压能力低、砂体流动性强的特征，大量沉积物颗粒进入井筒造成电潜泵损坏、井筒砂堵和平台处理难度大等问题，无法长期稳定生产；②水合物分解的吸热特性和产气过程中的局部低温现象会导致水合物的二次生成和聚集，如需长期生产，井筒与集输设备需采取一定的流动安全保障措施。目前，随着天然气水合物试采经验的不断积累，降压开采法正朝着与其他开采方法联合使用的方向发展。

1.3.2　热激开采法

热激开采法通过向水合物储层注入热水、热盐水、蒸汽及其他热流体，或者采用电加热、微波加热、电磁加热等方法使得储层温度升高，从而破坏水合物相平衡状态，促进分解产气[39-43]。目前，已实施的水合物热激开采法试采工程以注热开采为主。

与降压开采法相比，热激开采法热量作用直接迅速，储层和井筒间压力梯度较小，出砂现象不显著，实施安全性较好，对水合物矿藏资源条件适应性较强。但是，通过该方法注入的热量只有很小的一部分被水合物分解过程利用，大部分热量都被储层沉积物和各种流体吸收，同时水合物储层上下边界层的散热现象使注入热量损失较大，特别是在水合物储层较薄时热量在储层中的波及范围极为有限，因此能量利用率低是热激开采法目前面临的主要问题。通过合理布井提高能量利用效率和注入水合物抑制剂促进分解是热激开采法的重点攻关方向[44]。

1.3.3　注化学剂开采法

注化学剂开采法技术要点在于利用水合物的相平衡条件在化学试剂作用下会发生改变这一特性，通过向水合物储层注入各类化学试剂，使之能够在较低的温度下发生分解[45,46]。

按照对水合物作用原理，抑制剂主要分为热力学抑制剂、动力学抑制剂和防聚剂等[47,48]。热力学抑制剂主要包括各种醇类(如乙二醇、甲醇)、盐类(如氯化钙)等，加入这类抑制剂后，可改变水溶液或水合物相的化学位，从而使水合物的分解条件移向较低的温度或较高的压力范围。动力学抑制剂通过影响水合物晶体定向稳定性、降低水合物成核速率、延缓临界晶核生成、干扰水合物晶体的优先生长方向来促进水合物的分解。防聚剂是通过加入低浓度的表面活性剂或聚合物来防止水合物晶粒的聚结，破坏水合物凝聚体结构，促进天然气水合物分解产气[49,50]。目前，此类方法面临的主要问题是化学抑制剂费用昂贵、水合物分解较慢、环境污染较大。新型动力学抑制剂和防聚剂的研发是注化学剂开采法的重点发展方向。

1.3.4　二氧化碳置换开采法

二氧化碳置换开采法利用二氧化碳气体在形成水合物时与天然气水合物相平衡条件的差异性，向水合物储层注入二氧化碳气体，降低水合物相中甲烷气体的分压并利用二氧化碳水合物生成释放的热量进一步促进天然气水合物分解，从而将甲烷气体从水合物中置换出来[51-55]。由于置换反应发生在水合物相中，对水合物整体结构影响较小，可在一定程度上降低地质风险。此外，由于在开采天然气的同时将大气中的二氧化碳以水合物的形式封存在海底，能够减少温室效应，因而该方法是一种环境友好型开采方法[56,57]。

1996 年，Ohgaki 等[58]基于天然气水合物和二氧化碳水合物的热力学性质最先提出了二氧化碳置换法开采天然气水合物理论，以此实现清洁能源开采和温室气体封存双重目的并通过室内实验证明了置换反应发生的可行性。由于二氧化碳气体形成水合物时释放的热量比同体积天然气水合物分解所需吸收的热量高 20%左右，且新形成的二氧化碳水合物能够保持储层力学稳定性，因此二氧化碳置换法是一种可持续进行且安全性较高的开采方法，但目前仍然面临着置换效率低、置换速率慢等问题[59]。

1.3.5　固态流化开采法

目前，世界上已经实施的试采均在成岩天然气水合物矿体中进行，海洋深水浅表层非成岩天然气水合物开采技术和方法还是空白。针对此类水合物开采设计的固态流化开采法的基本思路如下[60]：利用深水浅表层弱胶结天然气水合物埋深浅、疏松、易破碎的特性，海底温度、压力相对稳定的环境条件以及从海底到海面温度升高、压力降低的自然条件，将水合物自动解析、举升、顺势开发，变不可控为可控，实现安全、绿色钻采。

基本原理[61]：将深水浅表层弱胶结的天然气水合物藏当作一种海底矿藏资源，利用其在海底温度和压力下的稳定性，采用采掘设备以固态形式开发天然气水合物矿体，通过机械办法将地层中的固态天然气水合物先碎化、后流化为水合物浆体，然后通过完井管道和输送管道采用循环举升的方式将其举升到海面气、液、固处理设施；当天然气水合物浆体进入到举升管道后，利用外界海水温度升高、静水压力降低的自然力量而自然分解，含天然气的水合物浆体最后返回到水面工程船上进行深度分解与气、液、固分离，从而获得天然气，其工程示意图如图 1-8 所示。

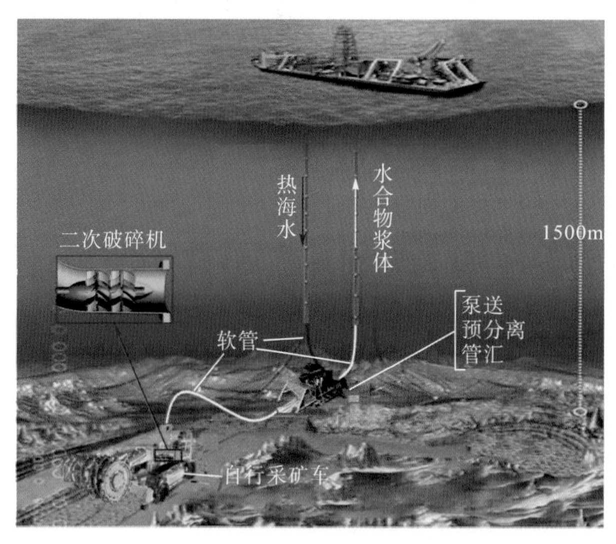

图 1-8　固态流化开采法工程示意图

固态流化开采法技术优势如下[62-65]：①由于整个采掘过程在海底天然气水合物矿区进行，未改变天然气水合物的温度、压力条件，类似于构建了一个由海底管道、泵送系统组成的人工封闭区域，起到常规油气藏盖层的封闭作用，使海底浅表层无封闭的天然气水合物矿体变成了封闭体系内分解可控的人工封闭矿体，不会导致海底天然气水合物大量分解，因而实现水合物原位固态开发，避免水合物分解可能带来的工程地质灾害和温室效应；②该方法利用天然气水合物在传输过程中温度、压力的自然变化，实现在密闭输送管线范围内可控有序分解。

1.4　国际天然气水合物研究与试采现状

全球已在 79 个国家和地区发现了天然气水合物。1965 年，苏联首次在麦索雅哈气田发现冻土天然气水合物并于 1970 年实现开采。1971 年，美国在大西洋布莱克海台首次发现海域天然气水合物并于 1980 年采集到样品[66]。目前，天然气水合物尚未实现大规模商业化开采，关键理论、工艺及技术仍处于试验验证阶段。已实施的开采和试采大多借鉴常规油气开采理论，通过降压、热激、注剂等方法促使天然气水合物分解，再将分解气采出。目前，全球已形成 6 个天然气水合物试采区：俄罗斯麦索雅哈冻土区、加拿大麦肯齐三角洲冻土区、美国阿拉斯加北坡冻土区、中国青藏高原东北缘祁连山冻土区、中国南海神狐海域以及日本南海海槽[29-32,47,67,68]。

1.4.1　俄罗斯天然气水合物研究与试采现状

1.4.1.1　资源勘探现状

1965 年，首次在麦索雅哈气田发现冻土天然气水合物。

1974 年，莫斯科大学科学考察船在黑海水深 1950m 海底之下 6.4m 处发现了天然气水合物[69]。

1980 年，完成里海天然气水合物资源探测确定了资源分布区域。

1984 年，对鄂霍次克海天然气水合物资源进行探测发现天然气水合物藏。

1997 年，通过“贝加尔钻探计划(Baykal Drilling Project，BDP)”在贝加尔湖盆地南部水深 121m 和 161m 处发现天然气水合物[70]。

2002 年，发现了黑海海底 6~650m 深处 150 多个天然气水合物藏，储层厚度达 6m，估算天然气水合物资源量为 3.0×10^{11}~$3.5\times10^{11}m^3$[71]。

2006 年 5 月，俄罗斯科学院远东分院在鄂霍次克海取得天然气水合物样品。

2008 年，通过“和平”号深水潜水器在贝加尔湖进行考察研究，在湖底发现了储量约 $1.0\times10^{12}m^3$ 的天然气水合物藏。

2013 年，在贝加尔湖利用水下机器人再次进行测量工作，主要测量了天然气水合物释放处的压力、温度、电导率、含氧量和天然气含量等参数。

2015 年 8 月和 2016 年 8 月，在克德罗瓦亚(Kedrovaya)的一座泥火山上获取了天然气水合物岩样[72]。

2018 年，在贝加尔湖综合地质和地球物理调查中发现了 54 个水合物构造，包括 26 个泥火山、18 个丘状水合物、9 个渗漏区和 1 个凹坑[73]。

俄罗斯还在北冰洋、白令海、千岛海沟和太平洋西南部等地进行了海底天然气水合物资源勘探，均有天然气水合物发现。

1.4.1.2　技术研究现状

1986~1988 年，成立天然气水合物实验室，主要开展模拟地层条件下的天然气水合物形成和分解机理研究[74]。

1995 年前后，研究了波瓦涅恩科凝析气田南部冻土层天然气水合物取心方法；同时，也对天然气水合物开采方法进行了初步研究并在里海、黑海、鄂霍次克海、贝加尔湖等地开展了一系列试采技术研究[74]。

2003 年，成立“俄罗斯天然气水合物协会”，旨在探索天然气水合物开采新方法，加强全俄天然气水合物研究者之间的协作，研究天然气开采后的储存和运输新工艺以及评估天然气水合物开采对环境造成的影响等。

2006 年，俄罗斯南俄国立技术大学开发了一套可准确确定水合物藏层位并检查该层位是否存在堵塞的高分辨率地球物理测井技术。

2007 年，俄罗斯科学院远东分院和远东国立技术大学联合设计了一种适用于海域天然气水合物藏开发的新工艺，该工艺在海底架设穹形集气室，通过管道将气体转运到贮气罐中，利用电力装置和浮力作用将气体提升至海面并装船运输[75]。

1.4.1.3　开采现状

麦索雅哈气田位于俄罗斯西西伯利亚西北部，气田区常年冻土层厚度大于 500m，是天然气水合物赋存的有利地区。在该气田开发过程中，通过对气田产气曲线的分析发现有与常规天然气藏共生的天然气水合物藏。该水合物藏是由位于其下部的常规天然气透过盖层向上运移，在低温高压环境下形成，估算天然气储量为 3.7×10^{10}~$4.0\times10^{11}m^3$[17,76]。为进一步促进天然气水合物分解，开采中向天然气水合物储层中注入甲醇和氯化钙等化学抑制剂。截至 2005 年 1 月，麦索雅哈气田累计天然气产量为 $1.26\times10^{12}m^3$，其中通过天然气水合物分解获得的天然气产量约为 $6.9\times10^{10}m^3$[76,77]。

麦索雅哈气田天然气水合物的成功开采证明了冻土层天然气水合物开采技术和经济的可行性，是全球公认的最早开采实例，对世界天然气水合物研究具有重要意义。

1.4.2　美国天然气水合物研究与试采现状

1.4.2.1　资源勘探现状

1. 墨西哥湾及布莱克海台

1968 年，美国在墨西哥湾及东部布莱克海台(Blake Ridge)开展天然气水合物资源调查，1971 年，在布莱克海台首次发现海域天然气水合物[78]。

1980 年，在布莱克海台实施天然气水合物钻探并获取水合物岩样。

2001 年，美国雪佛龙公司实施“墨西哥湾天然气水合物工业联合计划(Gulf of Mexico Gas Hydrate Joint Industry Program，JIP)”，旨在描述该地区天然气水合物成藏演化特征及开发对地层稳定性的影响[79-81]。

2005 年，在墨西哥湾阿特沃特海谷(Atwater Valley)和基特莱海底峡谷(Keathley Canyon)，实施 JIP-Ⅰ航次，通过钻探、取心和测井证实了天然气水合物藏的存在，评价了与水合物开发有关的地质灾害风险。

2009 年，通过对 JIP-Ⅱ航次随钻测井数据分析，证实了墨西哥湾存在储层性质良好的砂岩水合物。

2017 年，对墨西哥湾北部格林峡谷(Green Canyon)955 区块进行水合物钻探和取心，针对含水合物砂层的形成和演化特征等系列科学问题开展研究。

2. 国际大洋科学钻探计划

1968 年由美国等多个国家启动的“深海钻探计划(Deep Sea Drilling Project，DSDP，1968~1983)”及后续的“大洋钻探计划(Ocean Drilling Program，ODP，1985~2003)”“综合大洋钻探计划(Integrated Ocean Drilling Program，IODP，2003~2013)”和正在实施的“国际大洋发现计划(International Ocean Discovery Program，IODP，2013~2023)”是地球科学领域内迄今规模最大、影响最深、历时最久的大型国际合作研究计划，其中包括多次海域天然气水合物资源调查。

1980 年，实施“深海钻探计划”76 航次，在布莱克海台开展天然气水合物钻探并获取水合物岩样。

1992 年，实施“大洋钻探计划”146 航次，在卡斯凯迪亚(Cascadia)海台取得了天然气水合物岩心。

1995 年，实施“大洋钻探计划”164 航次，对布莱克海台进行钻探、测井和取心调查，对该地区天然气水合物储层特征进行了研究。

1998 年，与德国在卡斯凯迪亚海台开展地震调查和海底取样工作。

2002 年，实施“大洋钻探计划”204 航次，调查卡斯凯迪亚大陆边缘海脊天然气水合物赋存状况，对储层物性特征以及烃类气体向水合物稳定带的运移机理进行研究。

2005 年，实施“综合大洋钻探计划”311 航次，研究了卡斯凯迪亚大陆边缘海脊天然气水合物藏的成藏机理。

2017~2018 年，在新西兰东海岸希库朗伊(Hikurangi)大陆边缘实施“国际大洋发现计划”372 航次，对天然气水合物储层结构及物理特性进行了研究。

3. 阿拉斯加北坡

1972 年，在阿拉斯加北坡埋深 664~667m 处获取天然气水合物岩心[82]。

1983 年，美国地质调查局(United States Geological Survey，USGS)联合苏联地质部对阿拉斯加天然气水合物成藏特征及分布规律进行了研究。

2003 年，在阿拉斯加北部冻土区钻探第一口天然气水合物科研和试采井。

2007 年，在米尔恩点(Milne Point)地区开展钻探、测井及取样工作，成功钻获了天然气水合物样品[83]。

2019 年，由美国地质调查局、美国能源部(United States Department of Energy，DOE)与日本国家油气与金属公司(Japan Oil, Gas and Metals National Corporation，JOGMEC)组成的天然气水合物联合科研团队宣布在阿拉斯加北坡普拉德霍湾(Prudhoe Bay)发现两处高饱和度天然气水合物矿藏。

4. 北极波弗特海

2009 年 9 月，美国海军研究实验室(United States Naval Research Laboratory，NRL)与美国国家能源技术实验室、荷兰皇家海洋研究所等机构总计 32 位科学家完成了为期 12 天的北极波弗特海(Beaufort Sea)天然气水合物资源调查。

1.4.2.2　技术研究现状

1972 年，在阿拉斯加北部利用保温保压取心装置首次从冻土层中取出天然气水合物岩心[84]。

1999 年，发布“国家天然气水合物长期研究与发展计划”，开展成藏机理、资源评价、地层稳定性研究[81]。

2000 年，美国参议院通过了“天然气水合物研究与开发法案”，旨在建立资源勘探和评价体系、探索试采技术与方法以及评估试采对环境的影响等。

2001 年，启动阿拉斯加北坡天然气水合物储层表征项目和墨西哥湾联合工业项目，旨在改进该地区天然气水合物勘探和风险评估方法。

2005 年，实施天然气水合物资源特征和遥感研究项目，主要在地震和声波探测技术、受控源电磁成像两个领域展开研究。

2006 年，发布“天然气水合物研究与发展路线图”。

2009 年，开展降压法和二氧化碳置换法试采室内实验研究。

2016 年，开展天然气水合物开发过程中的储层物性演变规律相关研究，并对规模化开发的可行性进行评估。

2019 年 4 月，美国能源部组织召开水合物咨询委员会会议，讨论墨西哥湾天然气水合物钻探取心航次的工作预案以及“水合物研发计划(2020—2035 年)”工作路线图[85]。

1.4.2.3 试采现状

2007 年，在阿拉斯加北坡冻土区实施天然气水合物试采，水合物储层以砂岩为主，储层埋深 915m，储层厚度 40~130m，采用降压法采气 22 天，最高日产 5300m^3。

2012 年，康菲石油公司联合美国能源部、日本国家油气与金属公司以及美国地质调查局在美国阿拉斯加北坡普拉德霍湾实施二氧化碳置换法试采工程，向埋深约 650m 的水合物储层中注入约 6000m^3 含有化学示踪剂的二氧化碳(23%)和氮气(77%)。在实际生产的 30 天内累计产出天然气 2.44×10^4m^3，初步验证了二氧化碳置换法开采天然气水合物的可行性[25,86,87]。

1.4.3 加拿大天然气水合物研究与试采现状

1.4.3.1 资源勘探现状

1972 年，在麦肯齐三角洲进行常规油气勘探时，在 Mallik L-38 井冻土层下 800~1100m 层段发现天然气水合物，经过进一步勘探，于 1982 年绘制该地区天然气水合物资源分布图，并于 1993 年制成该地区水合物资源分布数据库[88,89]。

1997~1999 年，对其西海岸胡安·德富卡洋陆坡区天然气水合物成藏机理和赋存环境进行研究，利用多种地球物理探测方法对水合物饱和度进行评价。

1998 年，与日本、德国等合作开展天然气水合物钻探试验，在麦肯齐三角洲 Mallik 2L-38 井 897~952m 井段钻获水合物岩心[78,82,90]。

1.4.3.2 技术研究现状

1998 年，与日本、德国等合作开展钻探试验，探索用于天然气水合物勘查、钻探和开采的新技术，为 1999 年日本近海天然气水合物取心设计钻具并评价近海天然气水合物开发的技术和经济可行性。

2006 年，和日本在麦肯齐三角洲合作开展天然气水合物试采工艺设计和装置研制。

1.4.3.3　试采现状

加拿大在麦肯齐三角洲冻土区进行了两次天然气水合物试采计划（“2002 麦肯齐天然气水合物试采计划”和“2006~2008 麦肯齐天然气水合物试采计划”）和 3 次试采工程[30,91,92]。

“2002 麦肯齐天然气水合物试采计划”是由日本国家石油公司(现日本国家油气与金属公司)、加拿大地质调查局、美国能源部、美国地质调查局、德国地学研究中心、印度石油地质与天然气部、印度权威气体有限公司和“国际大陆科学钻井计划”共同实施，首次完成天然气水合物的实际矿藏试采实验，获取第一手数据资料，详细分析关于地质学、地球化学和天然气水合物多孔介质的地质构造和微生物相关信息。钻取出超过 150m 的高质量岩心用于更深入地研究水合物矿藏中多孔介质的宏观和微观属性。该计划对 Mallik 3L-38、Mallik 4L-38、Mallik 5L-38 三口天然气水合物井进行了短期的降压法试采，结果表明水合物储层有效渗透率高于预期。此外，在一块厚度为 17m 的高饱和度水合物层段，利用热激法进行了为期 5 天的试采，最高日产 1500m^3，证明了热激法开采天然气水合物的可行性[29,93]。

“2006~2008 麦肯齐天然气水合物试采计划”是在 2002 年试采的基础上继续运用降压法开展的天然气水合物试采。2007 年 4 月，在 Mallik 2L-38 井井深 1093~1105m 试采了 60h，由于出砂阻止了天然气的连续产出，在砂堵前的 15h 累计产气 830m^3。2008 年 3 月，在解决 2007 年问题的基础上进行了 6 天连续开采，稳产 2000~5000m^3/d，累计产气 1.3×10^{4}m^3[30,76,78]。

1.4.4　日本天然气水合物研究与试采现状

1.4.4.1　资源勘探现状

20 世纪 70 年代，在日本南海海槽发现天然气水合物存在的主要标志。

1990 年，通过“大洋钻探计划”取得水合物岩样的间接资料[94]。

1995 年，开始实施为期 5 年的“第一次天然气水合物研发计划”，通过海洋地质调查，初步掌握日本周边海域天然气水合物赋存层位、地质产状及分布规律，在南海海槽富砂层段发现了天然气水合物[95]。

1996 年，开始进行地震勘探并编制海底模拟反射层(bottom-simulating reflector，BSR)分布图。

1997 年，在日本南海海槽东部进行先导性钻探。

1999 年，在日本南海海槽实施天然气水合物钻探并获取水合物样品。

2001 年，启动为期 18 年的“第二次天然气水合物研发计划(MH21 计划)”，计划分为 3 个阶段：第一阶段 2001~2006 年，对日本周边海域进行深海物探，圈定远景试验区，进行基础研究及陆地生产试验研究；第二阶段 2007~2011 年，实施海洋生产试验研究；第三阶段 2012~2018 年，开展天然气水合物试采安全监测、环境影响及技术经济评价[95]。

2004 年，再次实施日本南海海槽天然气水合物钻探，钻获水合物样品。

2005~2008 年，在日本海钻探 30 余口天然气水合物探井，获取大量水合物样品。

2012 年，在日本海再次钻探 4 口天然气水合物探井，获取水合物样品。

日本通过长期持续的海洋地质调查、地球物理勘探和地球化学研究，圈定周边海域 BSR 分布区，总面积约 1.22×10^5km^2，确定 12 个天然气水合物富集区，估算天然气资源量达 6.0×10^{12}m^3。通过对日本南海海槽东部重点海域开展二维、三维地震勘探和钻探，精确刻画了 16 个水合物富集带，估算天然气储量达 1.16×10^{12}m^3。在日本南海海槽的钻探进一步确定了天然气水合物的饱和度、储层厚度、温压条件和物性等信息，为试采井位和目标层段的确定提供依据[96]。

1.4.4.2　技术研究现状

日本注重国际合作，先后参与了加拿大麦肯齐三角洲 2002 年水合物热激法试采，2007~2008 年水合物降压法试采以及美国阿拉斯加北坡区 2012 年水合物二氧化碳置换法试采。通过参与国际大型水合物试采研究项目，积累了试采经验，有效地推动了日本天然气水合物试采研究进程[97]。

日本海域天然气水合物资源调查、评价与试采技术居世界领先地位，已初步形成一套集勘探选区、生产模拟、钻完井、降压生产、环境监测于一体的海域天然气水合物试采技术体系，研发了水合物降压法生产关键技术设备，初步构建和整合了海域试采技术流程和装备体系。开发了圈定富集带的解释流程以及基于二维和三维地震、测井及岩心数据的资源评价流程，为勘探选区和试采站位选择提供依据。此外，还开发了水合物生产预测模拟器（MH21-HYDRES）和热-水-力耦合模拟器（COTHMA），分别用于模拟水合物生产过程中地层固结程度、应力状态变化等信息[96]。

1.4.4.3　试采现状

1. 第一次海域天然气水合物试采

2013 年 3 月 12 日，日本依托“地球号”深海钻探船在爱知县海域正式开始天然气水合物试采，试采水深 1006m，试采方法为降压法，在为期 6 天的产气试验中累计产气 1.2×10^5m^3。本次试采是全球首个成功实现海域天然气水合物开采的案例，对全球天然气水合物研究具有深远影响[98-100]。然而，其仍面临以下问题：

(1) 井下气、水分离问题：井筒过流断面较小的节点较多，导致气、水流速快，无法实现有效重力分离。

(2) 长期稳定生产问题：试采采用了砾石充填防砂措施，但仍有出砂现象，导致在第 6 天被迫终止，原因是砾石移动引起筛网损坏，进而无法长期稳定生产。

2. 第二次海域天然气水合物试采

2016 年 5~6 月按计划在第二渥美海丘实施了前期钻探：

(1) 钻探了一口地质调查井（AT1-UD）并确定了最终的试采站位。

(2) 钻探了两口监测井（AT1-MT2、AT1-MT3），获取了测井数据，并安装了温度和压力测量装置，两口监测井中的一口钻穿天然气水合物富集带，另外一口钻入富集带即停钻。

(3) 钻探了两口生产井（AT1-P2、AT1-P3），获取了测井数据，并安装了 13-3/8 英寸（1

英寸=2.54 厘米）的短圆螺纹套管。

（4）实施了临时废井处理。

2017 年 4 月 7 日，“地球号”深海钻探船从日本静冈县清水港出发驶往第二渥美海丘开始实施第二次近海试采的准备工作，宣告了日本第二次近海天然气水合物试采的启动。

第二次试采作业目的是针对第一次近海试采中暴露的技术难题制定解决方案，在现场验证解决方案的可行性并获取长期试采和未来商业化开发所需的储层数据。如图 1-9 所示，2017 年试采部署一口地质调查井、两口监测井和两口生产井，其中分别配备有不同防砂装置的两口生产井交替产气，以便在其中一口生产井发生故障时通过切换来继续实施试采。

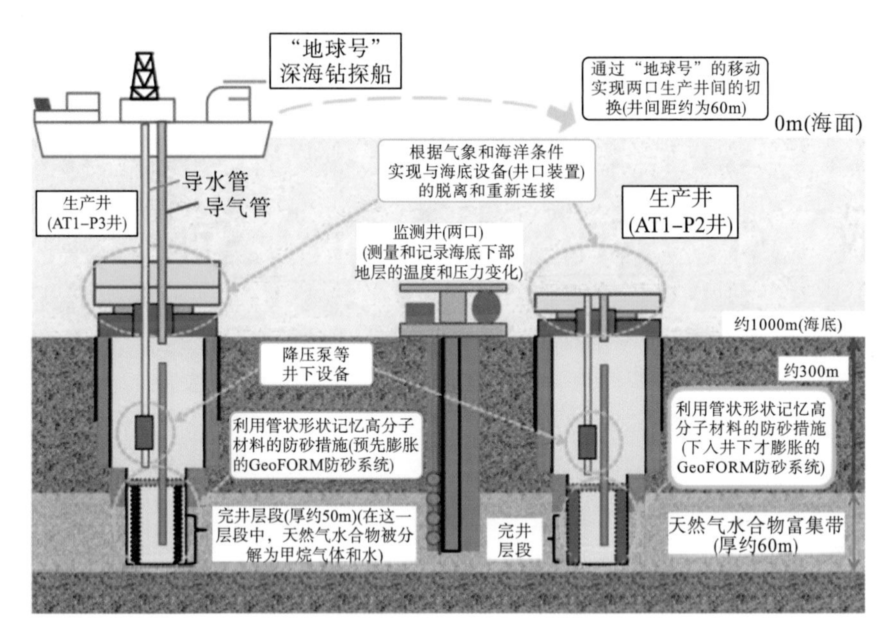

图 1-9　第二次天然气水合物近海试采概念图

第二次近海试采针对第一次近海试采中存在的井下气、水分离问题和长期稳定生产问题分别制定了解决方案[101,102]：

（1）气、水分离问题：第二次近海试采中设计了更可靠的气、水分离系统以提高分离效率。与第一次近海试采相同，继续利用耐高气液比的电潜泵进行井下阶梯性降压（13.5MPa→7MPa→5MPa→3MPa）。

（2）长期稳定生产问题：第二次近海试采决定采用 GeoFORM 防砂系统，该系统使用了抗变形和抗冲蚀的形状记忆高分子材料并加入了金属珠形嵌入物，因此不会发生砾石移动。两口生产井使用两种型号的 GeoFORM 防砂系统：一种是入井前就预先膨胀的 GeoFORM 防砂系统；另一种是入井后才膨胀的 GeoFORM 防砂系统。

通过采用不同防砂措施的两口生产井进行阶梯性降压产气试验（13.5MPa→7MPa→5MPa→3MPa）。首先，从 2017 年 4 月下旬起利用安装有预先膨胀的 GeoFORM 防砂系统的生产井（AT1-P3 井）实现为期 3~4 周的持续产气；其次，利用安装有在井下才膨胀的

GeoFORM 防砂系统的生产井(AT1-P2 井)实现为期 1 周的持续产气。

2017 年 5 月 4 日上午 10 时，成功从水深 1000m、泥线以下 350m 的天然气水合物储层中采气。5 月 15 日，日本经济产业省官方网站报道：由于大量砂流入生产井内(出砂堵塞)，被迫中断产气试验。在为期 12 天的试验中累计产气 $3.5\times10^4 m^3$，日均产气量显著低于第一次海域试采[101-105]。

3. 第三次海域天然气水合物试采

2017 年 6 月，利用安装入井后膨胀的 GeoFORM 防砂系统进行试验，产气 24 天，累计产气 $2.23\times10^5 m^3$，平均日产 $9300m^3$，最后因出水严重连续排采困难被迫中断。

1.4.5 德国天然气水合物研究现状

1.4.5.1 资源勘探现状

1983 年，联合苏联共同开展中西伯利亚北部大陆永冻区天然气水合物成藏演化机理研究[106]。

1995 年，参与“大洋钻探计划”164 航次的工作，主要开展天然气水合物钻探及取样工作。

1998 年，利用“太阳号”调查船与俄罗斯合作，开展鄂霍次克海天然气水合物调查；同年，参与美国在卡斯凯迪亚海台开展的地震调查工作和海底取样工作，研究了天然气水合物成藏演化过程中的动力学机制[107]。

1998~2002 年，参加加拿大麦肯齐三角洲 Mallik 2L-38 井和 Mallik 5L-38 井的联合钻探研究。

1999 年 7~9 月，采用海底高清数字摄像技术、高效照明技术、深水浅层多管取样器、旁侧声纳技术与声波探测技术等集成技术在卡斯凯迪亚海脊水深约 782m 的海底进行天然气水合物采样[108]。

2000 年，提出长达 15 年的“地球工程-地球系统计划”，其中包括天然气水合物成藏演化机理研究。

2002 年，参与“大洋钻探计划”204 航次在卡斯凯迪亚海脊的水合物资源调查工作。

2013 年 12 月至 2014 年 2 月，联合土耳其、法国和保加利亚，利用地球物理、地球化学相关技术和方法开展黑海天然气水合物资源调查研究。

1.4.5.2 技术研究现状

2004~2007 年，设立地质生物系统甲烷研究项目，主要研究天然气水合物分解引发的工程地质风险以及相关监测与评价技术。

2008 年，德国启动“德国天然气水合物研究计划”项目，主要开展海域天然气水合物勘探、开采和作业监测相关技术和装备研究[109]。

1.4.6　印度天然气水合物研究现状

1.4.6.1　资源勘探现状

1984 年，在安达曼岛近海地区发现天然气水合物藏。

1995 年，开展海域天然气水合物资源地质调查。

1997 年，实施“印度国家天然气水合物计划(India’s National Gas Hydrate Program，NGHP)”并于 2006 年和 2015 年分别实施了 NGHP-01 航次和 NGHP-02 航次。NGHP-01 航次分别在康坎(Konkan)西海岸、克里希纳-戈达瓦里(Krishna-Godavari，KG)盆地、默哈讷迪(Mahanadi)与安达曼(Andaman)地区进行天然气水合物资源调查，在 KG 盆地钻获块状水合物样品[110]。在 NGHP-02 航次的考察中，雇用日本“地球号”科考船在印度东部海岸作业，获取砂质储层中高饱和度天然气水合物，在 KG 盆地圈定了未来水合物试采的理想站位，该航次历时 5 个月，被认为是印度实施国家计划以来最全面的一次天然气水合物资源调查[107]。2016 年，印度在 KG 盆地发现粗粒富砂质天然气水合物藏。

印度通过实施天然气水合物钻探计划，证实在其大陆边缘具有广泛的天然气水合物资源分布，并确定了未来实施水合物试采的远景区。

1.4.6.2　技术研究现状

1996 年起，在天然气水合物成藏机理、储量估算、勘探开采等方面开展研究。

2010 年之前，在印度西部大陆边缘利用振幅随偏移距的变化(amplitude variation with offset，AVO)进行速度建模研究，之后将走时反演和全波形反演的速度建模方法应用于水合物研究中。

印度原计划在 2017~2018 年实施 NGHP-03 航次，开展天然气水合物试采工作，但目前未见相关报道[111]。

1.4.7　韩国天然气水合物研究现状

1.4.7.1　资源勘探现状

1998 年，首次在韩国东海郁陵(Ulleung)盆地发现水合物存在的主要标志。

2000~2004 年，在其东海对水合物进行区域地球物理勘测和海洋地质探测工作，获取了大量天然气水合物样品以及相关地球物理数据。

2005 年，在郁陵盆地进行 6690km 二维反射地震勘探，在 5 个站位上实施钻探取心，获取了 138 个样品[112-114]。

2006 年，在其东海南部进行了 400km^2 的三维地震勘探。

2007 年，对郁陵盆地天然气水合物进行资源勘查，通过深海钻探再次得到水合物样品。

2010 年，在郁陵盆地进行了随钻测井和随钻测量、取心、电缆测井和垂直地震剖面作业研究，旨在更准确地评价该盆地水合物资源潜力并为今后试采提供靶区[115,116]。

2012 年，为确保未来试采工程的安全实施，开始对郁陵盆地天然气水合物开发的环境影响进行评估。

韩国曾计划2015年开展海域降压法试采，目前已经推迟[117]。

1.4.7.2　技术研究现状

1996年，启动第一个天然气水合物研究项目，主要进行初步实验分析和基本信息收集。

1999年，利用甲烷和氯化钠浓度分布剖面确定天然气水合物层稳定边界。

2000~2004年，与加拿大地质调查局和美国地质调查局合作，对在其东海获取的天然气水合物岩心样品及地球物理数据进行分析，确定了天然气水合物的来源、气体组分、饱和度及其资源潜力等。此外，还开展了室内实验和数值模拟研究工作，确定了天然气水合物的热力学和动力学特征[118]。

2005年，成立国家天然气水合物研究机构，主要开展地球物理测量、储层特征识别、水合物储量评估、海底稳定性分析、生产技术研发和试采经济预算等工作，旨在研发郁陵盆地天然气水合物试采相关技术。

2012年，利用自行研发的海底观测系统对郁陵盆地深水(>2000m)试采的环境风险进行评估。

1.4.8　挪威天然气水合物研究现状

1.4.8.1　资源勘探现状

1996年，对其北部大陆斜坡的7个深水区开展水合物地质调查研究。

2006~2011年，实施“挪威巴伦支海-斯瓦尔巴特群岛边缘天然气水合物”项目，内容包括该地区天然气水合物资源勘查、海底稳定性评价以及气候和生态的关联性研究。其目的是定量描述该地区天然气水合物藏，建立沉积物和生物的响应机制，为安全开采提供环境保护依据[119-122]。

1.4.8.2　技术研究现状

挪威深海二氧化碳封存技术处于世界领先地位，特别重视二氧化碳置换开采法技术试验研究[123]。挪威对天然气水合物开采的环境风险研究也一直走在世界前列，形成了水合物海底稳定性评价及气候和生态影响评估的系列研究成果，在北海滑坡区域部署了海底天然气水合物原位监测装置，目前正在开展海域天然气水合物分解与工程、地质风险相关研究。

1.4.9　中国天然气水合物研究与试采现状

1.4.9.1　资源勘探现状

1. 青藏高原冻土区

通过综合考虑气源、运移及储层等条件，圈定羌塘盆地、祁连山地区、风火山-乌丽地区、昆仑山垭口盆地、唐古拉山-土门地区、喀喇昆仑地区、西昆仑-可可西里盆地等为冻土区天然气水合物资源调查前景区域[124-129]。

2008 年 11 月，采用绳索取心钻探工艺和保温保压取样装置在青藏高原祁连山脉木里地区永久冻土带钻获了天然气水合物样品，这是我国冻土区首次发现天然气水合物，同时也是世界中纬度高山冻土区首次发现天然气水合物，经研究确定为煤层气源型天然气水合物。

经过对青藏高原冻土区进行长期的地质调查研究，我国形成了完整的陆域天然气水合物资源调查技术体系，建立了祁连山水合物成藏过程与成藏模式。

2. 南海海域

1999 年，开始设立国家天然气水合物专项，资助天然气水合物基础研究和勘查试采工作，首次在南海开展天然气水合物资源调查并发现水合物存在标志[125-127,129,130]。

2004 年，在南海发现全球最大规模的碳酸盐岩水合物藏。

2007 年，在南海神狐海域首次成功钻获天然气水合物样品，水深 1200m，水合物埋深 199~399m，取样井 7 口，甲烷含量大于 98%。

2013 年，在珠江口盆地东部海域(东沙)首次钻获高纯度天然气水合物样品，水深 600~2200m，水合物埋深 0~200m，取样井 25 口，甲烷含量大于 99%。

2015 年，在珠江口盆地白云凹陷开展水合物取样，水深 700~2200m，水合物埋深 13~230m，甲烷含量大于 99%。

2016 年，在南海北部神狐海域选定了试采目标井位，进行了试采前的工程地质调查、洋流监测等工作，针对天然气水合物藏的特点制定了试采方案。

2017 年，在荔湾 3-1 气田开展天然气水合物取样，水深 1310m，水合物埋深 117~196m，甲烷含量大于 99%。

我国海域天然气水合物取样情况如表 1-2 所示，在南海集成创新了一套海上水合物资源勘查技术，初步圈定 11 个潜在水合物赋存区域。

表 1-2　我国海域天然气水合物取样情况

时间	取样区域	水合物取样情况
2007 年	神狐	水深 1200m，水合物埋深 199~399m，取样井 7 口，甲烷含量大于 98%
2013 年	东沙	水深 600~2200m，水合物埋深 0~200m，取样井 25 口，甲烷含量大于 99%
2015 年	白云	水深 700~2200m，水合物埋深 13~230m，甲烷含量大于 99%
2017 年	荔湾	水深 1310m，水合物埋深 117~196m，甲烷含量大于 99%

1.4.9.2　技术研究现状

(1) 天然气水合物探测取样装置研发方面：自主研制了一批勘查取样装置，如“海马号”4500m 深海遥控探测取样深潜器、海洋可控源电磁探测及保压取心钻具等，使我国成为全球第三个掌握全套水合物取样技术的国家[131,132]。

(2) 天然气水合物试采技术装备方面：自主研发了一套实现天然气水合物勘查开采的关键装备体系，提升了我国“深海进入、深海探测以及深海开发”的能力。

(3) 天然气水合物室内分析测试与实验技术方面：我国已建成一批功能齐全的标准化天然气水合物分析检测实验室以及天然气水合物国家重点实验室，配备显微激光拉曼光谱、固体核磁共振等大型分析测试仪器，自主研制了天然气水合物开采模拟实验装置，开发了多种天然气水合物实验分析检测技术，已形成一套集测试分析与实验模拟为一体的完整体系。

(4)天然气水合物藏开发数值模拟研究方面：建立了适用于天然气水合物开采模拟的热-流-力-化四场耦合的模拟器，可用于水合物开发过程中的复杂多相流体渗流特征和储层力学特性演化规律研究。

(5)天然气水合物开采方法方面：降压法是目前试采实施的主要方法。固态流化法是由我国提出的一种跳出常规油气开采思维的全新方法，它是将固态水合物先机械碎化、后流化为水合物浆体，进入封闭管道初步分解，然后举升到海面平台进行深度分解和气、液、固分离，获得天然气。该技术原理较大程度地避免了传统开采方法面临的砂堵、冰堵、井眼垮塌等风险。

1.4.9.3 试采现状

1. 冻土区天然气水合物试采

我国分别于2011年和2016年在祁连山木里地区实施了两次冻土区天然气水合物试采工程。首次试采于2011年9~10月进行，采用热激法联合降压法对该地区天然气水合物进行单直井试采。试采井确定水合物产出层位后，安装开采套管并固井止水，然后在井底安装高压电潜泵，对井深146~305m的水合物层进行分层试采。试采过程中启用电潜泵进行排水，随着水位的降低，水合物储层的压力下降，促使水合物分解产气，然后在地表回收。降压开采结束后，采用电磁加热、太阳能加热和水蒸气加热等方法进行试采。累计试采时间101h，累计产气95m^3[79]。

第二次试采于2016年10~11月进行，为提高试采效率和产气量，创新性运用“山”字形水平对接井进行试采，由1口主井和2口分支井水平共线排位组成，其中2口分支井距主井分别为288.5m、341.2m。试采目标层埋深350m，试采方法为降压法。累计生产23天，累计产气1100m^3，最高日产136.55m^3[79,124]。

2. 第一轮海域天然气水合物降压法试采

2017年5月18日，在我国南海北部神狐海域“蓝鲸1号”海上钻井平台，国土资源部(现自然资源部)姜大明部长宣布，我国进行的首次海域天然气水合物降压法试采实现了连续稳定产气，取得历史性突破，首次海域天然气水合物试采宣告成功[133,134](图1-10)。

图1-10 我国海域天然气水合物降压法试采成功

自 2017 年 5 月 10 日起，国土资源部(现自然资源部)中国地质调查局从我国南海北部神狐海域水深 1266m、泥线以下 203~277m 的天然气水合物矿藏开采出天然气；截至 5 月 17 日，累计产气 $1.2\times10^5m^3$，最高日产 $3.5\times10^4m^3$，平均日产 $1.6\times10^4m^3$，其中甲烷含量最高达 99.5%；截至 7 月 9 日，连续试气点火 60 天，累计产气 $3.09\times10^5m^3$，平均日产 $5200m^3$。本次试采工程取得了持续产气时间最长、产气总量最大、气流稳定、环境安全等多项重大突破性成果，创造了产气时长和总量的世界纪录[133]。

本次试采实现了勘查开发理论、技术、工程和装备的自主创新[135,136]：

(1) 实现三项重大理论自主创新，建立了“两期三型”成矿理论，指导在南海准确圈定了找矿靶区；创建了天然气水合物成藏系统理论，指导试采实施方案的科学制定；创新研发“地层流体抽取法”试采技术，创立“三相控制”开采理论，指导精准确定试采降压区间和路径。

(2) 实现防砂技术、储层改造技术、钻完井技术、勘查技术、测试与模拟实验技术、环境监测技术六大技术体系二十项关键技术自主创新。

(3) 实现目标导向的顶层设计系统、“四轮驱动”的协调运行系统、“四性统一”的施工保障系统三项重大工程管理系统的自主创新。

(4) 实现重大技术装备的自主创新，包括研制了我国第一台 4500m 深海遥控探测取样深潜器“海马号”，研发了天然气水合物保温保压取样装置，研发了海底可控源电磁探测系统，研制了适合试采储层特点的防砂筛管，研制了用于实时监测海底形变的地震监测仪，研发了天然气水合物试采大型模拟实验装置。

3. 我国首次海域天然气水合物固态流化法试采

2017 年 5 月，中国海洋石油集团有限公司联合西南石油大学，依托“海洋石油 708”深水工程勘察船，在南海神狐海域实施全球首次海域天然气水合物固态流化法试采。2017 年 5 月 25 日，全球首次针对海洋浅表层、弱胶结、非成岩天然气水合物实施的固态流化法试采取得成功，获气 $81m^3$，采收率达 80.1%[60]。此次试采工程完成了海域天然气水合物目标勘探、钻探取样、固态流化试采一体化工程设计和工程实施，在海洋浅层天然气水合物安全绿色试采方面进行了创新性探索，标志着我国天然气水合物勘探开发关键技术取得历史性突破。

2017 年 5 月 31 日，“海域天然气水合物固态流化试采工程”成果汇报会在北京举行，宣布海域天然气水合物固态流化法试采项目获得成功，得到了中国工程院、中国科学技术协会以及国家自然科学基金委员会等单位的 11 名院士及专家的一致肯定，取得了以下经济和社会效益：

(1) 针对我国南海天然气水合物埋深浅、泥质粉砂为主、弱胶结等特点，在世界上首次提出海域天然气水合物固态流化法试采技术，其技术方法的核心是将深水浅表层水合物的分解气化过程转移到可控的混相输送管道内进行，避免了深水浅表层水合物原位分解带来的潜在安全、环境风险，创新性地探索了海域天然气水合物安全绿色开采的新技术和新方法。

(2) 以荔湾 3 为目标区，在全球首次成功组织并实施了水深 1310m、埋深 117~196m

的水合物固态流化法试采，对世界天然气水合物资源开发具有重大意义。

(3)自主创新研制了全套海域天然气水合物固态流化法试采工艺流程和配套装备，包括碎化、流化、举升、三相分离处理等系统，以及应急解脱等技术、装备和工具，在海域天然气水合物试采方面进行了具有重大意义的探索。

(4)集成创新了一套海上水合物资源勘查、目标评价、储层识别与水合物检测技术，提出了“流体底辟垂向输导、深水重力流水道侧向运移、构造高部位孔隙分散式成藏”的天然气水合物成藏模式，指出了我国南海北部蕴藏着丰富的天然气水合物资源。

(5)采用自主研发的Drilog随钻测井系统、保温保压水合物取心和带压转移工具、水合物现场在线分析系统等全套国产化装备，依托“海洋石油708”深水工程勘察船成功钻获天然气水合物样品，使得我国成为继美国、日本之后第三个独立掌握海域天然气水合物自主取样全套技术与装备的国家。

4. 第二轮海域天然气水合物降压法试采

2019年10月~2020年3月，自然资源部中国地质调查局组织实施了第二轮海域天然气水合物降压法试采，本轮试采在上一轮探索性试采的基础上突破了水平井钻采技术，使我国成为全球首个采用这一技术进行海域天然气水合物试采的国家。此次试采创造了累计产气 $8.6\times10^5m^3$、日均产气 $2.9\times10^4m^3$ 两项世界纪录，实现了从“探索性试采”向“试验性试采”的重大跨越[131,137]。

1.4.10 世界天然气水合物研究对比分析

世界各国已进行的试采工程中，主要采用降压、热激、注化学剂、二氧化碳置换等方法进行短期科研试采，这些试采的原理是将储层中的天然气水合物分解为天然气和水或置换出天然气，并将天然气用类似开发常规油气藏的方式通过生产井采出。这些技术已经在冻土和海域得到短期测试性验证。美国、加拿大、日本试采区域都是选择砂岩型天然气水合物藏，而我国目前已经获取的海域天然气水合物样品埋深在海底0~300m之间，沉积在粒径为40~60μm的未胶结的细粉砂泥岩中。要实现深水浅层弱胶结水合物的安全高效商业化试采，还需创新思路和方法。世界主要国家水合物勘探、钻探取样、开发、安全风险监测技术研究现状具体分析如下(表1-3~表1-6)：

表1-3 我国与世界各国水合物勘探技术概况

水合物勘探技术		国外技术现状	国内技术现状	差距	挑战和发展趋势
地震分析方法	地震采集方法	美国、日本等：针对性DTAGS系统、海底高频地震仪、深拖地震、广角地震、垂直地震剖面、垂直缆等地震采集技术	三维地震与海底高频地震联合探测技术，获得4470km多道地震数据	水合物地震采集技术需改进	海上深水区地震采集试验成本高，有较大限制
	地震处理方法	水合物采集的地震资料处理旅行时反演、全波形反演	对水合物特征的处理技术研究	加强高分辨率、宽频地震原始数据采集	研究针对水合物采集的高分辨率、宽频数据的配套处理技术

续表

水合物勘探技术		国外技术现状	国内技术现状	差距	挑战和发展趋势
	地震解释方法	主要集中在 BSR、空白地震反射带、速度倒置、极性反转、同相轴切割穿层等主要地震标志的识别	主要是沿用油气地震解释方法，缺少针对水合物饱和度和厚度计算的地震解释方法	缺少实钻数据，很大程度上限制了地震解释的可靠性	少井无井区准确预测水合物的深度、厚度、饱和度
电磁勘探方法	海洋电磁勘探方法、海洋可控源电磁技术	2004 年，美国俄勒冈州海域成功地进行了频率域海洋可控源电磁法探测天然气水合物试验，又在墨西哥湾进行了海底天然气水合物探测工作	中国地质大学(北京)和广州海洋地质调查局联合研制的 MCSEM 系统已经分别于 2012 年 5 月和 2013 年 5 月在我国南海海域进行了海试	试验应用阶段	研究和试验成本高，限制该技术的发展

表 1-4　我国与世界各国水合物钻探取样技术概况

水合物钻探取样技术	国外研究现状	国内研究现状	差距	挑战和发展趋势
大通径钻探系统和取样工具	1.船载方式 “地球号”“航海者号” 日本：直径 66mm，取心长度 3m 美国：直径 63.5mm，取心长度 6m 2.A-BMS 海底钻机 美日合作 4000m 水深，150m 进尺	1.船载方式 “海洋石油 708”，3000m 水深，取心长度 1m，样品直径 46mm 2.“海牛号”海底钻机 3000m 水深，钻进深度 60m	缺少大通径钻机和大直径(≥60mm)取样工具	1.大深度、大通径钻机系统及取样工具 2.取样、在线带压切割、测试一体化
工程地质钻孔原位测试	工程地质钻孔原位测试(CPT、十字板) 辉固公司：3000m 水深，泥面下 200m	中海油：2000m 水深，泥面下 100m 原位测试能力	水深、测试深度不足	
带压转移	辉固公司：带压转移和切割系统无缝对接	中石化、浙江大学实现了带压转移	可靠性和稳定性不足	
在线测试	天然气水合物基础物性船载在线分析测试技术世界范围内受 GeoTek 公司垄断	中海油联合大连理工大学、浙江大学、华南理工大学等进行了主要参数在线测量	集成化程度不高	

表 1-5　我国与世界各国水合物开发技术概况

国外研究现状	国内研究现状	差距	挑战和发展趋势
日本产业技术综合研究所、德国哥廷根大学揭示微纳尺度水合物三维赋存机理	青岛海洋地质研究所、大连理工大学获得了多孔介质中水合物空间分布	研究尺度、研究手段基本接近	微纳尺度水合物生成与赋存过程描述仍存挑战
美国伯克利实验室、佐治亚理工大学揭示岩心尺度水合物分解控制机理	大连理工大学、中科院广州能源研究所对水合物分解过程进行动态描述	在微观能质传递过程及控制机理研究方面存在差距	水合物分解微观传热传质控制机理
美国科罗拉多矿业大学、英国赫瑞瓦特大学揭示水合物堆积堵塞机理	中海油、中国石油大学、华南理工大学对水合物防聚剂进行了评价	在二次生成微观机理和颗粒微作用力方面存在差距	水合物二次相变发生机制及水合物沉积微观机理
开采模拟方法：开发了 TOUGH+HYDRATE、HydrateResSim、MH21-HYDRES 等开采模拟软件	中海油、西南石油大学等开展了多尺度、多种开采方法模拟，形成了相应开采模拟模型	实验模拟手段接近，数值分析方法还有差距	数值手段与实际储层匹配性

表 1-6　我国与世界各国水合物安全风险监测概况

国外研究现状	国内研究现状	差距	挑战和发展趋势
水合物储层力学特性(山口大学、日本产业技术综合研究所)：构建了水合物沉积物弹塑性本构模型	水合物储层力学特性(大连理工大学)：构建了水合物沉积物静、动态力学本构模型	水合物沉积物力学特性及其变形机理了解更为全面和透彻	原位水合物岩心样品力学特性测试
水合物储层稳定性分析(日本产业技术综合研究所、佐治亚理工学院)：实现了水合物开采过程储层应力应变关系、产气产水预测	水合物储层稳定性分析(大连理工大学、中国地质大学)：实现了南海 GMGS3-W19 站位储层变形及开采潜力评价	由于缺少足够的原位监测数据，数值模拟精度还有待验证	实现开采前、开采中、开采后地层稳定性分析
水合物开采风险控制(日本国家油气与金属公司)：成功开展日本南海海槽两次水合物试采，开发水合物储层变形原位监测技术，发现试采过程地层沉降	水合物开采风险控制(广州海洋地质调查局)：实现南海神狐海域泥质低渗水合物试采，未发现储层变形等问题	缺乏具有自主知识产权的水合物监测装备	水合物开采过程监测技术与装置开发

从世界主要国家研究与试采现状可以看出，我国天然气水合物试采取得突破性进展，已经超越世界其他国家开发计划，但还存在单元技术部分落后、基础理论亟待突破等问题，如图 1-11 所示。

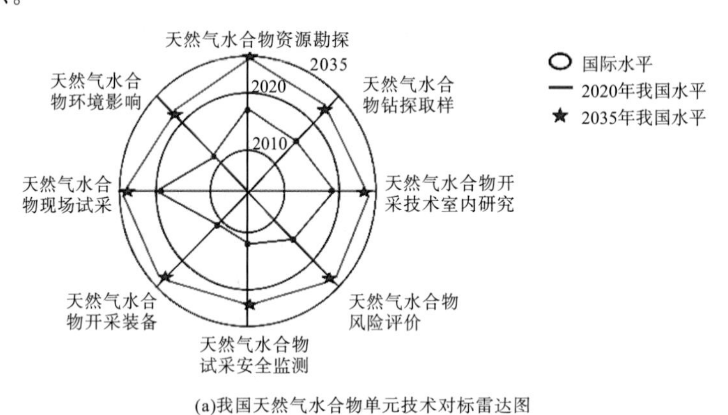

(a)我国天然气水合物单元技术对标雷达图

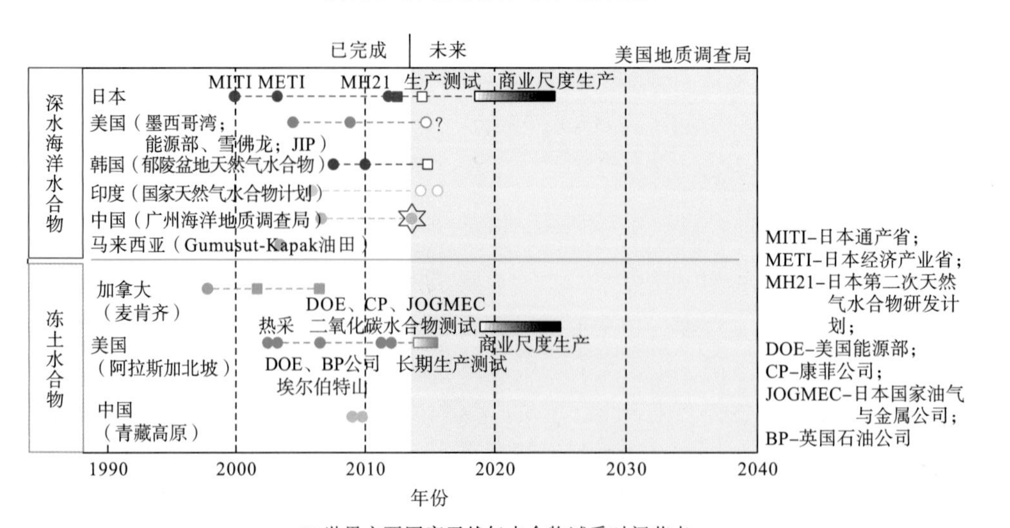

(b)世界主要国家天然气水合物试采时间节点

图 1-11　世界各国天然气水合物开发计划

天然气水合物资源前景广阔，但绝大部分是以海洋浅层弱胶结的形式赋存于海底。世界各国主要采用降压法进行短期科研试采，回避了长期开采面临的环境安全风险、装备安全风险、生产安全风险和工程地质风险等，而当前的开发方式对“四大风险”没有根本突破。固态流化开采方法独辟蹊径，有望进入世界海洋浅层弱胶结天然气水合物合理开发科技创新前沿领域。尽管首轮试采的成功验证了固态流化开采方法原理正确、技术可行，然而试采的成功并不代表商业化利用的实现。技术可行、市场接受和环境允许是资源能否实现商业化开采的三个决定性因素，天然气水合物资源开发仍然面临技术装备研发投入过大、开采成本过高、环境影响不可估量等难题。

天然气水合物开采技术具有意义重大和难度巨大的双重属性，在国家层面具有战略性和革命性特征，在技术层面具有前沿性和竞争性特点。未来天然气水合物能否开辟能源新时代，“可燃冰之难如何各个击破、可燃冰之术如何步步攻克、可燃冰之路如何越走越畅”，亟须在商业化开采的目标下开展攻关。与常规深层油气、海洋油气、非常规油气、大规模低品位油气及老油田提高采收率对比发现，天然气水合物勘探开发研究才迈出万里长征第一步。

1.5　海洋非成岩天然气水合物开发技术策略

1.5.1　我国南海天然气水合物成藏特征

我国南海是世界第三大陆缘海，面积约为 3.5×10^6km^2，是一个平均深度超过 1000m 的菱形盆地。南海北部大陆架呈北东走向。自白垩纪末以来，南海北部先后经历了神狐运动、南海运动及东沙运动。构造运动的不均衡性和海进海退的多次旋回造就了沉积体系分布的多元化，为天然气水合物的形成与富集创造了较好的地质条件[138]。

南海天然气水合物的富集层段主要位于上新世和更新世地层，南海北部陆坡深水区是目前水合物调查程度最高的区域，其构造上属被动陆缘、准被动陆缘并过渡至东部活动碰撞边缘，发育活动断裂、底辟构造、气烟囱、滑塌堆积、断裂坡折带和海底砂质浊积体，为水合物的形成和富集提供了重要的运聚体系。

南海北部陆坡可划分为四个海域天然气水合物前景区：神狐、琼东南、东沙及西沙海域，其中神狐海域是我国实施多次天然气水合物试采的目标区[126,139]。

1.5.1.1　神狐海域

位于珠江口盆地的神狐海域是我国首个海域天然气水合物试采示范区，区域内海底地形起伏较大，陆坡地貌复杂多变，主要发育海槽、海谷、海山、海丘、陡坡、陡坎、海底高原等，整体呈阶梯状下降。水合物的形成和聚集导致气体向上迁移变得困难，使其上部低渗厚层细粒沉积物失稳体基本不含水合物。其下部的古近系始新统文昌组和渐新统恩平组是热成因天然气的主要烃源岩，而浅部新近系珠江组、韩江组等沉积物有机质成熟度相对较低，为生物成因天然气的主要烃源岩。这些烃源岩为水合物形成提供了充足的气源。神狐海域自中新世以来逐渐增强的新构造运动和高沉积速率使得流体底辟构造发育广泛，与高角度断裂和垂向裂隙共同构成了水合物成藏聚集的主要运移通道。神狐海域水深为

300~4400m，试采区钻获的水合物样品是以分散或胶结形式均匀分布在富含钙质超微化石的黏土质粉砂孔隙中。通过对取心井段的粒级组分分析，可以发现沉积物类型较单一，主要由黏土质粉砂和粉砂组成，其粒度较细，40μm 以下粒度分布达 80%、10μm 以下占近 40%，砂的含量小于 10%，虽然较粗组分含量较少，但能增加沉积物的孔隙度和渗透性，有利于天然气水合物的聚积和赋存。

1.5.1.2 琼东南海域

琼东南海域位于南海北部陆坡西南部，属于琼东南盆地，面积约 $4.5\times10^4km^2$，地貌特征西高东低，坡度约 0.2°，地形以深海平原为主，地貌形态相对单一。该海域水合物赋存相对较深，BSR 分布面积较大，多发育在浊积水道附近和气烟囱顶部。

琼东南海域为中国第二个海域天然气水合物试采示范区，也是我国重要的常规油气富集区。该区水合物主要赋存在泥线以下 7~158m 范围内第四系沉积物中。盆地新生代沉积厚，古近纪煤系地层提供热成因天然气，第四系和新近系上新统海相泥岩提供生物成因天然气，而沉积层内发育的高压泥底辟和气烟囱以及连通高压泥底辟和气烟囱至海底的断裂，为天然气运移提供了通道。琼东南盆地南部斜坡深水块体搬运体系具有中强振幅、反射杂乱、局部发育褶皱及逆冲断层等地震特征。块体搬运是大陆边缘沉积物质扩散系统中的一种物质搬运方式，对海底稳定性及天然气水合物形成和富集具有重要的控制作用。

1.5.1.3 东沙海域

东沙海域位于南海北部东沙群岛以东地区，属于台西南盆地，面积约 $5000km^2$，构造上属于台西南盆地的中部隆起区。盆地发育有四套烃源岩和大量的逆冲断层及泥底辟，为天然气水合物的形成提供了良好的气源和流体运移通道。天然气水合物主要赋存于第四系更新统-全新统沉积物中，主要发育两层水合物，上部厚度为 15~32m，下部厚度为 6~37m。渗透率高的砂质等深流沉积和滑塌块体是该区域最有利于水合物富集的沉积体，并受深部热解气和垂直大断裂的共同控制。目前，东沙钻探区已有多个站位钻获天然气水合物实物样品，证实了东沙海域具有较大的水合物成藏潜力。

1.5.1.4 西沙海域

西沙海域地处南海西北部，位于海南岛东南部，西沙群岛附近深水海域。该区域海底地形复杂，岛屿和沟谷相间分布，水深为 1000~3000m，构造活动不活跃，有利于天然气水合物的形成与富集。BSR 分布与地层产状斜交，BSR 下覆的游离气层具有振幅增加、频率降低、空白反射三类地震响应特征。西沙海域新生代沉积厚，具有热解气和生物气的形成条件，区内局部地区发育底辟构造、张性断层，部分断层切穿第四系直到海底，为气体运移提供了良好条件。综合地震的振幅、频率、波阻抗、叠前道集响应等地球物理特征，推断西沙海域存在天然气水合物的广泛分布。

综上所述，我国南海天然气水合物以泥质粉砂非成岩型为主，大多表现为与下覆游离气具有纵向耦合共生关系。虽然，神狐海域、琼东南海域、东沙海域和西沙海域均已进行了多次天然气水合物资源勘查，并且在神狐海域东与东沙海域南成功实施了水合物钻探，但南海天然气水合物的资源落实与精准预测仍存在诸多问题。

1.5.2　高效开发技术瓶颈

目前，天然气水合物在冻土区和海域的试采已经实施，但海洋非成岩天然气水合物的安全、高效开采所面临的基础理论以及潜在的安全风险、环境风险和经济风险尚未解决，技术瓶颈仍无根本突破。

1.5.2.1　缺乏针对性的基础多相渗流、复杂相变等多学科交叉理论支持

(1) 储层本质差别：海洋非成岩天然气水合物储层构造形式根本上区别于常规油气藏，大多没有完整的圈闭构造和致密盖层，如图 1-12 所示。

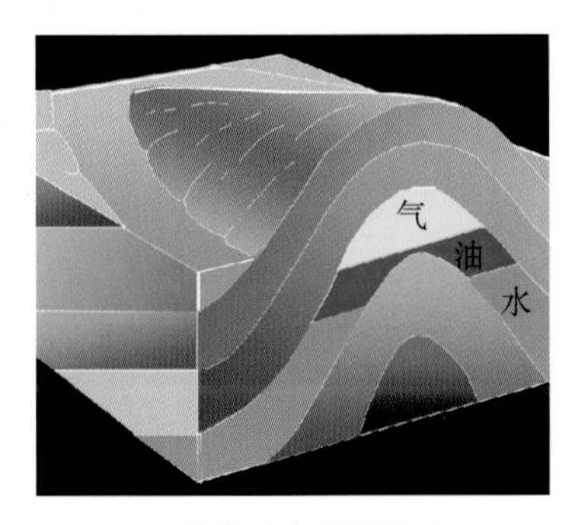

(a) 常规油气储层构造

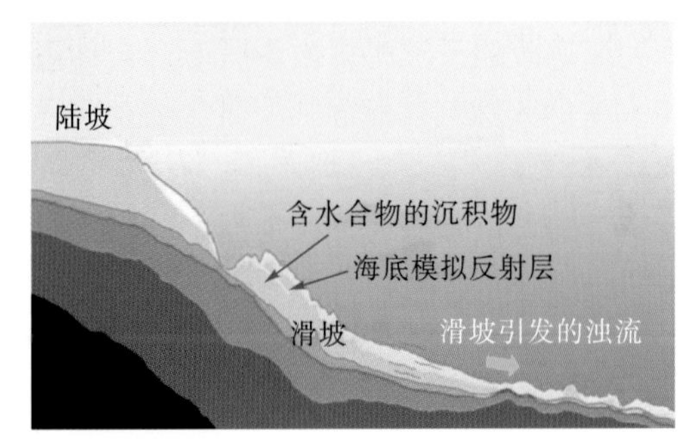

(b) 海洋非成岩天然气水合物构造

图 1-12　常规油气储层构造与海洋非成岩天然气水合物构造

(2) 缺乏水合物藏开发理论的支持：我国已经获取的海域天然气水合物样品主要分布在南海北部陆坡区、埋深 300m 内的泥岩或弱胶结的储层中，如图 1-13 所示。海洋浅表层天然气水合物本身就是岩石骨架结构的重要组成部分，开采过程中其原有的固态结构将溃散。因此，天然气水合物藏开发过程是集解析、相变、多相流、渗流于一体的复杂耦合过程，现有基于渗流力学等的油气藏开采理论无法满足该资源工程研究的需求。

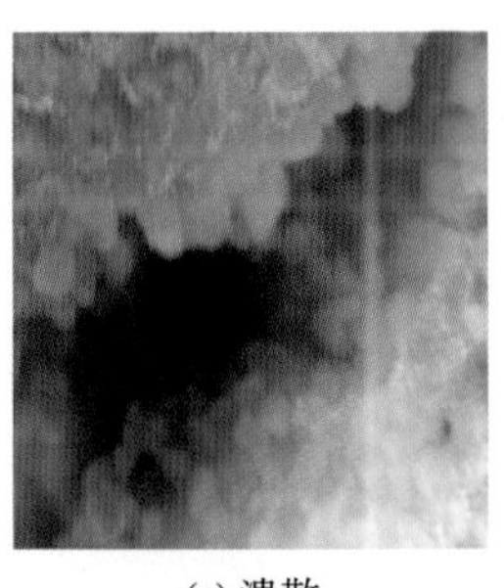

(a) 溃散

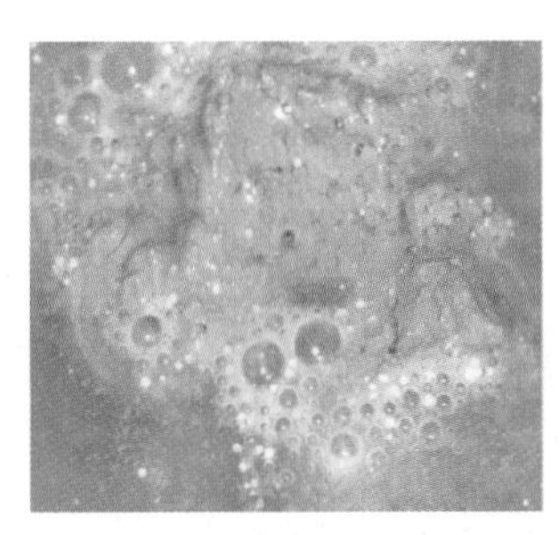

(b) 解析

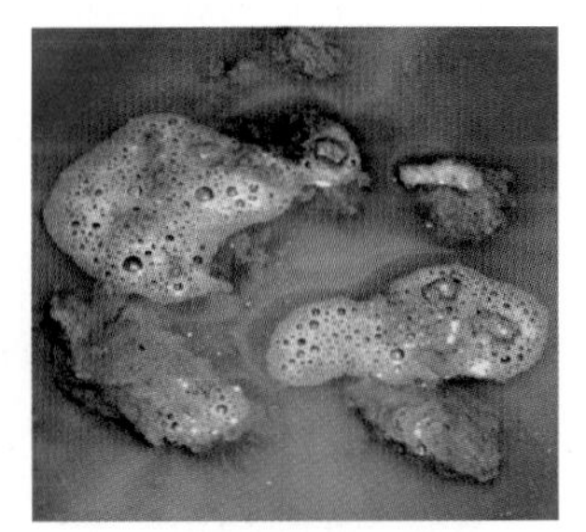

(c) 相变

图 1-13　海洋非成岩天然气水合物固态结构溃散、解析、相变

1.5.2.2　安全和环境风险

全球约 80%海域天然气水合物主要储存在深海浅表层、松散弱胶结的泥岩中，储层不

稳定，无法通过控制井筒参数实现其安全控制和有效开发。已实施的降压法水合物试采均借鉴常规油气开采工艺，无论是针对成岩水合物还是非成岩水合物都是短期科研试采。由于试采时间短，回避了长期开采面临的环境安全风险、装备安全风险、生产安全风险以及工程地质风险等问题。相对于成岩型天然气水合物，海洋非成岩天然气水合物开发(图 1-14)会造成如下五大风险(图 1-15、图 1-16)：

(1) 如果前期不对深海浅表层非成岩的弱胶结水合物进行有效开发，在开发中深层水合物时造成的海底温度、压力场变化会导致海底浅表层水合物大量分解、气化和自由释放。大量分解的天然气逸散到海水中，造成资源浪费、采气率低、产量低。

(2) 水合物储层的垮塌溃散，进而触发海底结构失稳、海底滑坡等工程地质灾害。海底结构变形也会导致生产装备失稳失控，造成生产安全风险。

(3) 泥砂大量入井造成堵塞停产。

(4) 大量逸散的天然气自由膨胀上升会使海面船只在低密度气液混合物中航行造成沉船事故，大量的天然气在海面上空聚集会使得飞机发动机吸入大量天然气从而造成发动机失效导致坠机事故。

(5) 甲烷的大量释放也会产生温室效应，引起全球气候和海洋生态环境的变化。

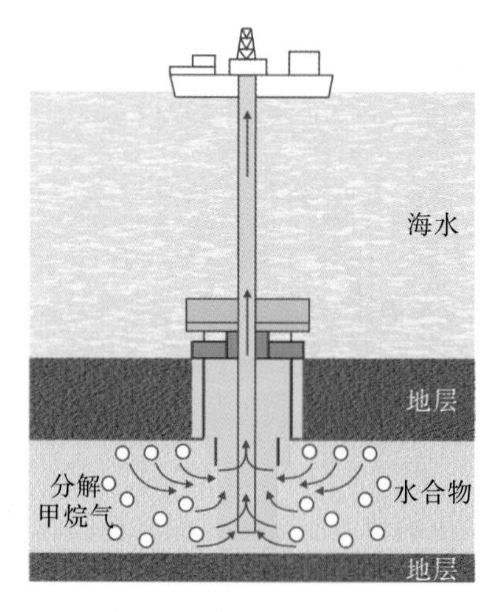

(a) 成岩天然气水合物开采

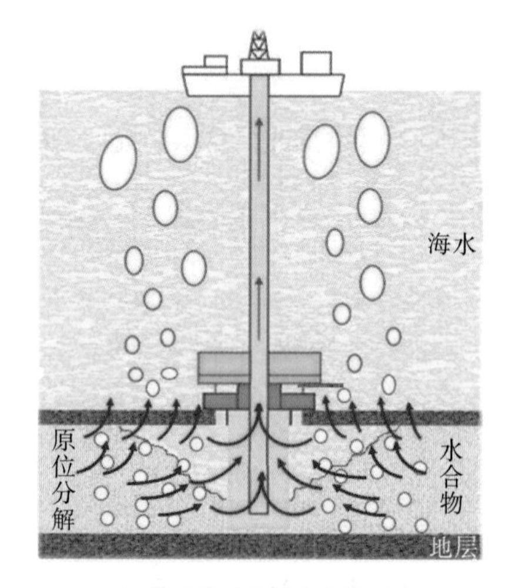

(b) 非成岩天然气水合物开采

图 1-14　海洋成岩和非成岩天然气水合物开采风险对比

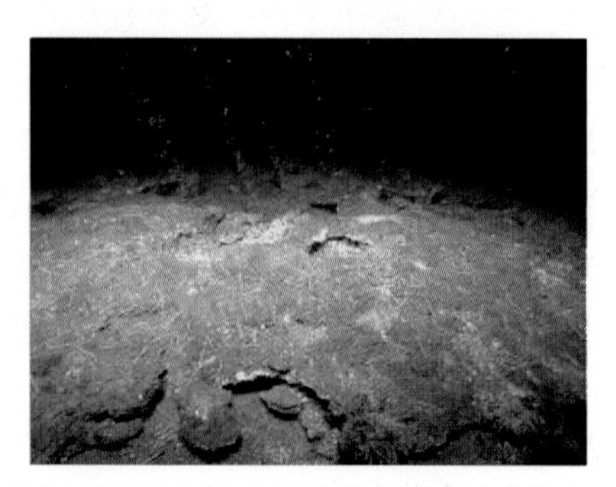

图 1-15　海洋非成岩天然气水合物分解后产生甲烷气体逸散到海底

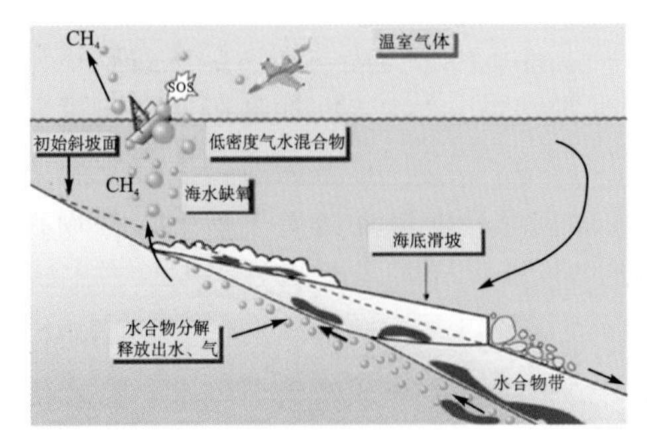

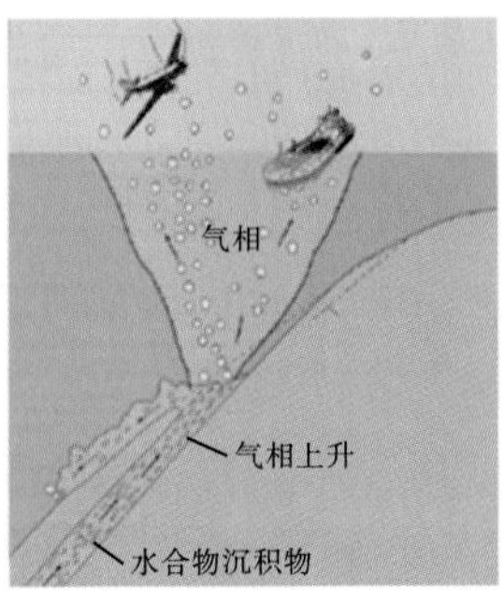

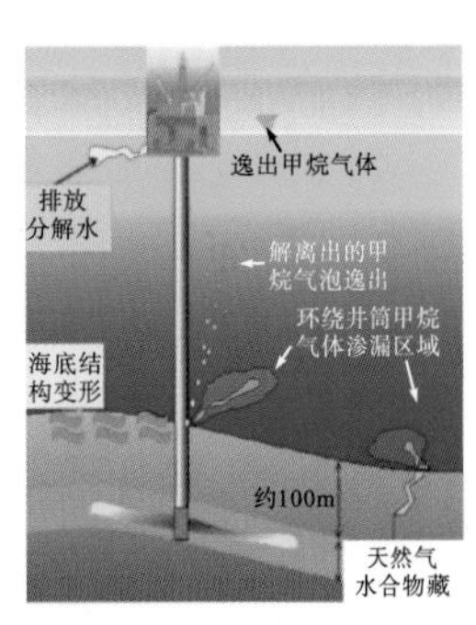

图 1-16　海洋非成岩天然气水合物无序分解的潜在风险

因此，深海浅表层非成岩的弱胶结天然气水合物的合理开发一直备受关注，必须采取安全有效的科技创新对此类水合物资源进行绿色开采。

1.5.2.3　开发经济风险

目前，天然气水合物藏短期生产测试所得的最大单井日产 $3.5\times10^4m^3$(中国地质调查局组织实施的海域天然气水合物试采)，而海上气田的单井日产经济门限为 1.5×10^5~$2.0\times10^5m^3$。可以看出，水合物开采距离商业开发的经济门限还有很大距离，要实现天然气水合物产业化开发仍然面临着提高产量、降低成本的挑战。

1.5.3　海洋非成岩天然气水合物固态流化开采法技术策略及科学原理

2012 年中国工程院周守为院士被科学技术部聘为“油气藏地质及开发工程国家重点实验室”主任后，承担中国工程院“中国工程科技中长期发展战略研究”项目“深海天然气水合物绿色钻采战略及技术方向研究”，针对海洋非成岩天然气水合物采用常规降压、热激、注化学剂、二氧化碳置换等方法无法安全、高效开采的现状，根据海洋非成岩天然气水合物的实际赋存特点，提出在国家重点实验室设立天然气水合物开发研究方向。西南石油大学和中国海洋石油集团有限公司在2012年12月“双清论坛”首次提出海洋非成岩天然气水合物固态流化开采方法，其基本思路如下：将固态水合物先机械碎化、后流化为水合物浆体，进入封闭管道初步分解，然后举升到海面平台进行深度分解和气、液、固分离，获得天然气。在 2014 年 11 月印度召开的第 9 届世界天然气水合物研究与开发大会上周守为院士进一步阐述了这一新方法新思路，将其归纳为六个“利用”，其技术策略如下：

(1) 利用非成岩天然气水合物埋深浅、疏松、易于破碎流化的地质特性。

(2) 利用海底温度、压力相对稳定，水合物不易分解的海床环境(整个采掘过程在海底天然气水合物藏区原位进行，类似于构建了一个由海底管道、泵送系统组成的人工封闭区域，与常规油气藏盖层的封闭作用相似，使海底浅表层无封闭的天然气水合物矿藏变成了封闭体系内分解可控的人工封闭矿藏，避免常规开采方法造成的天然气水合物大量分解，从而消除工程地质灾害与温室效应的影响)。

(3) 利用从海底到海面温度自然升高，压力自然降低的自然条件。

(4) 利用水合物与泥砂比重差异大，可初步分离的特性(实现部分泥砂回填，最大限度地保持海底原貌)。

(5)利用表层温度较高的海水作为引射流体(起到升温分解作用,加速水合物在管道流动过程中的分解)。

(6)利用水合物从海底至海洋平台的管输过程中自然升温降压条件下解析、相变，气态举升的物理特征(实现天然气水合物在密闭输送管线内的可控有序自然分解，变不可控为可控，保证施工安全)。

基于六个“利用”,固态流化开采的科学实质是将不可控非成岩天然气水合物藏转变为密闭管道内可控天然气水合物藏，实现非成岩天然气水合物在密闭管道内可控有序分解，如图 1-17 所示。它主要包括非成岩天然气水合物海底采掘、破碎细化、海水引射流化、泥砂分离回填、浆体流化举升、平台深度分离再回填等单元。

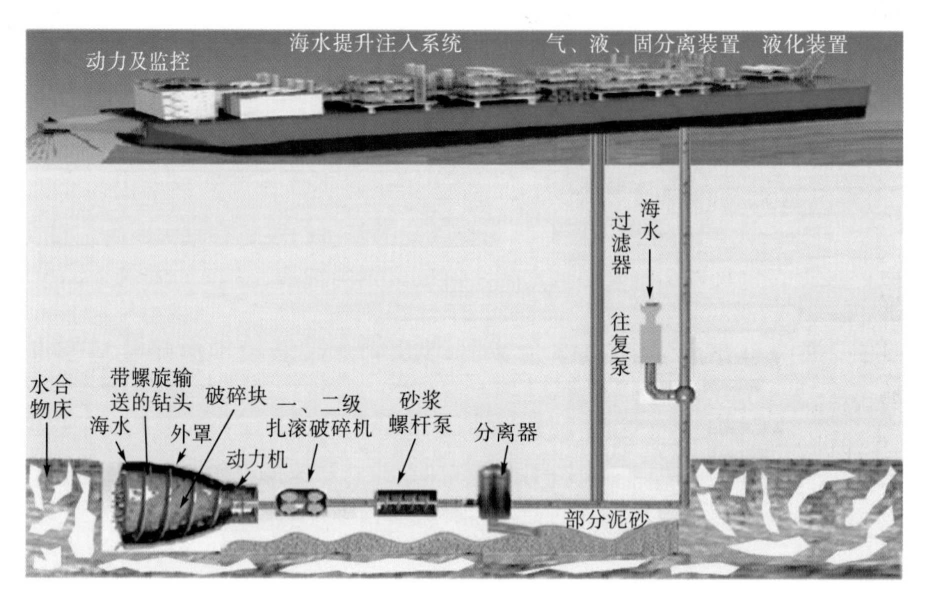

图 1-17　海洋非成岩天然气水合物固态流化开采示意图

第 2 章　固态流化开采模拟实验技术

2.1　固态流化开采模拟实验技术方案

2.1.1　固态流化开采模拟实验技术目标

海洋非成岩天然气水合物固态流化开采模拟实验技术目标如下：发明和研制海洋非成岩天然气水合物大型物理模拟实验系统[140-144]；实现海洋非成岩天然气水合物固态流化开采全过程物理模拟；为首次海洋天然气水合物固态流化试采技术方案制定和作业流程设计提供关键参数，证明固态流化开采原理科学可行、开采工艺技术可行。

2.1.2　固态流化开采模拟实验技术需求

为达到海洋非成岩天然气水合物固态流化开采模拟实验技术目标，需要制定能够模拟 1500m 水深条件下的开采技术流程，开展如下工作：

(1) 对我国南海非成岩天然气水合物固态流化开采高效破岩能力进行评级和工具研发。

(2) 对海洋非成岩天然气水合物浆体高效管输过程中含非平衡相变条件下的复杂介质(水合物、泥砂、海水、天然气)井筒多相流动的安全携岩能力进行评价。

(3) 对水合物非平衡分解规律及流态动变规律进行评价。

(4) 对不同机械开采速率条件下水合物安全输送进行研究。

(5) 对含非平衡相变条件下的复杂介质井筒多相流动在不同施工参数条件下的井控安全规律进行研究。

2.1.3　固态流化开采模拟实验技术流程

基于海洋非成岩天然气水合物固态流化开采模拟实验技术目标及需求，设计模拟实验技术流程。

(1) 根据现场取样所得的海洋非成岩天然气水合物组分，预制非成岩天然气水合物(含砂)样品，然后将水合物样品原位破碎并加入预先配制的低温海水，形成水合物浆体。

(2) 将水合物浆体转移至管路循环系统以模拟固态流化开采过程中水合物浆体在管输过程中的气、液、固多相管流。

(3) 海洋天然气水合物固态流化开采中水合物藏水深达 1500m，为满足规模化开采需求，其输送垂直管路长需 1500m、水平管路长需 4500m，现有实验室条件下室内一次实验不可能完成。因此，需通过多次循环(每次模拟水合物浆体向上管输的高度)、多次调压(海底高压逐级降至海面低压条件)、多次换热升温(海底低温逐级升至海面常温环境)，综合每组循环实验数据，实现固态流化开采管输全过程的实验模拟。同时，在满足井控安全的前提条件下，尽可能放大实验流动参数以实现安全高效输送的实验模拟。管输实验模拟包括水平段、垂直段管道，能够分别独立完成实验模拟。水平段管道实验模拟着力解决固相运移和浆体高效安全输送问题；垂直段管道实验模拟着力研究水合物相变条件下的多相流动特征参数预测、测量、压力演变调控技术，解决高效携岩能力评价、不同机械开采速率下水合物浆体安全输送、井控安全规律等问题。

(4) 管输实验模拟结束后，通过分离系统对水合物及其分解产物进行处理和计量[145]。

(5) 整个固态流化开采实验模拟过程中，实现运行控制、数据测试和图像采集的自动化，能够对数据和图像进行实时监控、分析、处理、显示和存储。

(6) 通过海洋非成岩天然气水合物固态流化开采模拟实验技术研究，形成、完善和丰富水合物固态流化开采模式下的多相流动理论模型，并实现海洋非成岩天然气水合物固态流化开采模拟实验技术目标。

2.2 大样品快速制备与破碎模拟实验技术

2.2.1 实验技术需求

根据海洋非成岩天然气水合物固态流化开采模拟实验技术方案，大样品快速制备与破碎实验模拟的主要目的如下：①开展固态流化开采中的高效破岩能力评级，解决海洋非成岩天然气水合物矿体采掘力学行为和安全控制问题；②制备足够量的水合物浆体，为后续浆体高效管输实验模拟等提供准备。

因此，海洋非成岩天然气水合物大样品快速制备与破碎模拟实验技术需要达到以下要求[146]：

(1) 能够根据不同非成岩天然气水合物成藏环境，结合现场水合物取样特征，制备满足固态流化开采实验模拟所需的非成岩天然气水合物大样品。

(2) 为了满足高效管输实验模拟需求，非成岩天然气水合物样品量应该足够大。天然气水合物制备釜容积和需要制备的水合物体积应满足以下计算方法：

$$V_{水合物制备釜容积}=V_{实验所需水合物浆体体积}=V_{实验管线体积}\times \eta_{安全使用系数} \tag{2-1}$$

$$V_{需要制备的水合物体积}=V_{实验所需水合物浆体体积}\times \alpha_{固相体积分数} \tag{2-2}$$

浆体高效管输实验中，基于管输实验管道尺寸(垂直段高 30m，水平段总长 56m，管径 76.2mm，辅助管线长约 40m)，安全使用系数取 2，固相体积分数取 30%，考虑垂直、水平段分别独立开展实验的需要，管线长度最长取 100m，则天然气水合物制备釜容积为 912L，需要制备的水合物体积为 274L。因此，设计海洋非成岩天然气水合物大样品制备釜容积需达到 1000L。

(3) 为了能够快速制备大量的非成岩天然气水合物样品，制备釜需要能够同时实现不同制备方法的联合使用[147]。

(4) 为了开展固态流化开采中的高效破岩能力评价并将制备的非成岩天然气水合物破碎流化成水合物浆体，制备釜需要具备非成岩天然气水合物原位破碎及浆体调制的功能。

(5) 能够定量混合海水及泥砂，精确调制水合物浆体。

2.2.2　实验技术研究现状

基于海洋非成岩天然气水合物大样品快速制备与破碎模拟实验技术需求，开展现有天然气水合物制备方法和装置调研。

2.2.2.1　天然气水合物制备方法研究现状

1. 搅拌法

搅拌法是在制备釜内设置一个搅拌器，通过机械搅拌提高天然气水合物的制备效率。搅拌可有效增大气液接触面积，加速气体在液相中的溶解，大幅缩短天然气水合物生成的诱导时间。搅拌还增加了反应体系与外界环境的换热速率，提高水合物生成速度。

1996 年，挪威科技大学 Gudmundsson 等[148,149]研制了世界首套搅拌式天然气水合物制备装置，如图 2-1 所示。通过制备釜中的盘式叶轮实现搅拌功能。实验过程中，制备釜中预先装入水，气体通过制备釜底部进入，在搅拌叶轮的作用下气水充分混合制备天然气水合物。该装置使用管壳式换热器把天然气水合物的生成热以及转动部件所产生的热量及时带走。

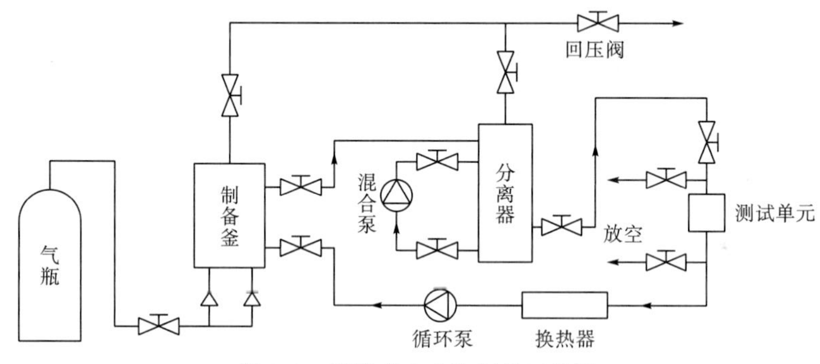

图 2-1　搅拌式水合物制备示意图

2. 鼓泡法

鼓泡法是向装有水或溶液的制备釜内通入气体，气体经气泡发生器或喷嘴从底部以气泡的形式通过液相并与其发生反应，典型的连续鼓泡法水合物制备如图 2-2 所示。

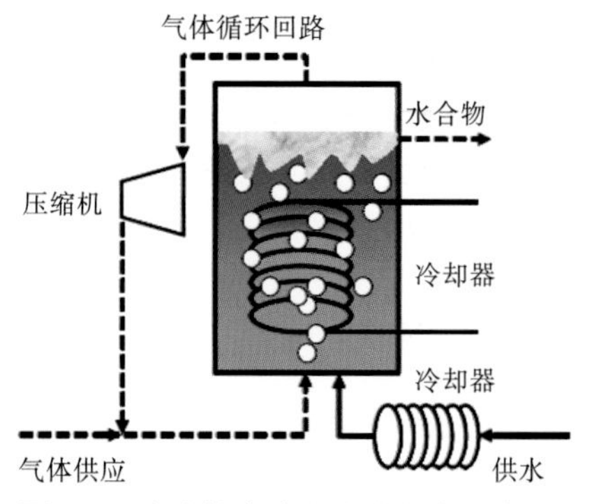

图 2-2　连续鼓泡法水合物制备示意图

2005 年，周春艳等[150]通过釜底的孔板向水溶液中鼓泡进气，利用孔板鼓泡来增大气液接触面积，增强气体对液体的扰动，从而缩短天然气水合物形成的诱导期。与釜顶进气静态制备方法相比，釜底进气动态制备方法大大缩短了诱导时间，加快了水合物生成反应的进程。鼓泡法除了增大气–液接触面积及气体溶解度，在传热方面也具有很大的优势：随着已形成的水合物颗粒上升，热量将有效地传递到水相中，另外气泡和水合物的上升将为反应提供扰动。气相以气泡的形式不断通入，没有生成水合物的多余气体需用压缩机增压后经外部管道才可循环继续反应，而如果气体以微气泡形式分布到反应器中，则生成水合物的速度将大大提升。但该方法也存在缺点：由于孔板上的孔径很小，容易在孔板上生成水合物影响进气，从而影响系统的正常运行。

3. 喷淋法

水合物是在气–液相界面处生成的，因此，为了显著提高水合物生成速度，需要大幅增加反应体系的气–液接触面积。1996 年，Rogers 等[151]最先使用喷淋法合成了 I 型结构水合物。喷雾式反应器能使水以雾滴的形式喷淋到气相中，和鼓泡法一样实现气–水接触面积的增加，进而提高水合物生成速度，喷淋法制备水合物的装置如图 2-3 所示[152]。喷淋法制备水合物的最大缺点是：喷射下落过程中的液滴与气体持续反应，在其表面产生一层水合物薄膜，生成热会聚集在水合物薄膜内的液滴中，如果不及时排出会影响水合物的进一步生成。

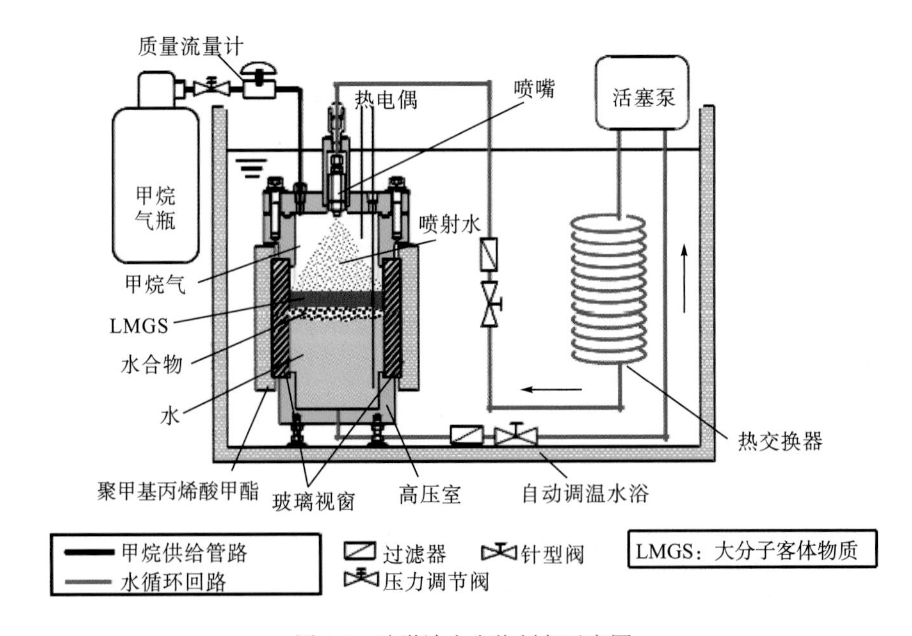

图 2-3　喷淋法水合物制备示意图

4. 超重力法

超重力技术通过高速旋转的填料产生强大的离心力场模拟超重力环境，是一种新型强化传质技术。处于超重力环境下的液体在多孔介质或孔道中流动接触，巨大的剪切力可将其撕裂成微米至纳米级的液膜、液丝和液滴，微观混合和传质过程得到极大的强化。该技术可极大提高气液传质速率，缩短天然气水合物的生成时间。

2007 年，刘有智等[153]采用超重力法生成天然气水合物，如图 2-4 所示，其主要设备是一台旋转填料床。在高速旋转的填料产生的强大离心力作用下，吸收液被填料层撕裂成液膜、液丝和液滴，扩大了气-液接触面积，克服了在传统合成工艺中的气-水界面表面张力影响溶解、成核速率这一不利因素。液相在压力梯度和浓度梯度作用下很快达到饱和，不均匀成核和均匀成核现象在整个液相范围内普遍发生，达到临界大小即开始大量生成水合物。在器壁等散热条件优越的地方水合物往往最先生成，并由此引发其往纵深生长。在水合物成核生长期，由于气-液接触面积的扩大，促进了溶解成核过程，提高了晶体填充率，使天然气水合物中的含气饱和度也得以提高。

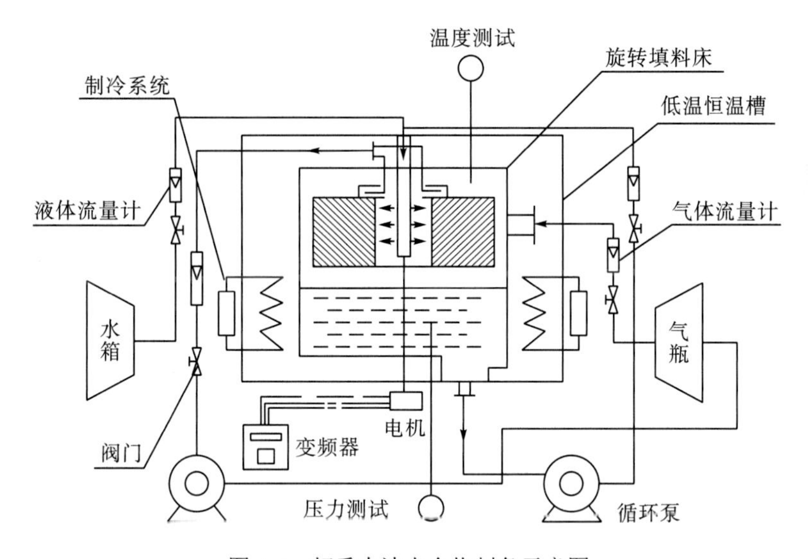

图 2-4　超重力法水合物制备示意图

5. 冰粉静态接触法

冰粉静态接触法是在无扰动的情况下使气体与经研磨、筛分的粉末状冰接触，气体穿过相界面扩散至水中，发生水合结晶成核、生长，最终形成气体水合物。1996 年，Stern 等[154]介绍了用甲烷在冰粉中静态生成水合物的方法，这种方法使得水合物中甲烷和水的摩尔比达到 6.1:1。此方法虽然通过增加气-冰接触面积提高水合物储气速度和储气量，但冰粉在制备、转移过程中必须要保证不融化，否则融化后的冰粒相互黏结，间隙水会阻碍气体向分散的冰粉表面扩散，降低水合物的生成速度。

6. 表面活性剂法

表面活性剂作为一种动力学促进剂，能使溶液体系的界面状态发生明显变化，显著降低表面张力。在水中加入少量合适的表面活性剂可以极大地提升水合物的生成速度和储气能力，而不影响水合物生成的热力学条件[155]。1993 年，Karaaslan 等[156]研究了阴离子、阳离子和非离子型表面活性剂对水合物生成动力学的影响，发现表面活性剂对气体在水中的溶解性有很大影响，可以加快水合物的生成速度。

7. 多孔介质法

多孔介质的特性(表面特性和颗粒粒径等)影响水合物的生成过程，因为多孔介质的孔隙结构会影响内部传热，从而改变水合物生成速率和相平衡条件。多孔介质巨大的比表面积可以为水合物的生成提供充足的气-液接触面积，气-液充分接触恰恰是水合物快速生成的关键，因为海洋天然气水合物多在海底多孔沉积物中形成。分子筛、多孔硅胶、空心二氧化硅等多孔介质对气体水合物的生成过程具有促进作用，水合物生成速度和储气量都明显提高[157-159]。

2.2.2.2　天然气水合物制备装置研究现状

1. 中国科学院广州能源研究所天然气水合物分解模拟系统

中国科学院广州能源研究所天然气水合物分解模拟系统(图 2-5)可用于水合物降压法开采过程中的实验模拟，高压制备釜作为装置的主体被放置于空气浴中，温度可在-20~70℃之间调节，由不锈钢制成，内径 38mm，长度 500mm，容积约 0.6L，最大工作压力 25MPa[160-162]。天然气水合物制备方法如下：将筛取的干砂紧密地填进填砂管中，形成孔隙度 33%的沉积物；关闭填砂管排气阀，通过平流泵向管内注入蒸馏水溶液直到饱和，注入一定量的甲烷气体，使管内压力升高到远高于水合物相平衡压力；然后，迅速降低空气浴的温度到工作温度同时开始数据采集工作；水合物开始在制备釜中形成，当釜体内压力长时间不再降低时可以认为反应已完成，整个过程一般持续 3~5 天。在等容条件下，可升高环境温度使水合物分解，然后再次生成，以保证水合物在填砂管中均匀分布。

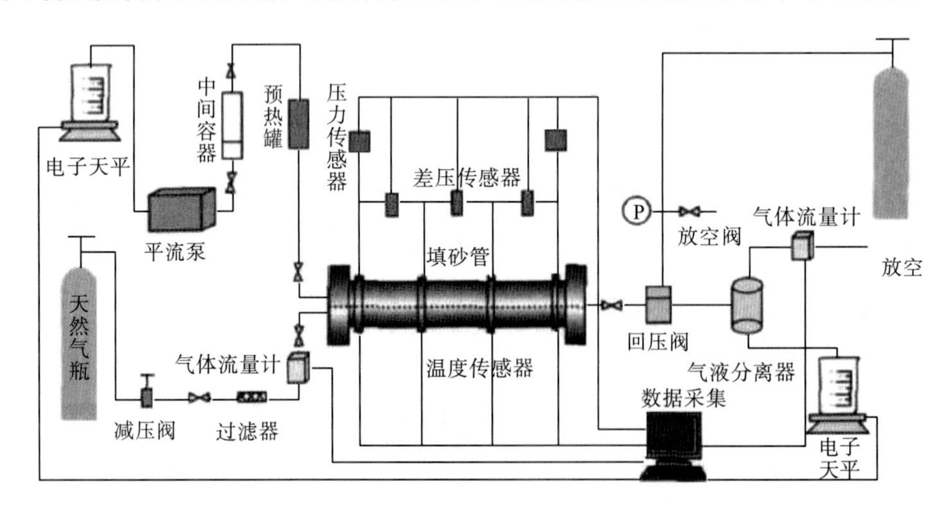

图 2-5　中国科学院广州能源研究所天然气水合物分解模拟系统

2. 中国地质调查局青岛海洋地质研究所天然气水合物开采实验装置

中国地质调查局青岛海洋地质研究所天然气水合物开采实验装置(图 2-6)可用于水合物降压法开采过程中的实验模拟，其制备釜为纵向结构，内装沉积物，温度-30~30℃，内筒高 650mm，直径 68mm，容积约 2.4L，最高工作压力 30MPa[163]。反应釜外连接一个背压阀，其作用是在水合物合成阶段维持釜内恒定的压力，在水合物分解阶段排出分解产生的甲烷气体。

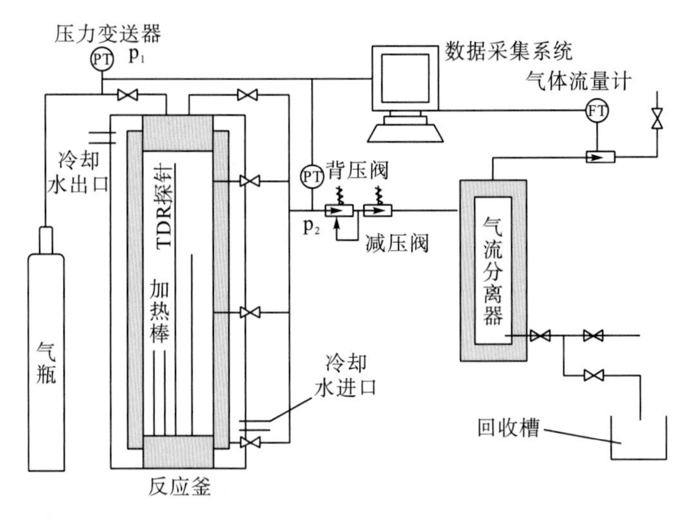

图 2-6　中国地质调查局青岛海洋地质研究所天然气水合物开采实验装置

3. 中国石油大学(华东)天然气水合物研究中心实验装置

中国石油大学(华东)天然气水合物研究中心实验装置(图 2-7)可用于水合物降压法开采过程中的实验模拟，筒状高压反应釜长度 380mm，直径 120mm，容积约 4.3L，最大工作压力 25MPa。通过橡胶套施加围压实现高压反应釜的密封，反应釜的温度由低温恒温水浴控制，工作温度-20~90℃，控制精度 0.1℃[164]。

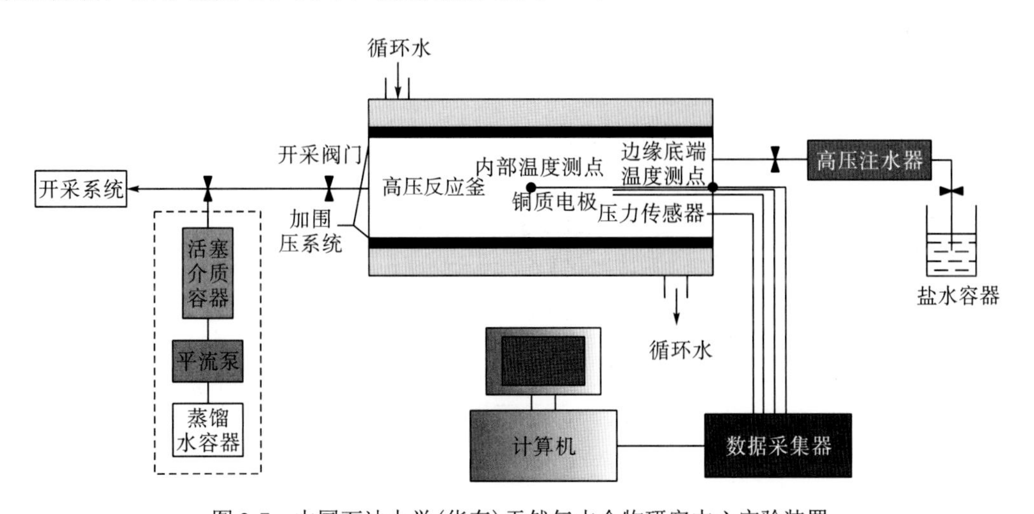

图 2-7　中国石油大学(华东)天然气水合物研究中心实验装置

4. 美国橡树岭国家实验室海底过程模拟器

美国橡树岭国家实验室(Oak Ridge National Laboratory)海底过程模拟器可用于天然

气水合物三维开发实验模拟，其中的水合物制备釜结构如图 2-8 所示，容器内径 317.5mm，容器内高 911.4mm，容器壁厚 22.25mm，端盖厚 125mm，容积约 72L，额定压力 20MPa，工作温度-40~100℃[165-167]。

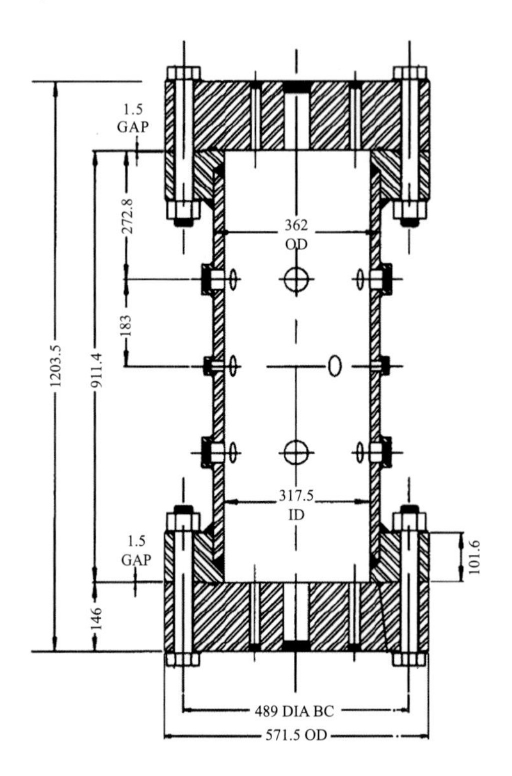

OD—外径；ID—内径；GAP—单边间隙；DIA BC—螺栓布孔直径

图 2-8　美国橡树岭国家实验室海底过程模拟器中的水合物制备装置结构示意图(单位：mm)

2.2.3　现有制备方法与装置技术对比与适应性评价

基于海洋非成岩天然气水合物大样品快速制备与破碎模拟实验技术需求，通过对现有国内外天然气水合物制备方法与装置技术进行对比分析(表 2-1、表 2-2)，可以看出：

表 2-1　现有国内外部分天然气水合物制备方法对比分析表

序号	天然气水合物制备方法	主要优点	主要缺点	文献
1	搅拌法	搅拌提高气体扩散系数，加速气体在液相中的溶解	搅拌轴的密封性问题，机械搅拌生热影响水合物生成	[148,149]
2	鼓泡法	生成水合物的速度快，传热效率高	水合物易堵塞出气口，影响后续生成	[150]
3	喷淋法	增大气-液接触面积，提高水合物生成速度	水合物聚集于表层，影响后续生成	[151,152]
4	超重力法	克服传统工艺中气-水界面表面张力的限制问题，提高了晶体填充率	填料床密闭问题，旋转过程产热	[153]
5	冰粉静态接触法	能够获得高甲烷含量水合物	冰粉的制作、转移要求复杂	[154]

续表

序号	天然气水合物制备方法	主要优点	主要缺点	文献
6	表面活性剂法	加快水合物生成速度，提高储气能力，不影响热力条件	表面活性剂有毒且存在环保问题	[155,156]
7	多孔介质法	提供充足的气-液接触面积，提高水合物生成速度	成本相对较高，操作较为复杂	[157-159]
拟实现功能：不同制备方法的联合使用(搅拌法-鼓泡法-喷淋法“三位一体”水合物样品快速制备方法)。				

表 2-2　现有国内外部分天然气水合物制备装置技术对比分析表

序号	天然气水合物制备装置	尺寸	关键参数	功能目的	文献
1	中国科学院广州能源研究所天然气水合物分解模拟系统	内径 38mm，长度 500mm，容积约 0.6L	最大承压 25MPa，温度-20~80℃	可用于水合物降压法开采过程中的实验模拟	[160-162]
2	中国地质调查局青岛海洋地质研究所天然气水合物开采实验装置	内筒高 650mm，直径 68mm，容积约 2.4L	最大承压 30MPa，温度-30~30℃	可用于水合物降压法开采过程中的实验模拟	[163]
3	中国石油大学(华东)天然气水合物研究中心实验装置	长度 380mm，直径 120mm，容积约 4.3L	最大承压 25MPa，温度-20~90℃	可用于水合物降压法开采过程中的实验模拟	[164]
4	美国橡树岭国家实验室海底过程模拟器	内径 317.5mm，高 911.4mm，容积约 72L	容器壁厚 22.25mm，端盖厚 125mm，最大承压 20MPa，温度-40~100℃	可用于水合物三维开发实验模拟	[165-167]
拟实现功能： ①制备满足固态流化开采实验模拟所需的非成岩天然气水合物样品； ②海洋非成岩天然气水合物大样品制备釜容积需达到 1000L； ③制备釜需要具备非成岩天然气水合物原位破碎及浆体调制的功能。					

(1) 现有的天然气水合物制备釜容积有限，无法满足固态流化开采高效管输实验模拟要求。海洋非成岩天然气水合物固态流化开采实验模拟所需大样品制备釜设计容积达 1000L，远远超过了国内外现有制备釜容积。因此，需要研制更大尺寸的海洋非成岩天然气水合物制备釜。

(2) 现有的天然气水合物制备釜制备方法单一，搅拌法、鼓泡法或喷淋法制备速率有限，无法满足固态流化开采实验模拟所需样品的大量快速制备需求。因此，需要联合使用多种制备方法，形成更为高效的水合物制备方法。

(3) 现有的天然气水合物制备装置均是为常规开采方法的实验模拟所建立的，能够进行天然气水合物常规开采相关实验模拟研究，但不具备非成岩天然气水合物原位破碎及浆体调制的功能。采用海洋非成岩天然气水合物固态流化开采技术无须将天然气水合物分解气化后再采出气体，而是将非成岩水合物矿体直接采掘破碎，之后形成水合物浆体并通过管道直接输送至海面平台[168]。此过程需要制备足够量的水合物浆体为后续浆体高效管输实验模拟等提供准备，同时需要开展高效破岩能力评级、矿体采掘力学行为和安全控制机制研究，因此制备釜需要具备非成岩天然气水合物原位破碎及浆体调制的功能，而现有的水合物制备装置均无法满足这些要求。

2.2.4　天然气水合物制备与破碎模拟实验及技术

针对海洋非成岩天然气水合物大样品快速制备与破碎模拟实验技术需求，基于对比分析，形成的海洋非成岩天然气水合物大样品快速制备与破碎模拟实验技术[169,170]如下：①能够大量快速制备天然气水合物样品，以满足固态流化开采中的破碎及浆体调制、管输及分离等实验的需要，为固态流化开采整体物理模拟提供足够的水合物样品；②能够模拟不同海底压力(0~16MPa)和低温环境(2~5℃)下的海洋非成岩天然气水合物原位生成过程；③具备海洋天然气水合物破碎与浆体保真运移实验模拟功能；④能够定量混合海水及泥砂，精确调制水合物浆体。

海洋非成岩天然气水合物大样品快速制备、高效破碎、浆体调制模块设计如图 2-9 所示。海洋非成岩天然气水合物大样品快速制备与破碎模拟实验装置关键参数与设计如下。

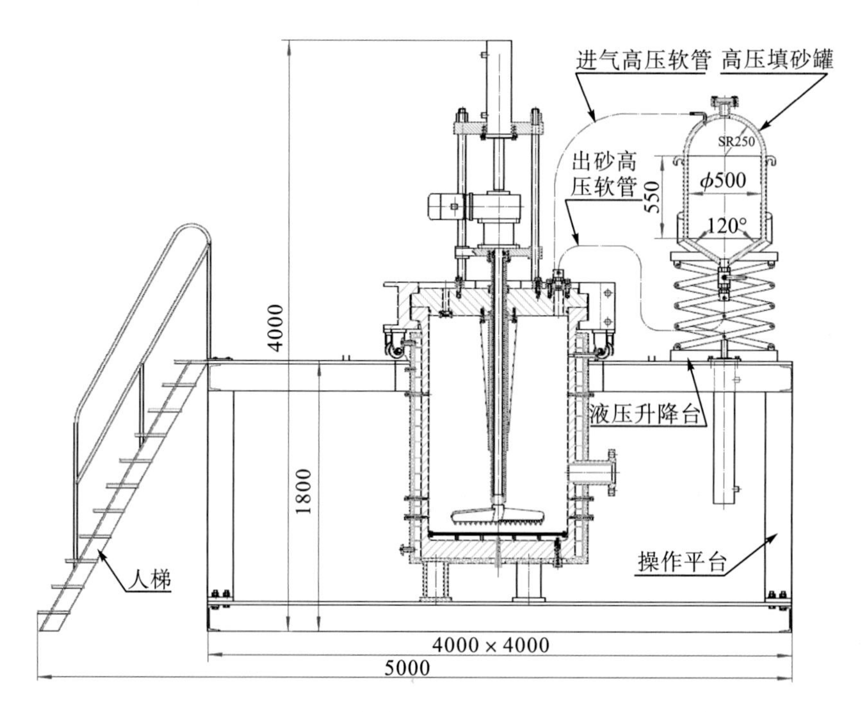

图 2-9　海洋非成岩天然气水合物大样品快速制备、高效破碎、浆体调制模块设计图(单位：mm)

2.2.4.1　工作温度、压力

能够模拟不同的海底压力(0~16MPa)、低温环境(2~5℃)。额定工作压力 16MPa，额定工作温度最低可达-10℃。

2.2.4.2　制备釜特征

1. 制备釜组成及尺寸

天然气水合物制备实验模拟装置主要由制备釜、搅拌器、注气多孔网板组件、蓝宝石可视窗、过滤筛筒、雷达液位计、喷雾口、光栅尺、冷光源等组成[171-173]。

制备釜主体由釜体、釜盖及水夹套组成，如图 2-10 所示。

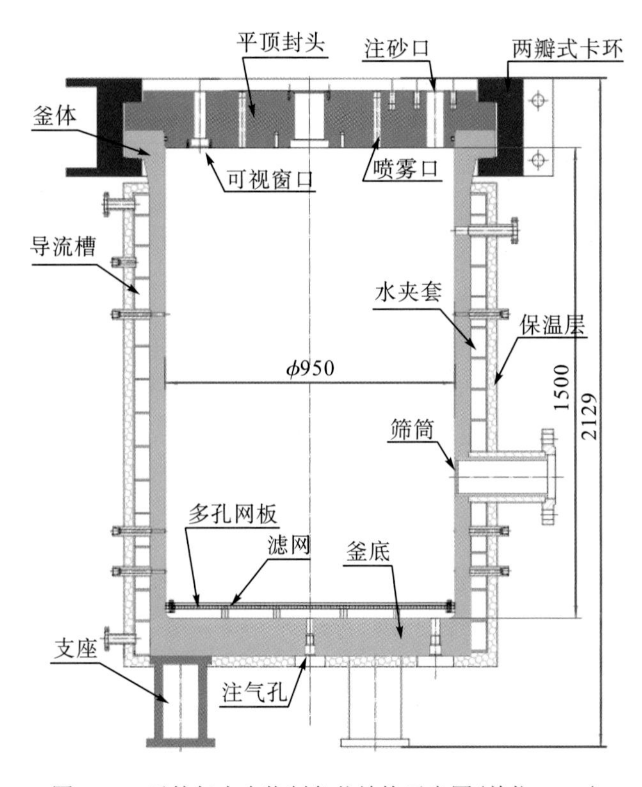

图 2-10　天然气水合物制备釜结构示意图(单位：mm)

(1) 釜体壁安装有 2 个温度测量传感器，1 个安装于釜体用于测量釜体内部温度，1 个安装于水夹套用于测量水夹套内载冷剂温度；安装有 1 个压力传感器，用于检测制备釜内压力；安装有 1 组电阻测量传感器，4 个测点呈 90°交叉安装，用于对水合物生成情况进行辅助监测；安装有 1 个过滤筛筒固定法兰，用于安装过滤筛网，筛网与筛筒使用法兰连接，实验时使用法兰及螺栓进行固定，实验结束后卸下螺栓进行筛网拆卸或更换；釜体底部设计有注气孔，用于鼓泡过程中的天然气输入；底部设计有喷淋过程中的水循环进水口；底部设计有排水口用于实验结束釜体清洗和污水排出。

(2) 釜盖中间部分安装有电机搅拌设备，用于海洋天然气水合物制备过程中的搅拌和海洋天然气水合物破碎，搅拌设备由伺服电机、联轴器、活塞杆、三叶桨旋转轴、减速机、固定板和光栅尺(用于设定安全距离)等组成；开有喷雾口，用于海洋水合物喷淋制备喷头安装；开有注砂口，与高压填砂罐连接，为海洋天然气水合物浆体调制提供砂样；开有可视窗口(采用耐高压可视片)用于记录水合物生成过程及观察水合物浆体颗粒破碎程度；安装有精确雷达液位计，用于对釜体内部液位的精确测量。

(3) 水夹套焊接在筒壁上，内部呈螺旋上升结构，与热交换机组连接，载冷剂从水夹套下口进上口出，水夹套外面包裹有保温层。

根据搅拌式制备釜设计标准及相关准则要求，一般搅拌釜长径比为 1∶1 至 2∶1，考虑到高压制备釜的设计要求、承压条件等因素，取长径比为 1.58∶1，即制备釜内腔直径 950mm，高度 1500mm，釜体总容积 1062L。介质为石英砂、海水、甲烷、化学试剂等；釜体内腔防腐达到实验要求；制备釜自带制冷水夹套系统，2h 内可使高压制备釜从室温降低至 0℃，结构要求温度均匀，无冷却死点，达到高压制备釜温度控制精度 0.5℃。

2. 天然气水合物制备釜高压密封结构设计

根据高压制备釜结构、气密性以及实验功能要求，高压制备釜密封选用自紧式密封结构。自紧式密封有双锥环密封、伍德密封、C 形环密封、O 形环密封、三角垫密封、O 形圈密封等。本系统高压制备釜选用氟胶 O 形圈(图 2-11)，其制造成本低、使用方便、安装简单、耐化学介质及二氧化碳气体、抗挤出、抗气爆。釜体与釜盖之间设有两道氟胶 O 形圈，密封圈截面直径 18mm，密封凹槽深 15mm、宽 20mm，分别在径向和轴向安装，密封结构简单、密封效果好，对正后靠釜盖自重即可装入。随着材料的发展，氟胶 O 形圈的静密封压力可达 70MPa。目前在船舶重工高压舱中均采用此类密封，所以完全能满足本系统密封性能要求。

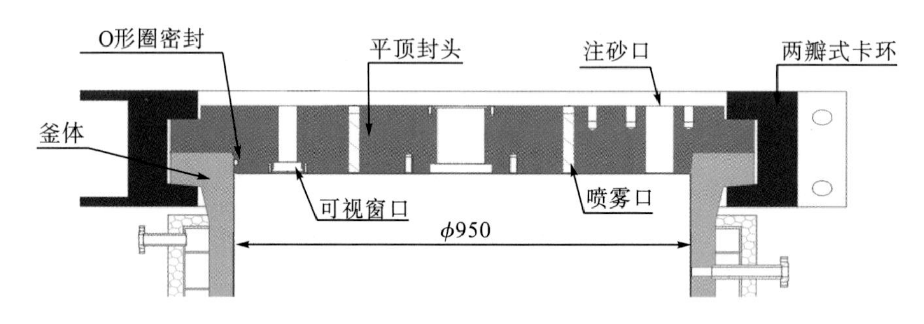

图 2-11　天然气水合物制备釜高压密封结构示意图(单位：mm)

3. 天然气水合物制备釜内腔表面及开孔防腐设计

天然气水合物制备釜内腔及开孔防腐示意图如图 2-12 所示。高压制备釜内腔表面会与釜内海水、甲烷、化学剂等具有腐蚀性的介质产生接触，故需要对其进行防腐处理，以保证高压制备釜的使用性能和使用寿命。制备釜内腔表面、封头内表面及与介质接触的孔等润湿部位，采用特殊工艺热熔蒙乃尔 400 合金防腐层。蒙乃尔 400 合金的组织为高强度的单相固溶体，它是一种用量大、用途广、综合性能极佳的耐蚀合金。此合金在氢氟酸和氟气介质中具有优异的耐蚀性，对热浓碱液也有优良的耐蚀性，同时还耐中性溶液、水、海水、大气、有机化合物等的腐蚀且一般不产生应力腐蚀裂纹，切削性能良好。

制备釜在实验系统使用介质的腐蚀作用下，平均每年的腐蚀量约 0.1mm，故在满足制备釜至少 30 年寿命的前提下，选择防腐层加工成型厚度不低于 3mm；釜体开孔内表面喷涂防腐蚀涂层，涂料选用无溶剂环氧涂料，总涂层厚度 200~300μm；严格按照标准对釜体进行表面处理，涂层厚度均匀且达到涂覆表面 100%无针孔的要求。

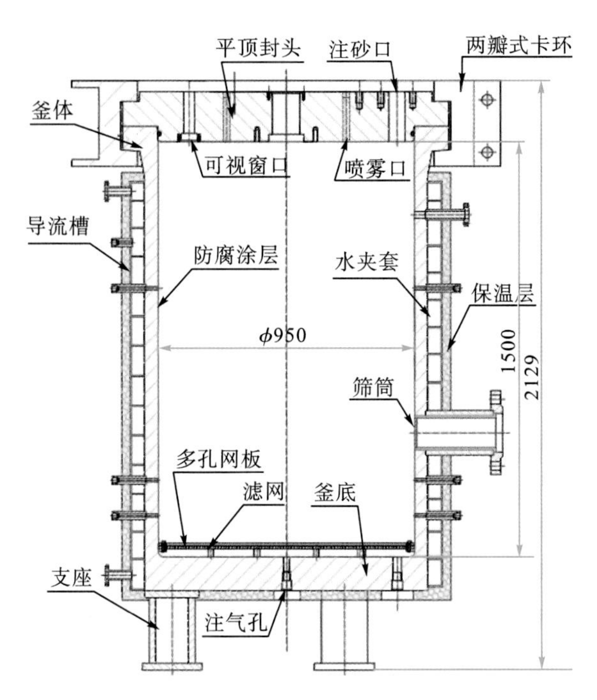

图2-12　天然气水合物制备釜内腔及开孔防腐示意图(单位：mm)

4. 天然气水合物制备釜制冷系统设计

天然气水合物制备釜制冷系统如图2-13所示。制冷水夹套焊接在筒壁上，内部呈螺旋上升结构，与热交换机组连接，载冷剂从制冷水夹套下口进上口出，水夹套外面包裹有保温层。

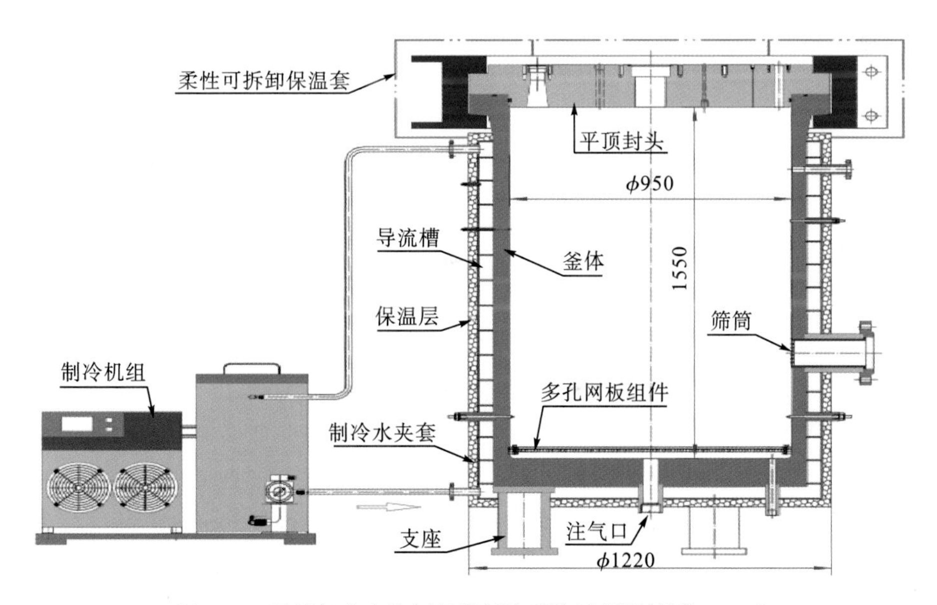

图2-13　天然气水合物制备釜制冷系统示意图(单位：mm)

制备釜自带制冷系统2h内可从室温降低至0℃。另外，在其外侧设计一个水夹套，配合制冷压缩机组，实现制冷功能。

制冷水夹套采用不锈钢板卷制后焊接，内置导流板槽，载冷剂下进上出，冷却均匀避免死区。水夹套采用聚氨酯发泡材料保温，不锈钢外罩，载冷剂为乙二醇。

高压制备釜制冷系统的制冷压缩机组耗冷量为14.92kW。通过市场调研和查阅资料，选择ACL-20WD型四缸半封闭式定排量压缩机，功率17.3kW。

2.2.4.3　水合物制备方法

通过对喷淋法、鼓泡法和搅拌法等快速制备水合物方案的研究，形成“三位一体”联合制备方法，以达到快速制备水合物的目的。

(1) 本实验模拟中喷淋法方案：将制备釜内充满高压天然气并注入定量海水，制备水由釜底经稳压溢流阀排出，通过液体循环泵加压后从天然气水合物制备釜顶部的喷雾口喷出，喷出的小液滴与高压天然气充分接触，实现快速制备水合物的目的。喷淋法不改变制备水的总量，可以极大地增加气-水接触面积，从而提高水合物生成速率。

(2) 本实验模拟中鼓泡法方案：天然气由制备釜釜底注气口注入，布满孔眼(孔径<2mm)的多孔网板将注入的天然气分散，形成一个个自下而上运移的微小气泡，气泡与制备釜内的溶液充分接触，实现水合物的快速制备。多孔网板的作用主要是分散气体，从而增加气-水接触面积，其孔径很小，可以防止大砂粒漏入注气夹层。

(3) 本实验模拟中搅拌法方案：将制备釜内充满高压天然气并注入定量海水，启动搅拌装置搅拌海水，从而实现低温条件下水合物的快速制备。搅拌速率是该方法的关键控制参数，分析及参考搅拌转速对水合物生成影响的相关文献，本系统设定搅拌转速为0~500r/min。

根据文献研究及实验验证发现使用搅拌法、喷淋法、鼓泡法单一制备方法时需要较长制备周期，但采用“三位一体”联合制备方法制备水合物时，制备周期明显缩短，搅拌法、喷淋法、鼓泡法单一制备方法制备时间分别为“三位一体”联合制备方法制备时间的5.14、3.59及3.16倍。采用喷淋法、鼓泡法、搅拌法“三位一体”联合制备方法大大提高了制备效率，完全能满足本实验系统水合物快速制备的需要。

2.2.4.4　非成岩天然气水合物制备效果

制备釜中能够生成物理性质、化学性质、固相砂粒分布较为均匀的非成岩水合物样品，可测定天然气水合物的电阻率、诱导时间、饱和度等参数，分析海洋环境下非成岩天然气水合物的生成过程及规律。

2.2.4.5　非成岩天然气水合物破碎模拟实验技术

制备釜中安装有位置可调的破碎刀盘，能够实现非成岩天然气水合物的原位破碎，开展固态流化开采中的高效破岩能力评级，研究海洋非成岩天然气水合物矿体采掘力学行为和安全控制机制。

1. 技术参数

水合物破碎转速0~60r/min，精度0.5%；扭矩500~1300N·m；水合物破碎推进速度

0~1m/min（液压推进，无级调速）；位移 0~800mm；钻压 0~8000N；搅拌功率 7.5kW（变频电动机）。

2. 搅拌破碎桨的确定及机构设计原理

水合物制备搅拌破碎桨选择推进桨叶形式，适用于中高黏度液体的混合、传热或反应等过程；搅拌器表面喷涂特氟龙（聚四氟乙烯）防腐层，表层硬度较低，既能达到防腐要求，又尽量减少对水合物在生成过程中的伤害；在桨叶下方安装破碎牙锥，各桨叶牙锥运行轨迹交错便于破碎，达到水合物高效破碎的要求。

水合物生成及浆体调制搅拌器示意图如图 2-14 所示。

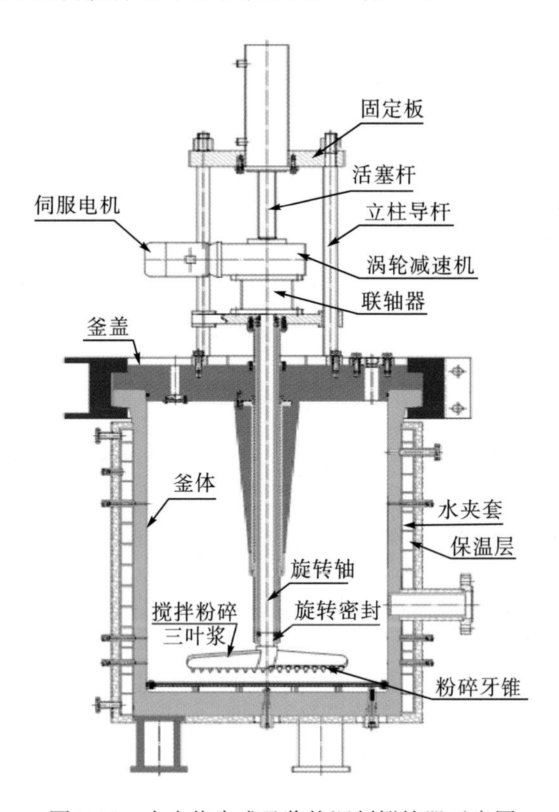

图 2-14　水合物生成及浆体调制搅拌器示意图

具体结构如下：

（1）水合物生成及浆体调制搅拌器采用伺服电机、涡轮减速机实现搅拌破碎桨的旋转，两级液压油缸实现搅拌桨的上下移动，破碎桨的位置变化通过光栅尺进行限定，保证安全破碎范围。

（2）电机及减速器安装在滑动板上，由立柱导杆导向实现上下滑动；推进液压油缸安装在顶部固定板上，活塞杆推动滑板实现位移功能。

（3）滑动套实现上下直线运动，由拉杆密封（滑动密封）保证其密封性能。

（4）旋转轴实现破碎搅拌桨的转动，由旋转密封保证其密封性能。

（5）采用两级液压油缸，目的是降低整体高度以便吊装。

(6) 液压油缸额定压力 20MPa，配动力液压站，破碎进程可根据测得扭矩由流量控制阀调节推进速度。

(7) 水合物制备时搅拌桨下降至制备釜底部，开始高速旋转，防止填砂介质沉降，待水合物生成时降低转速搅拌。在水合物生成至不宜搅拌时，提升搅拌破碎桨至釜顶(最高位置)，准备进行下一步水合物浆体调制及破碎功能。

(8) 无级调速是由驱动器控制变频电机而实现的，上位机控制转速的显示值即为转速测定值。

(9) 选用电子扭矩、拉力、压力测量仪进行扭矩、拉力、压力测量，如图 2-15 所示。

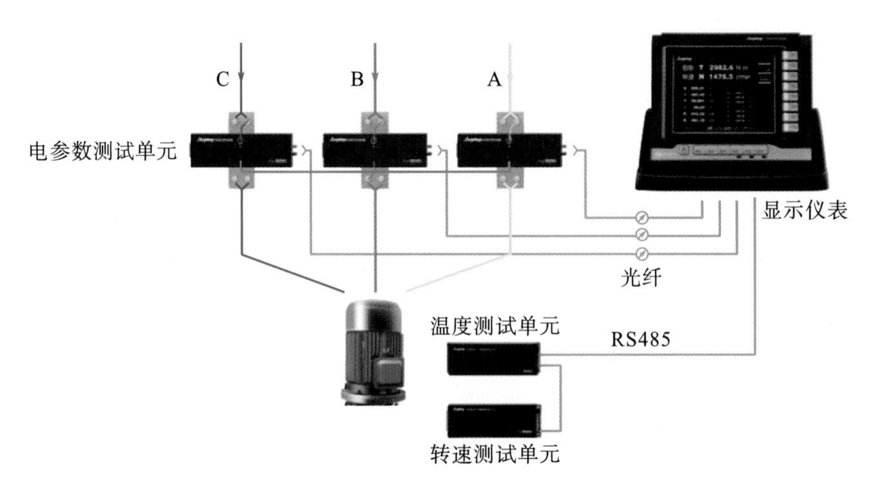

图 2-15　电子扭矩、拉力、压力测量仪

(10) 光栅尺也称为光栅尺位移传感器(光栅尺传感器)，是利用光栅的光学原理工作的测量反馈装置，如图 2-16 所示。光栅尺经常应用于数控机床的闭环伺服系统中，可用作直线位移或者角位移的检测。其测量输出的信号为数字脉冲，具有检测范围大、检测精度高、响应速度快的特点。例如，在数控机床中常用于对刀具和工件的坐标进行检测，来观察和跟踪走刀误差，以起到补偿刀具的运动误差的作用。本模拟实验技术中采用光栅尺实现水合物破碎刀盘上下行程的位移跟踪。

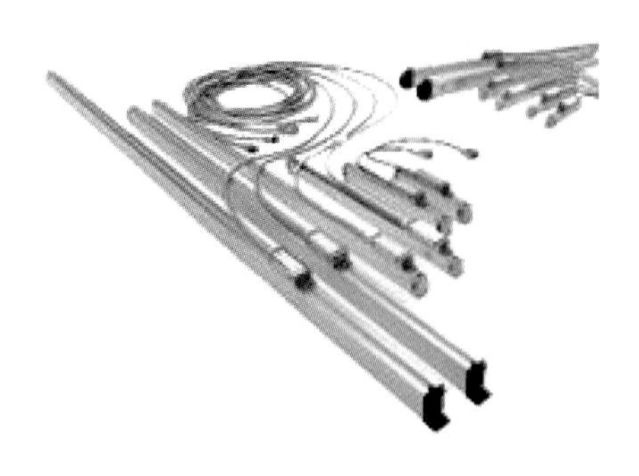

图 2-16　光栅尺外观示意图

2.2.4.6　水合物浆体调制模拟实验技术

水合物浆体调制模拟实验技术能够在水合物破碎过程中定量混合海水及泥砂，精确调制水合物浆体。基于上述实验装置，发明了水合物大样品快速制备、高效破碎、浆体调制模拟实验方法和技术，创新点如下：

(1) 突破大样品快速原位制备瓶颈：在模拟压力 0~16MPa、温度-10~5℃的环境下，可实现天然气水合物样品的快速大量制备，制备时间小于 20h。

(2) 突破原位破碎技术瓶颈：发明可上下移动和旋转的破碎工具实现原位破碎模拟。

(3) 突破浆体调制技术瓶颈：定量混合海水及泥砂，精确调制水合物浆体。

设备主要参数及适用范围如下：

(1) 制备釜内腔直径 950mm，高度 1500mm，釜体总容积 1062L，额定工作压力 16MPa，额定工作温度最低可达-10℃。

(2) 能够模拟不同海底压力和低温环境下的海洋非成岩天然气水合物生成过程。

(3) 能够采用“三位一体”方法(搅拌法、鼓泡法、喷淋法)大量快速制备海洋非成岩天然气水合物样品，以满足固态流化开采中的岩样破碎及浆体调制、管输及分离实验等的需要，为固态流化开采整体物理模拟提供足够的水合物样品。

(4) 制备釜中具有搅拌破碎刀盘，可开展海洋非成岩天然气水合物原位破碎实验模拟，研究海洋非成岩天然气水合物矿体采掘力学行为和安全控制机制关键科学问题。

(5) 能够定量混合海水及泥砂，精确调制水合物浆体。

实施方案如下：

(1) 海洋非成岩天然气水合物制备前准备。

①设备检测：检查系统的密闭性能，对所有设备、仪器、仪表连接及工作状态等进行检查，保证仪器设备的连接完整和正常运行。

②填砂量设定：关闭填砂阀门将实验用砂定量填入高压填砂罐，并密封填砂罐。

③抽真空前：调控阀门。

④抽真空：启动真空泵抽真空，达到一定真空度。

⑤注制备水：启动注入泵，将配制的海水定量注入制备釜内。

⑥注高压甲烷气：回路注气，调节控制甲烷气注入压力(防止甲烷气体陡然升高带来安全隐患)，使回路系统充满天然气。

⑦回路注水调压：启动高压注水泵向稳压缓冲罐内注水增压，当压力达到实验要求时关闭注水泵。

(2) 海洋非成岩天然气水合物制备。

①启动制备釜制冷压缩机组进行水浴制冷，设定恒定的水合物生成实验温度。

②启动搅拌装置，即应用搅拌法制备水合物。

③启动气体循环泵，气体从制备釜釜底注气口注入，从釜盖出气孔流出进行循环，即应用鼓泡法制备水合物。

④启动液体循环泵，海水从下口吸入，从制备釜盖安装的两个喷雾口喷出形成雾状液体并与甲烷气接触反应，即应用喷淋法制备水合物。

⑤开启填砂阀门，将高压填砂罐预装的实验用砂填入水合物制备釜；高压填砂罐可在高压状态下实时填砂。

⑥通过实时动态向制备釜内注入高压甲烷气实现对制备釜内压力的精准控制，通过缓冲罐消除脉动气流并稳压。

⑦气体流量计计量循环的进出口甲烷气体累计流量并计算水合物生成的耗气量(物料平衡计算)。

⑧在制备釜四周设有 4 个电阻测点，平面交叉成 90°布置在釜体上，通过测量的电阻率来分析判断海洋天然气水合物的合成效果；目前没有电阻率测量水合物饱和度的标准，但可根据实际情况自行标定，根据采集的电阻率曲线进行比较及参考，通过探测曲线实时判断水合物的生成过程。

⑨制备釜盖顶部开设可视窗，可实时观察水合物生成过程和浆体调制过程并进行图像采集和自动处理。

⑩当海洋天然气水合物制备的样品满足实验需求时，关闭气体循环泵，海洋天然气水合物快速制备实验结束。

⑪海洋天然气水合物制备及海洋天然气水合物浆体调制与转输过程保持系统的温度恒定与系统密封性能。

⑫海洋天然气水合物物理、化学性质测试。

(3) 海洋非成岩天然气水合物破碎及浆体调制。

①检查制备釜的密封性能和仪表显示状态。

②监测到整个仪器设备安全、无故障且平稳运行后，启动液压油缸上提旋转轴带动刀盘上移，直至到达上部极限位置。

③向制备釜注入定量的冷却海水，调节制备釜的压力，模拟不同深度海洋环境。

④通过液压油缸下放刀盘至已制备生产的天然气水合物上表面。

⑤开启电机带动刀盘破碎天然气水合物矿体，然后通过电机和液压油缸调节刀盘的旋转和下放速度。

⑥观察破碎天然气水合物颗粒的流动状态及破碎现象，采集机械采掘过程中钻压和扭矩的变化数据，开启出口阀门收集破碎天然气水合物浆体并检测其气、液、固相的含量。

2.3 水合物浆体保真运移方法及技术

为实现水合物浆体保真运移至水合物管输系统，发明了保温、保压、保粒度、保安全运移的海洋非成岩天然气水合物浆体保真运移方法及技术[174] (图 2-17)。

(1) 利用稳压、制冷系统向管输系统循环高压气体、低温海水至制备釜的温度和压力。

(2) 利用稳压系统对制备釜进行自动补压。

(3) 利用滤网保证水合物粒径为实验所需粒径。

(4) 利用压差解堵系统自动解堵，保证水合物浆体安全运移。

压差解堵系统的技术原理如下：在制备釜运移出口处与制备釜内腔之间安装差压传感

器，一旦监测到固相颗粒堵塞所产生的压差达到临界值，系统就能自动产生脉动压力解堵，保证运移通道通畅。

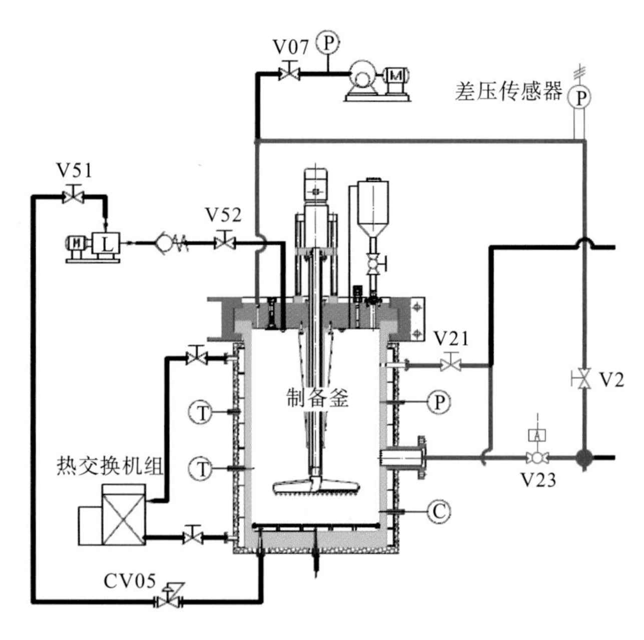

图 2-17　海洋非成岩天然气水合物浆体保真运移方法模块设计图

2.4　水合物浆体高效管输模拟实验技术

2.4.1　实验技术需求

根据海洋非成岩天然气水合物固态流化开采模拟实验技术方案，浆体高效管输实验模拟的主要目的如下：实现固态流化开采从 1500m 水深的海底至海面的水平至垂直管段中水合物颗粒、泥砂、分解气、配制海水等多相复杂介质的管输全过程模拟[175]；开展安全携岩能力评价、水合物非平衡分解规律及流态动变规律评价、不同机械开采速率(浆体输送量)条件下水合物安全输送、井控安全规律等方面的研究[176]；研究气-液-固多相非平衡相变理论、水下输送气-液-固多相非平衡管流规律关键科学问题。

因此，海洋非成岩天然气水合物浆体高效管输模拟实验技术需要达到以下要求：

(1)浆体管输实验模拟需要包括大尺寸、可视化的水平段、垂直段管道，能够分别独立完成实验模拟；水平段管道实验模拟能够解决固相运移和浆体高效安全输送问题；垂直段管道实验模拟能够研究水合物相变条件下的多相流动特征参数预测、测量、压力演变规律及调控技术，解决高效携岩能力评价、不同机械开采速率下水合物浆体安全输送、井控安全规律等问题。

(2)需能够开展多次循环(每次模拟水合物浆体向上管输的高度)、多次调压(海底高压逐级降至海面低压条件)、多次换热升温(海底低温逐级升至海面常温环境)的实验模拟，并综合每组循环实验数据，实现固态流化开采管输全过程的实验模拟。

(3) 浆体管输实验模拟系统安全工作压力最大需要16MPa，工作温度-10~60℃，需要能够实现温度、压力快速调控。

(4) 管输实验模拟过程中能够实现保温、保压取样分析，能够实现动态图像捕捉、数据采集及安全控制。

(5) 管输实验模拟结束之后，能够通过分离系统对水合物及其分解产物进行处理和计量。

(6) 全过程、全自动化、一键启停实验。

2.4.2　实验技术研究现状

基于海洋非成岩天然气水合物浆体高效管输模拟实验技术需求，开展了现有水合物浆体管输模拟实验技术及装置的调研，具体如下。

1.法国石油研究院 Lyre 实验环道

法国石油研究院 Lyre 实验环道（图 2-18）长度 140m，管径 50.8mm，实验环道水平放置，温度 0~50℃，压力 0~10MPa，主要用于水合物浆体多相流动研究。2003 年，Peysson 等[177]在 Lyre 实验环道上研究了水合物浆体在管道中的多相流动特征。2011 年，Gainville 等[178]在 Lyre 实验环道上探究了含水率、流速及流态等因素对水合物结晶诱导期的影响。

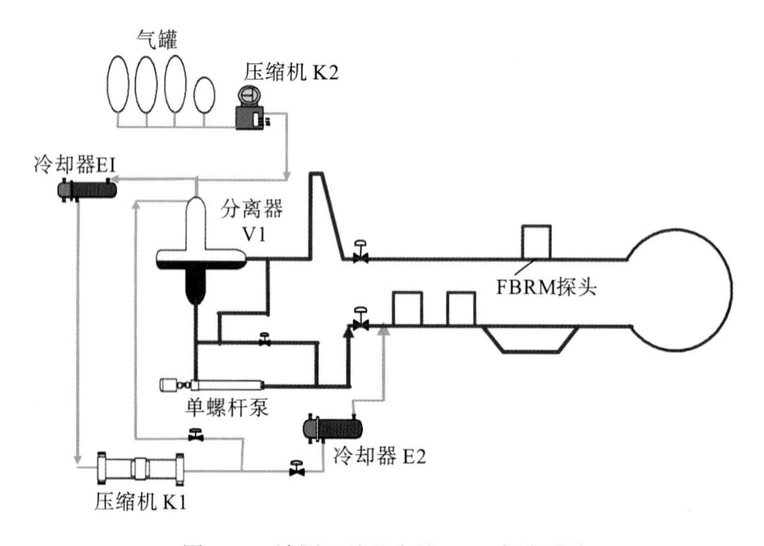

图 2-18　法国石油研究院 Lyre 实验环道

2. 法国阿基米德实验环道

法国阿基米德（Archimede）实验环道（图 2-19）长度 36.1m，管内径 10.2mm，倾斜角 4°，温度 0~50℃，压力 0~10MPa，主要用于水合物结晶和流变学研究。Fidel-Dufour 等[179,180]分别于 2002 年和 2006 年，在阿基米德实验环道上研究了水合物结晶状态及抑制剂的影响，分析了生成水合物后管道中的流变规律。Turner 等[181]研究了抑制剂和添加剂对水合物在管流中结晶状态的影响。

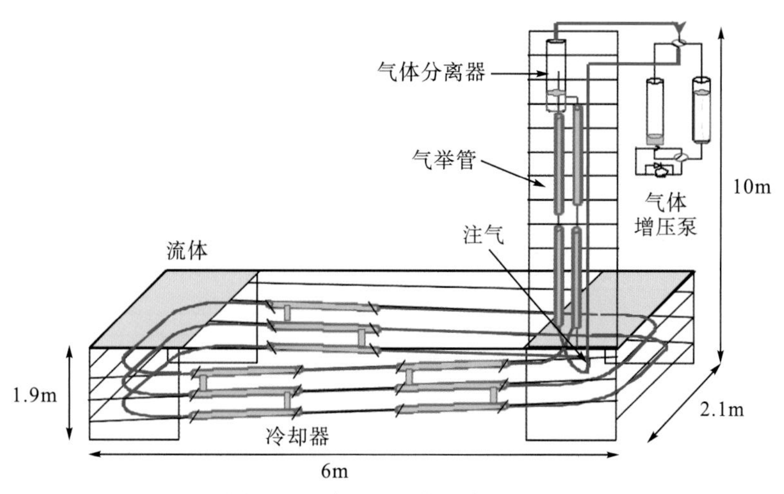

图 2-19　法国阿基米德实验环道

3. 美国埃克森美孚实验环道

埃克森美孚(Exxon Mobil)实验环道(图 2-20)位于美国得克萨斯州弗伦兹伍德(Friendswood)实验中心，长度 95m，管内径 97.2mm，下沉段长 1.4m、深 1.22m，实验环道处于低温控制室中，温度-9~50℃，压力 0~12.4MPa。2008 年和 2009 年，Boxall 等[182-184]利用埃克森美孚实验环道研究了油基体系管输中流速与含水率对水合物堵塞的影响规律，以及系统中总注入液量对水合物浆液输送的影响。2013 年，Joshi 等[185]利用埃克森美孚实验环道开展了气-液、液-固两相流动流型与水基体系水合物环道实验，提出了水基体系水合物形成后的流型划分图用于分析管道水合物堵塞机理。

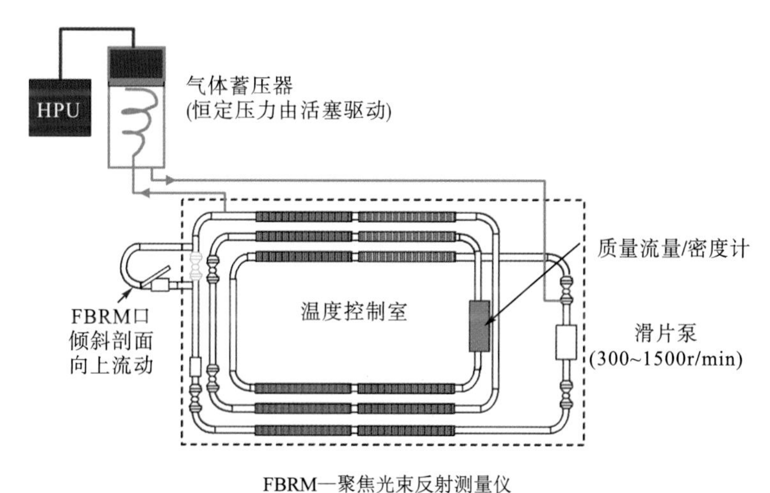

FBRM—聚焦光束反射测量仪

图 2-20　美国埃克森美孚实验环道

4. 澳大利亚联邦科学与工业研究组织水合物流动实验环道

澳大利亚联邦科学与工业研究组织(Commonwealth Scientific and Industrial Research Organisation，CSIRO)水合物流动实验环道(图 2-21)长度 40m，内径 25.4mm，温度-8~30℃，

压力 0~11.7MPa，气相流量 500~1000m^3/h，液相流量 0.1~1000m^3/h，配有两相分离器。2010 年，Mauricio 等[186]采用澳大利亚 CSIRO 水合物流动实验环道开展了深水油气生产过程中不同温度、不同压力条件下关井和重新开井管输时的水合物生成实验模拟。

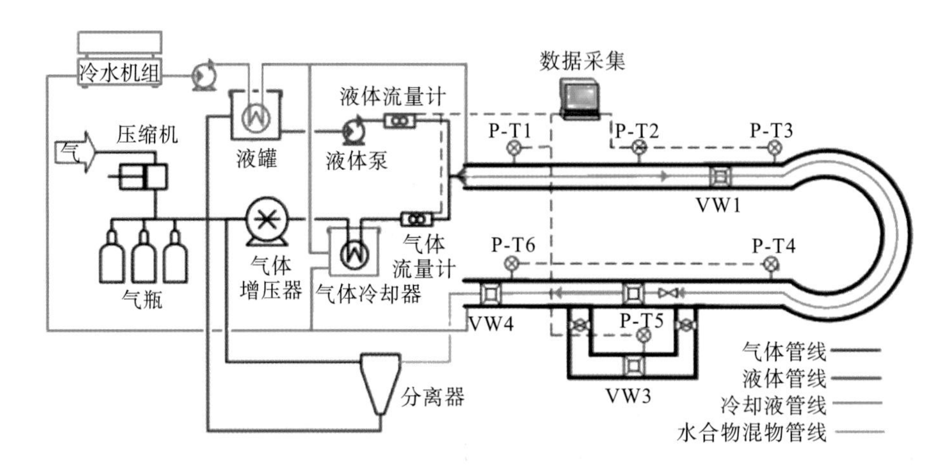

P-T—温度、压力传感器；VW—体积流量计

图 2-21　澳大利亚 CSIRO 水合物流动实验环道

5. 挪威科技大学实验环道

挪威科技大学实验环道(图 2-22)管径 25.4mm，温度-25~20℃，压力 0~12MPa。1999 年，Andersson 等[187]采用挪威科技大学实验环道分别开展了水基体系和油基体系中水合物浆体的流动特性研究。

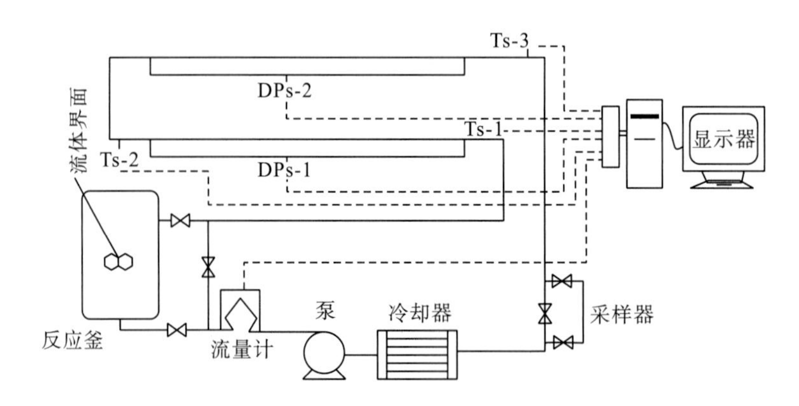

Ts—温度传感器；DPs—差压传感器

图 2-22　挪威科技大学实验环道

6. 挪威科技工业研究院水合物管道实验装置

挪威科技工业研究院水合物管道实验装置(图 2-23)长度 50m，管径 25.4mm，温度 -10~50℃，压力 0~10MPa。1995 年，Lund 等[188]对新型水合物抑制剂进行了实验研究，并对管流中水合物的形成及多相流变规律进行了评价。

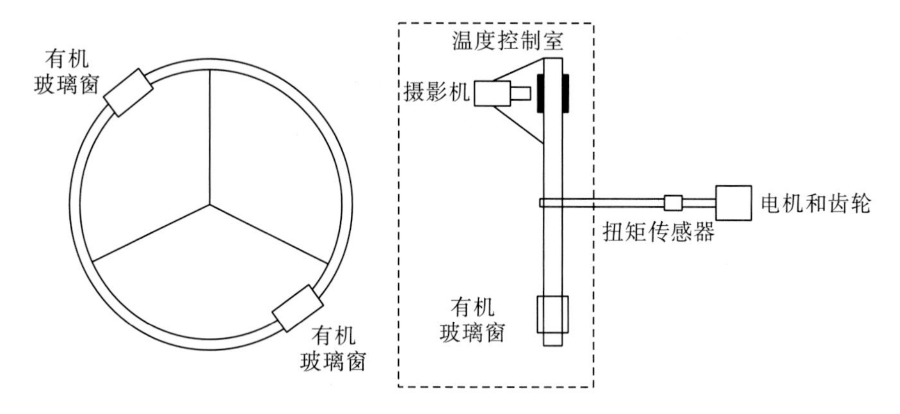

图 2-23　挪威科技工业研究院水合物管道实验装置

7. 挪威 Petreco A/S 高压轮形实验装置

Petreco A/S 高压轮形实验装置(图 2-24)长度 2m，管径 52.5mm，两个弯管段半径分别为 165mm 和 60mm，温度-10~150℃，压力 0~25MPa。2010 年，Balakin 等[189]利用该装置开展了氟利昂 R11 水合物在湍流中管输的实验研究，测定了摩擦压力损失与水合物相浓度的关系并进行了等速取样以测定水合物平均粒径。

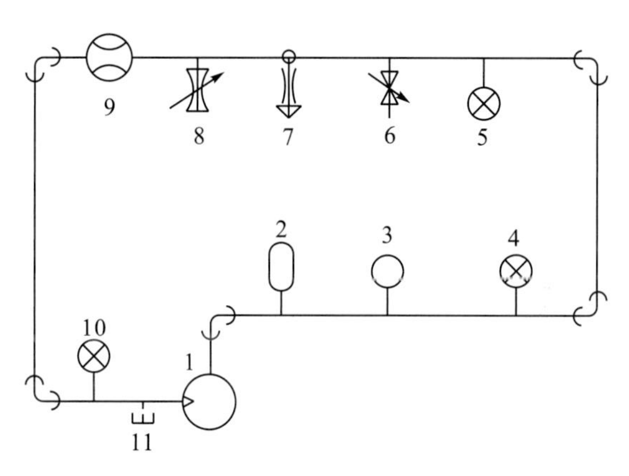

1—离心泵；2—膨胀箱；3—热电偶；4、5—压力传感器；6—采样器；7—通风口；
8—安全阀；9—流量计；10—压力传感器；11—排水系统

图 2-24　挪威 Petreco A/S 高压轮形实验装置

8. 中国科学院广州能源研究所水合物实验环道

中国科学院广州能源研究所水合物实验环道(图 2-25)长度 30m，管内径 42mm，管道为不锈钢低压环道系统，处于低温控制室中，控温范围-40~80℃，可模拟水平管道、地形低凹管段以及立管内的正常流动、停输以及停输后再启动等不同工况下的水合物流动情况。2008 年，王武昌等[190,191]在广州能源所水合物实验环道中以一氟二氯乙烷(HCFC-141b)为介质开展了水合物堵塞实验并对环路中的水合物浆液取样分析。

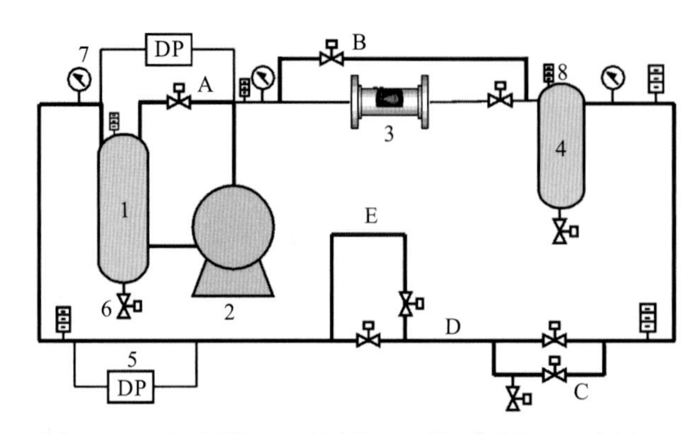

1—原料罐；2—磁力泵；3—螺旋流量计；4—缓冲罐；5—差压传感器；6—放空阀；7—差压传感器；
8—温度传感器；A—环路旁通；B—流量计旁通；C—低凹段；D—观察段；E—立管段；DP—差压传感器

图 2-25　中国科学院广州能源研究所水合物实验环道

9. 中国石油大学(北京)天然气水合物实验环道

中国石油大学(北京)天然气水合物实验环道(图 2-26)长度 20m，管内径 25.4mm，压力 1~4MPa，工作温度-10~50℃。该环道为高压混相全透明循环管道装置，装置配有水合物生成器、激光粒度仪、差压变送器和控温系统等，可用于压力、温度、液体流量和流体组成对水合物生成规律的研究。基于此天然气水合物实验环道，2001 年，孙长宇等[192]开展了水合物的生成/分解动力学及相关研究；2009 年，姚海元等[193]开展了加入防聚剂后水合物浆液流动压降规律研究。

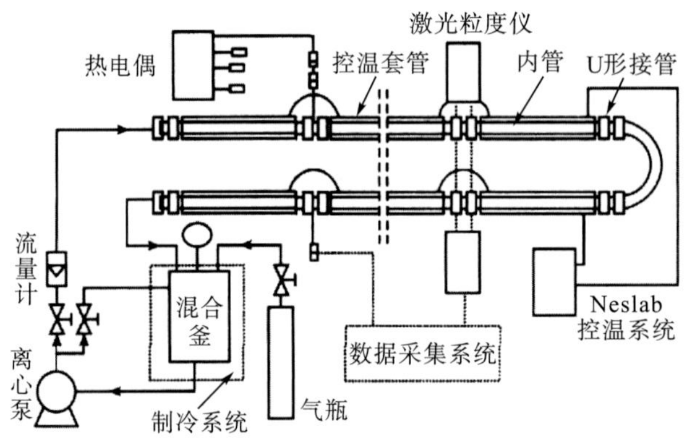

图 2-26　中国石油大学(北京)天然气水合物实验环道

10. 中国石油大学(北京)高压水合物/蜡沉积实验环道

2011 年，中国石油大学(北京)李文庆等[194]基于对深海开发海底管道流动安全保障领域内的研究，设计并建设了一套高压水合物/蜡沉积实验环路，如图 2-27 所示。2013 年，宫敬等[195]依托该实验环道对多相混输管道水合物生成及其浆液输送规律开展研究。管线长 30m，管内径分别为 25.4mm 和 50.8mm，温度-10~100℃，压力 0~15MPa，可以开展如下实验：

(1) 水合物浆液流动实验。在不同温度下，通过改变循环泵和压缩机的排量进行浆液的满管或分流型流动实验，通过对环道上两个实验段所采集的数据进行分析比较，进而研究不同流型、温度以及气-液流量对水合物浆液流动特性的影响；利用安装在环道上的加剂装置，通过向环道中注入不同类型和剂量的阻聚剂来进行浆液的多相流动实验，从而完成在不同实验条件下的阻聚剂功效评价工作。

(2)多相蜡沉积实验。研究高压条件下天然气和含蜡原油在环道中形成的不同流型对蜡沉积的影响。

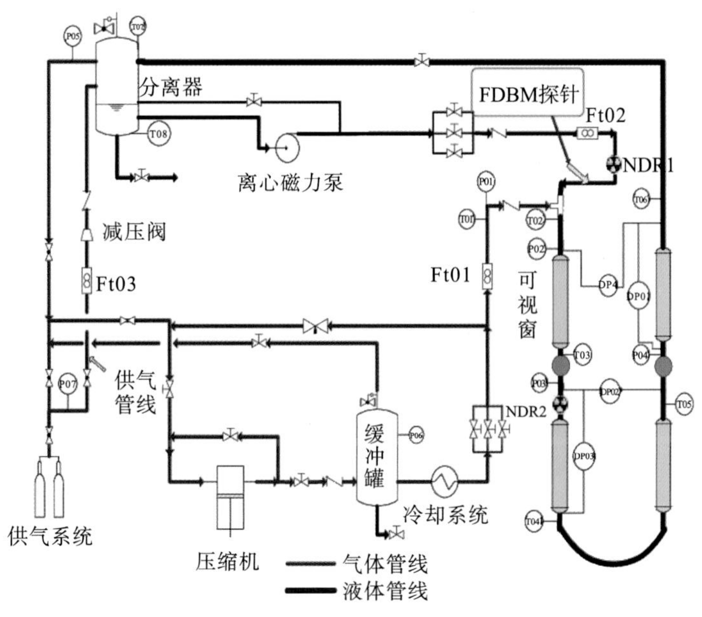

P—压力传感器；DP—差压传感器；T—温度传感器；NDR—密度计；Ft—质量流量计

图 2-27　中国石油大学(北京)高压水合物/蜡沉积实验环道

2.4.3　现有实验技术对比分析与适应性评价

基于海洋非成岩天然气水合物固态流化开采浆体高效管输技术流程，通过现有国内外水合物浆体管输模拟实验技术对比分析(表 2-3)，可以看出：

表 2-3　国内外水合物浆体管输模拟实验技术对比

序号	水合物实验管线	管道尺寸	关键参数	功能目的	文献
1	法国石油研究院 Lyre 实验环道	长度 140m，管径 50.8mm，实验环道水平放置	温度 0~50℃，压力 0~10MPa	水合物浆体多相流动研究	[177,178]
2	法国阿基米德实验环道	长度 36.1m，管内径 10.2mm，倾斜角 4°	温度 0~50℃，压力 0~10MPa	水合物结晶和流变学研究	[179-181]
3	美国埃克森美孚实验环道	长度 95m，管内径 97.2mm，下沉段长 1.4m、深 1.22m	实验环道处于低温控制室中，温度-9~50℃，压力 0~12.4MPa	水合物浆体流动规律及管道堵塞机理研究	[182-185]
4	澳大利亚 CSIRO 水合物流动实验环道	长度 40m，内径 25.4mm，配有两相分离器	温度-8~30℃，压力 0~11.7MPa，气相流量 500~1000m^3/h，液相流量 0.1~1000m^3/h	水合物流动实验研究	[186]

续表

序号	水合物实验管线	管道尺寸	关键参数	功能目的	文献
5	挪威科技大学实验环道	管径 25.4mm	温度-25~20℃，压力0~12MPa	水合物浆体流动特性研究	[187]
6	挪威科技工业研究院水合物管道实验装置	长度 50m，管径 25.4mm	温度-10~50℃，压力0~10MPa	水合物形成机理及流变规律研究	[188]
7	挪威 Petreco A/S 高压轮形实验装置	长度 2m，管径 52.5mm，两个弯管段半径分别为 165mm 和 60mm	温度-10~150℃，压力0~25MPa	水合物浆体流动特性及压降分析	[189]
8	中国科学院广州能源研究所水合物实验环道	长度 30m，管内径42mm，管道为不锈钢管	低压环道系统，处于低温控制室中，控温范围-40~80℃	模拟水平管道、地形低凹管段以及立管内的正常流动，停输以及停输后再启动等不同工况下的水合物流动情况	[190,191]
9	中国石油大学(北京)天然气水合物实验环道	长度 20m，管内径25.4mm，高压混相全透明循环管道装置，配有水合物生成器、激光粒度仪、差压变送器和控温系统等	压力 1~4MPa，温度-10~50℃	研究压力、温度、液体流量和流体组成对水合物生成规律的影响以及水合物浆液的流体动力学性质	[192,193]
10	中国石油大学(北京)高压水合物/蜡沉积实验环道	管线长度 30m，管内径分别为 25.4mm 和50.8mm	温度-10~100℃，压力0~15MPa	水合物浆液流动实验、多相蜡沉积实验	[194,195]

拟实现功能：
①包括大尺寸、可视化的水平段、垂直段管道，能够分别独立完成实验模拟；
②能够开展多次循环(每次模拟水合物浆体向上管输的高度)、多次调压(海底高压逐级降至海面低压条件)、多次换热升温(海底低温逐级升至海面常温环境)的实验模拟，并综合每组循环实验数据，实现固态流化开采管输全过程的实验模拟；
③工作压力最大 16MPa，工作温度-10~60℃，能够快速实现温度、压力调控；
④能够实现保温、保压取样分析，能够实现动态图像捕捉、数据采集及安全控制；
⑤能够通过分离系统对水合物及其分解产物进行处理和计量。

1. 现有实验技术无法满足固态流化开采浆体高效管输要求

现有针对水合物浆体管输实验模拟的装置及技术：①可开展水合物浆体多相流动过程中的抑制剂影响规律、水合物结晶机理、管道堵塞过程、流变性特征及引起的压降变化等研究；②多用在油气钻井和储运的海底管输过程中且不具备多次循环时的逐级调压和多次换热升温功能。

然而，海洋非成岩天然气水合物固态流化开采浆体高效管输模拟实验技术需要能够开展多次循环(每次模拟水合物浆体向上管输的高度)、多次调压(海底高压逐级降至海面低压条件)、多次换热升温(海底低温逐级升至海面常温环境)的实验模拟，并综合每组循环实验数据，实现固态流化开采管输全过程的实验模拟。

因此，现有水合物浆体管输模拟实验技术无法满足海洋非成岩天然气水合物固态流化开采的浆体高效管输实验模拟，需要建立具有针对性的海洋非成岩天然气水合物浆体高效管输模拟实验技术。

2. 现有实验模拟装置参数及尺寸无法满足固态流化开采浆体高效管输要求

现有的水合物浆体管输相关实验装置：①多为水平或低倾角放置，最大压力大部分为

10MPa 左右，温度多采用低温控制室或其他水浴等温度控制系统调节；②部分最大压力超过 10MPa 的管输实验装置可视化管段较少、可视面积有限或无可视化管段，而全可视化透明实验管道的最大压力较低，仅为 4MPa 左右。

然而，海洋非成岩天然气水合物浆体高效管输模拟实验技术，需要开展水平管输段的固相运移规律及浆体高效安全输送研究、垂直管输段水合物相变下的浆体多相流动规律研究，需要实现固态流化开采中 1500m 水深的海底至海面水平至垂直管输全过程模拟。实验模拟系统安全工作压力最大需要 16MPa，工作温度-10~60℃，且为全过程的大尺寸、可视化的可独立运行的水平、垂直管段，同时需要能够快速实现温度、压力调控。

因此，现有水合物浆体管输实验模拟装置参数及尺寸均无法满足海洋非成岩天然气水合物固态流化开采的浆体高效管输实验模拟，需要建立能够满足实验需求的海洋非成岩天然气水合物浆体高效管输模拟实验系统。

3. 现有实验模拟装置不具备固态流化开采浆体高效管输所需的实时保温、保压取样分析功能

现有的水合物浆体管输相关实验装置均不具备实时保温、保压取样分析功能，无法实现对水合物浆体的实时取样分析。因此，需要研制海洋非成岩天然气水合物固态流化开采浆体高效管输所需的在线自动保温保压取样分析系统。

2.4.4　水合物浆体高效管输模拟实验技术

1. 水合物浆体高效管输模拟实验技术功能要求

基于对比分析，针对海洋非成岩天然气水合物浆体高效管输模拟实验技术需求，形成了如下海洋非成岩天然气水合物浆体高效管输模拟实验技术：

(1) 水平段水合物浆体管输着力解决固相运移问题，主要采用高压钢管和高压可视化有机玻璃管连接形成回路，安装有多个温度和压力传感器，可以实现不同海底环境下的水平段固相高效运移模拟。

(2) 垂直段水合物浆体管输着力开展水合物相变条件下的多相流动特征参数预测、测量、压力演变规律及调控技术等方面研究，垂直上升管线为高压可视化有机玻璃管，模拟向上垂直管输过程，其上安装多个温度、压力传感器和激光粒度仪；垂直下降管线为可加热钢管，通过加热实现下一循环所模拟的固态流化开采井深位置的温度；循环管路安装有调压器用于调节所模拟的固态流化开采井深位置的压力。

(3) 水合物藏赋存于水深 1500m 的环境，开采输送管路总长 1500~4500m，在实验室现有条件下不可能通过一次模拟完成实验，因此，需通过多次循环、多次调压(高压至低压)、多次换热升温，综合每组实验数据完成全过程管流模拟，实现固态流化开采中 1500m 海底至海面垂直管输的全过程模拟，在满足井控安全的前提条件下放大实验流动参数保证安全高效输送。

(4) 通过海洋天然气水合物浆体高效管输特性模拟，可研究海洋非成岩天然气水合物固态流化开采中气-液-固多相非平衡分解及相变理论、水下输送气-液-固多相非平衡管流

规律两大关键科学问题。同时，能够开展高效携岩能力评价、不同机械开采速率条件下水合物安全输送、井控安全规律等模拟技术研究。

2. 水合物浆体高效管输模拟实验参数设计

1) 整体技术参数

循环管路：管内径 76.2mm(3 英寸)；水平管线长度 25m，间距 1m，总长度 56m；垂直管线高度 30m，宽度 2m，总长度 66m；设备连接辅助管线长 40m；额定压力 16MPa；额定温度-10~60℃。高压透明管：内径 76.2mm，单节长度 2m。

2) 浆体循环管道设计

浆体循环管道结构设计示意图如图 2-28 所示。

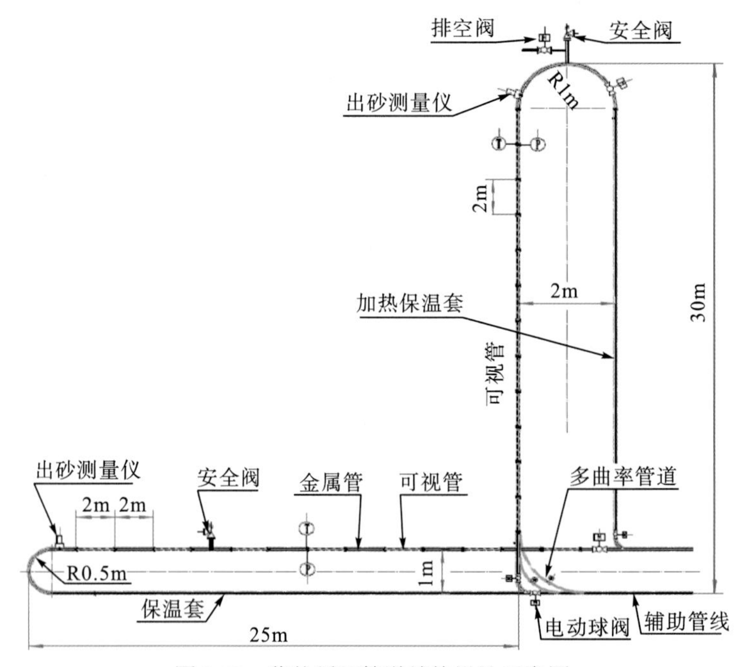

图 2-28 浆体循环管道结构设计示意图

(1) 垂直管道：垂直管道高 30m、间距 2m、内径 76.2mm，顶端半圆形结构半径 1m，减少循环过程管流摩阻以及管流冲蚀；垂直可视管单节长度 2m，共 15 节，总长度 30m，使用法兰连接，法兰上安装温度、压力传感器；垂直管道顶端安装有安全阀、排空阀，排空阀为中控电动球阀；垂直管道入口与辅助管道连接采用多曲率管道布置，实验中可选择模拟海底输送管道不同曲率的水合物浆体管输特性实验；垂直管道下降段为加热管道，加热长度 30m，电功率大小可以调节，外部使用加热套进行保温加热。

(2) 水平管道：水平管道长 25m、间距 1m、内径 76.2mm，左端半圆形结构半径 0.5m，减少循环过程管流摩阻以及管流冲蚀；可视管单节长度 2m，共 7 节，总长度 14m，每节可视管与单节长度为 2m 的钢管间隔安装布置，连接法兰上安装温度、压力传感器；水平管道的高点安装安全阀。

(3) 高压透明管选用耐高压材质的高分子聚合物材料，额定压力为 16MPa，可保证工作压力环境下使用的安全性，同时高分子聚合物材料具有良好的绝热性能。

(4) 所用钢管材质均选用双相不锈钢材质并做内表面防腐处理。

(5) 循环管路单节长度 2m，使用法兰连接，法兰上安装温度、压力传感器，垂直和水平管线总共需安装温度传感器 27 个、压力传感器 27 个。

(6) 垂直管路和水平管路分别安装超声波在线自动取样分析仪，用于监测循环管路固体粒子的相态变化。

(7) 参与循环的所有管道、设备均做保温处理。

(8) 循环管道所用阀门均选用耐高压、耐海水腐蚀的电动球阀，通径 76.2mm，由中控计算机控制并可按实验要求控制开合度，便于流量调节，安全可靠。球阀球体材料选用陶瓷材料、球体密封选用聚醚醚酮(PEEK)材质，保证使用寿命和密封性能。

(9) 垂直管道与水平管道以及辅助管道的交汇处设计有内径 127mm(5 英寸)的应急处理排放口，作为管道堵塞应急处理措施，关闭后不会缩小或扩大循环管道通径。

(10) 通过压缩空气的吹扫作用，防止可视化管道凝水，使图像采集达到实验要求。

(11) 管道实验完毕后用水清洗固体物和腐蚀性介质，再加入缓蚀剂灌满封闭。

3) 浆体循环管道辅助系统设计

(1) 在线自动保温保压取样分析系统。该系统具备实时保温、保压在线自动取样分析管道内混合浆体各相含量功能。设计参数：额定压力 16MPa；额定温度-10~60℃；釜体长度 200mm；通径 25mm；可视窗宽度 14mm；可视窗长度 100mm。在线相含量检测可视釜结构设计如图 2-29(a) 所示。釜体选用 316 不锈钢材质；可视窗采用耐高压蓝宝石玻璃；可视釜成品标定容积后标注刻度，便于精确读数计量。由于单个循环流速过快，取样器需要配置两个快速开关阀，其组成如图 2-29(b) 所示。

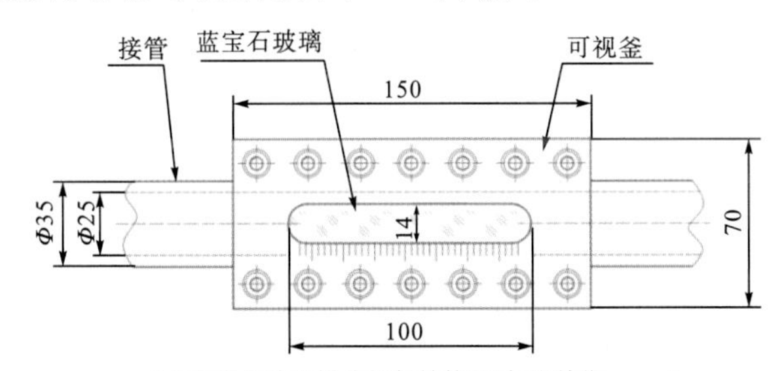

(a) 在线自动取样分析仪结构设计图(单位：mm)

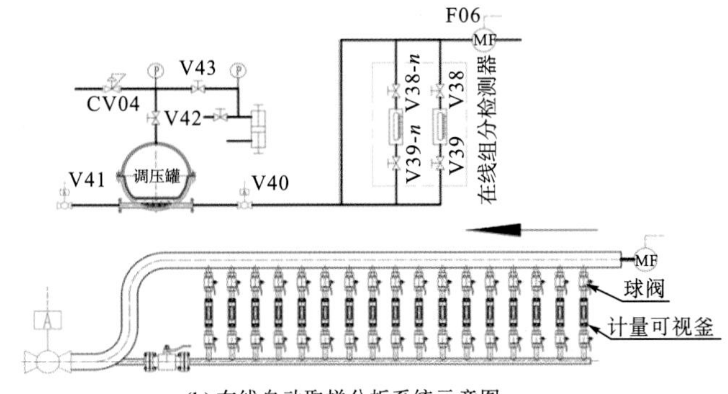

(b) 在线自动取样分析系统示意图

图 2-29　在线自动保温保压取样分析系统

(2) 三相分离系统。建立了与海洋非成岩天然气水合物浆体高效管输实验模拟配套的三相分离模拟技术，模拟固态流化开采过程中水合物浆体在管输至海面上后进行分离、分解并产出天然气的过程[196]。三相分离系统主要由三相分离器、储砂罐、储水罐、气体流量计、球阀组成。

三相分离器设计原理及结构如图 2-30 所示。气、液、固三相流体从分离罐底部入口流进，在固体过滤器中进行气、液、固分离；分离器罐中部腔体形成气-液界面，气体经除雾器净化后由顶部排气口排入外部管道；液位控制阀当液面达到设计高度时开启，出口分离器防止入口气体进入排液口，分离的液体经排液口流入储水罐；沉降的固体砂进入储砂罐，储砂罐采用快装卡箍连接，关闭高压球阀后可快速取出并更换。

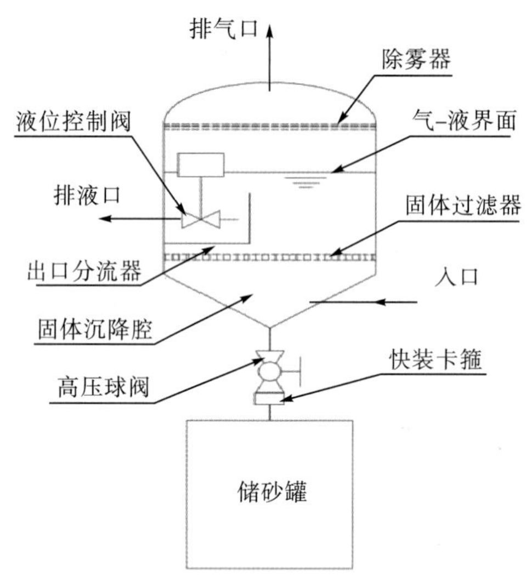

图 2-30　三相分离器结构示意图

3. 浆体高效管输模拟实验技术整体设计

首先调节垂直、水平管线初始压力，使管道内压力达到实验设定的压力，并通过注入冷却海水实现管道预冷，获得与制备釜内相同温度。再将水合物浆体注入实验管路，并对管路多相流中固相粒度进行测定，同时通过传感器对浆体输运过程中的温度、压力变化进行监测。然后通过调压和控温系统模拟从实验井深位置到海面的水合物浆体循环过程，并对过程中的样品进行取样分析。最后通过三相分离系统测定循环结束时的气、液、固各相含量并进行回收处理。

2.5　浆体高效管输循环泵模拟实验技术

2.5.1　实验技术需求

根据海洋非成岩天然气水合物固态流化开采模拟实验技术方案，基于浆体高效管输模拟实验技术，浆体循环泵为泵送水合物浆体在垂直管路或水平管路中循环，需要达到以下要求：

(1) 额定压力 16MPa。

(2) 固相体积分数达到 30%且可输送气-液-固多相水合物浆体。

(3) 进出口管径 76.2mm。

2.5.2　实验技术研究现状

基于海洋非成岩天然气水合物浆体高效管输循环泵模拟实验技术需求，开展了现有浆体管输泵的调研。

1. 常用的泵及其工作原理

1) 容积式泵

容积式泵通过工作部件的运动使工作容积周期性地增大或缩小而吸排液体，并靠工作部件的挤压直接使液体的压力能增加。根据运动部件运动方式的不同分为往复泵、回转泵两类。其中，油气行业常用的包括螺杆泵、柱塞泵、活塞泵等[197]。

2) 叶轮式泵

叶轮式泵通过叶轮带动液体高速回转进而把机械能传递给所输送的液体。根据泵的叶轮和流道结构特点可分为离心泵、轴流泵、混流泵、旋涡泵等[198]。其中，油气行业常用的是离心泵等。

3) 喷射式泵

喷射式泵是通过工作流体产生的高速射流引射流体，然后通过动能交换使被引射流体的能量增加[199]。

2. 油气行业常用几种泵型研究现状

1) 螺杆泵

如图 2-31 所示，螺杆泵是容积式转子泵，它是依靠由螺杆和衬套形成的密封腔的容积变化来吸入和排出液体。螺杆泵按螺杆数目分为单螺杆泵、双螺杆泵、三螺杆泵和五螺杆泵。螺杆泵的特点是流量平稳、压力脉动小、有自吸能力、噪声低、效率高、寿命长、工作可靠，而其突出的优点是输送介质时不形成涡流、对介质的黏性不敏感，可输送高黏度介质。常规螺杆泵考虑到磨损问题，其固相含量一般不超过 10%。

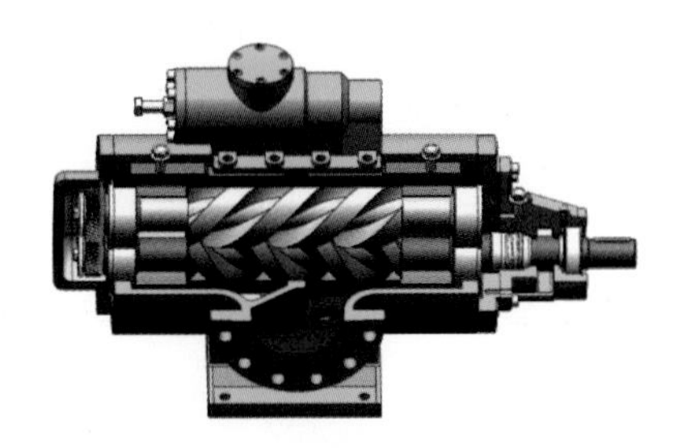

图 2-31　螺杆泵示意图

2017 年，徐志诚[200]开展了双螺杆油气混输泵的选型设计，优选了适用于 10~1000m^3/h 的中小流量和 0~10MPa 的中、高等增压工况的油气混输泵。对于小于 30m^3/h 的小流量和

0~1.8MPa 的低增压油气混输，一般采用结构简单和成本较低的单螺杆泵。然而螺杆泵对流体中的砂粒等固体杂质比较敏感，容易导致转子的磨损，因此需要在泵前设置合适的过滤器。

2017 年，贾昀昭[201]开展了三螺杆泵性能评估及故障诊断研究，其中 A3NG 系列为卧式安装单吸式三螺杆泵。单吸式三螺杆泵是一种自吸容积式定量泵，只能用于输送有润滑性且不含固体颗粒的工作介质，如矿物油、水乙二醇、润滑脂等。

2) 柱塞泵和活塞泵

柱塞泵是液压系统的一个重要装置，如图 2-32(a)所示。它依靠柱塞在缸体中的往复运动使密封工作容腔的容积发生变化来实现吸油、压油。柱塞泵具有额定压力高、结构紧凑、效率高和流量调节方便等优点，被广泛应用于高压、大流量和流量需要调节的工况，如液压机、工程机械和船舶等[202-205]。

活塞泵从结构上分为单缸和多缸，如图 2-32(b)所示。其特点是扬程较高，适用于输送无固体颗粒的油乳化液等，可用于油层和煤层注水、注油、采油，膛压机、水压机的动力泵，水力清砂，化肥厂输送氨液等，还可以输送高温焦油、矿泥、高浓度灰浆等高黏度液体[206,207]。

(a) 柱塞泵

(b) 活塞泵

图 2-32　柱塞泵和活塞泵示意图

3) 离心泵

离心泵是指通过叶轮旋转时产生的离心力来输送液体的泵，如图 2-33 所示。由于离心泵特殊的结构特征和工作方式，其主要适用于无固相或固相含量极低的浆体输送[208]。

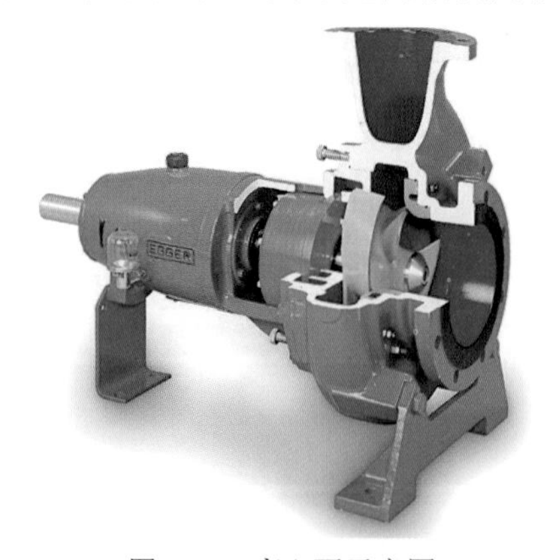

图 2-33　离心泵示意图

2.5.3　现有实验技术对比与适应性评价分析

基于海洋非成岩天然气水合物固态流化开采浆体高效管输技术流程，通过油气行业现有常用泵型研究对比(表 2-4)，可以看出，油气行业现有常用泵型无法满足海洋非成岩天然气水合物固态流化开采浆体高效管输实验模拟。主要原因如下：海洋非成岩天然气水合物浆体高效管输模拟实验技术中，需要解决水平段水合物浆体管输中的固相运移问题、垂直段水合物浆体管输中的高效输送配比和安全携岩问题。同时，海洋非成岩天然气水合物固态流化开采技术采用先机械破碎再管输水合物浆体的方式开采，因此在井控安全范围内高效的固相输送有助于提高产量，而实验模拟中需要开展不同固相输送量下的井控安全研究[209]，因此需要浆体高效管输所采用的循环泵中固相体积分数达到 30%及以上。为了实现模拟水深 1500m 条件下的实验工况，同时能够实现气、液、固共存的多相水合物浆体在垂直和水平管道循环流动过程中的泵送，浆体高效管输循环泵安全工作压力最大需要 16MPa，工作温度-10~60℃。

表 2-4　现有国内外部分浆体管输泵技术对比分析表

序号	浆体管输泵	工作原理	特点	文献
1	螺杆泵	通过由螺杆和衬套形成的密封腔的容积变化来吸入和排出液体	流量平稳、压力脉动小、有自吸能力、噪声低、效率高、寿命长、工作可靠；对介质的黏性不敏感，可输送高黏度介质；对流体中的砂粒等固体杂质比较敏感，容易导致转子的磨损，常规螺杆泵考虑到磨损问题，对固相含量要求不超过 10%	[200,201]
2	柱塞泵	通过柱塞在缸体中往复运动，使密封工作容腔的容积发生变化来实现吸油、压油	额定压力高、结构紧凑、效率高和流量调节方便；被广泛应用于高压、大流量和流量需要调节的工况，如液压机、工程机械和船舶中；其对混输浆体中的固相含量有很高要求：固相含量不应超过 10%，且需配备良好的净化设备以彻底清除无用固相	[202-205]
3	活塞泵	通过活塞往复运动使得泵腔工作容积周期变化实现吸入和排出液体	扬程较高；用于油层和煤层注水、注油、采油，膛压机、水压机的动力泵，水力清砂，化肥厂输送氨液等，还可以输送高温焦油、矿泥、高浓度灰浆等高黏度液体；适用于输送无固体颗粒的油乳化液等	[206,207]
4	离心泵	通过叶轮旋转时产生的离心力来输送液体	适用于无固相或固相含量极低的浆体输送	[208]

拟实现功能：
①额定压力 16MPa；
②固相体积分数可达到 30%且可输送气-液-固多相水合物浆体；
③进出口管径 76.2mm。

2.5.4　实验方法及技术

1. 浆体高效管输循环泵技术参数

额定排量为 24L/s，额定压力为 16MPa，固相体积分数≤30%(粒径为 3~10mm 的石英砂，液体为调制的海水)，进出口管径为 76.2mm，额定扬程为 100m，根据实际需求可通过变频调节流量大小，可实现气、液、固共存的多相水合物浆体在垂直和水平管道循环流动过程中的泵送功能，内部做抗冲蚀、防腐蚀处理。

2. 浆体高效管输循环泵选择

根据实验系统的技术参数和实验目的，采用螺杆泵降低滑脱、高偏心定-转子实现高粒径高固相输送。螺杆泵结构示意图如图 2-34 所示；循环泵的集装密封结构示意图如图 2-35 所示。

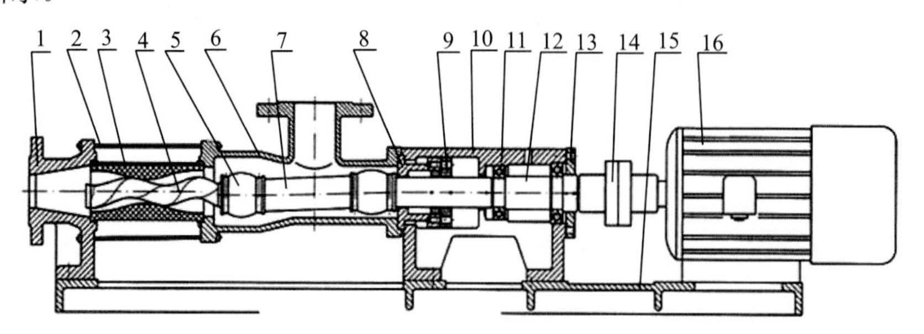

1—出料体；2—拉杆；3—定子；4—螺杆轴；5—万向节或销连接；6—进料体；7—连接轴；8—调料座；9—填料压盖；10—轴承座；11—轴承；12—传动轴；13—轴承盖；14—联轴器；15—底盘；16—电机

图 2-34　螺杆泵结构示意图

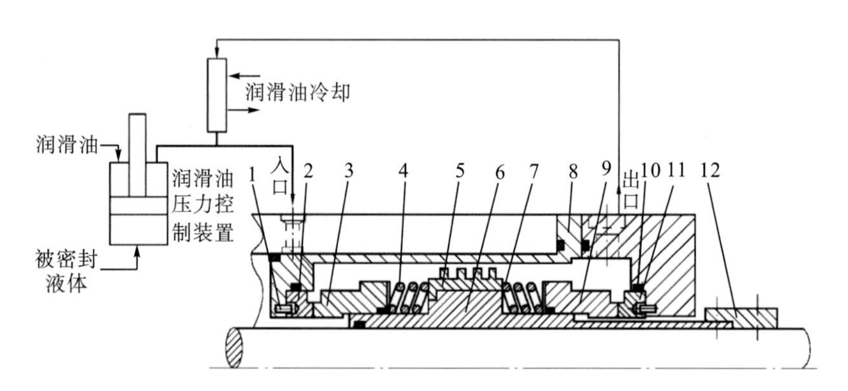

1—静环防转销；2—介质侧静环；3—介质栅动环；4、7—动环弹片；5—内置泵效环；6—轴套；8—机械密封腔外套；9—大气侧动环；10—O 形密封圈；11—大气侧静环；12—轴套定位套

图 2-35　循环泵的集装密封结构示意图

根据分析结果，浆体循环泵密封形式决定采用机械密封与旋转组合密封组合，如图 2-36 所示。

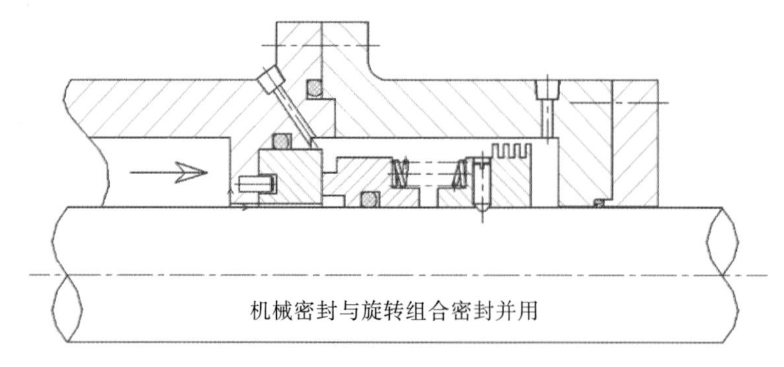

图 2-36　组合密封形式

润滑油的压力大于被密封流体压力 0.2~0.3MPa，机械密封的密封对象变为润滑油而不是含有磨砺颗粒的流体，其寿命会大幅度提高。尽管此次实验流体系统的压力高达 16MPa，但介质侧机械密封两端的压差(即工作压力)只有 0.2~0.3MPa，机械密封的可靠性和寿命均无问题。大气侧机械密封两端的压差为 16.2~16.3MPa，有可以满足此要求的机械密封，必要时大气侧密封也可以采用密封圈。综上所述，只要对普通螺杆泵的密封加以改造即可满足要求。

考虑到循环系统气-液-固三相混输对泵体承压性能、耐磨蚀性能及密封性能的要求，决定采用单螺杆泵。为了满足实验技术要求，螺杆泵必须依据介质种类和物料特性等参数条件进行定制。

最终，突破混输泵高滑脱、高固相、高吸入口压力的技术瓶颈，研发新型螺杆泵[210]降低了滑脱、高偏心定-转子实现大粒径大固相输送(固相粒径 3~10mm、体积分数≤30%)、机械与旋转密封提高入口压力，满足了 1500m 水深要求，形成了海洋非成岩天然气水合物浆体高效管输循环泵模拟实验技术：

(1) 额定排量 24L/s。

(2) 额定压力 16MPa。

(3) 固相体积分数≤30%(粒径 3~10mm 的石英砂，液体为调制的海水)。

(4) 进出口管径 76.2mm。

(5) 额定扬程 100m。

(6) 可变频调节流量大小。

(7) 可实现气、液、固共存的多相水合物浆体在垂直和水平管道循环流动过程中的泵送功能。

(8) 内部做抗冲蚀、防腐蚀处理。

2.6　浆体高效管输温度、压力控制系统模拟实验技术

2.6.1　实验技术需求

根据海洋非成岩天然气水合物固态流化开采模拟实验技术方案，基于浆体高效管输模拟实验技术，温度、压力控制系统模拟实验技术需要达到以下要求：

(1) 能够实现水合物浆体高效管输的多次循环(每次模拟水合物浆体向上管输的高度)，多次调压(海底高压逐级降至海面低压条件)、多次换热升温(海底低温逐级升至海面常温环境)的功能。

(2) 压力控制系统需要达到 0~16MPa，工作温度-10~60℃；压力调节从高到低，每循环 30m 调节一次模拟上升 30m 高度的压降，应保证循环系统的物质平衡[211]。

(3) 垂直管道下降段为加热管道，加热长度 30m，能根据实验条件调节对应的加热功率；温度调节从低到高，每循环 30m 调节一次模拟上升 30m 高度的海洋环境温度升高[212]。

2.6.2 实验技术研究现状

基于海洋非成岩天然气水合物浆体高效管输温度、压力控制系统模拟实验技术需求，开展了现有温度、压力调控设备和方法的调研。

1. 管输压力控制设备研究现状

1)减压孔板

如图 2-37 所示，减压孔板的主要工作原理为：流体流经减压孔板时由于局部阻力损失会产生水头压力降，孔板下游压力随上游压力和流量的变化而变化。减压孔板结构简单、使用方便，主要缺点是不够稳定、容易堵塞，不适用固相含量高的管输过程。

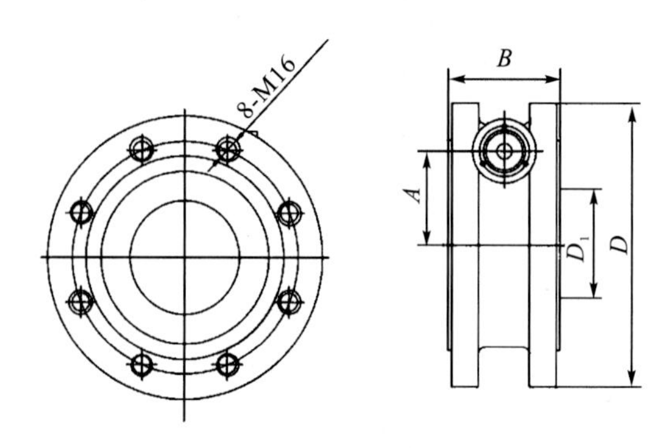

图 2-37　减压孔板示意图

许多研究者关注到孔板自身的几何形状对压降的影响并开展了大量研究工作。Barros Filho 等[213]研究了斜面凹槽对于厚孔板中压降的影响，认为对于大的斜面倒角其压降变化更加显著。Xu 等[214]采用粒子图像测速法(particle image velocimetry，PIV)对喷嘴中的三角形和圆形孔板进行了研究，研究表明三角形孔板会有一个更加强烈的射流衰减速率和扩散速率。王慧锋等[215]同样对多孔板的几何特征进行了分析，研究了环形分布下有中心孔的孔板压头损失系数和流出系数，结论表明等效直径比对多孔板的流动性能影响最大。李妍等[216]针对核电设备各类管道中的节流孔板进行了研究，分析了孔径、倒角、偏心距等对于节流效果的影响并设计了具有多级减压功能的偏心节流孔板。杨元龙[217]对应用于船用锅炉的水再循环系统中的节流孔板进行了分析，采用计算流体力学方法对节流孔板的压降特性、湍流结构及其温度分布等情况进行了研究，并根据阻塞压差理论提出了多级孔板的设计方法。

2)减压阀

减压阀是一种局部阻力能够改变的节流元件，可通过控制阀体内启闭件的开度来调节节流面积，使流体的流速及动能发生变化，即依靠阀内的流道增加流体的局部阻力，从而达到降低压力的目的。接着依靠控制系统与调节系统，使压力与弹簧力相平衡，从而使压力在一定的误差范围内可以保持恒定。目前市场上的减压阀种类众多，按照受力方式分为杠杆式、波纹管、膜片、活塞式等，按照工作原理分为直动式减压阀、先导式减压阀等[218-223]。

(1)杠杆式减压阀。如图 2-38 所示，杠杆式减压阀主要由杠杆支架、连接杆及上、下阀座组成。工作原理：当进口无压力时，阀瓣压紧在阀座上，减压阀处于关闭状态；当有介质流入时，在进口压力作用下，因上阀座受力面积大于下阀座受力面积而打开阀瓣，出口端有流体经过形成阀后压力，通过调节杠杆设定所需出口压力；当出口压力超过设定压力时，又因介质作用于上阀座上的力比作用于下阀座上的力大，带动阀瓣减少阀座处流通面积，出口压力随之下降，达到一个新的平衡状态。

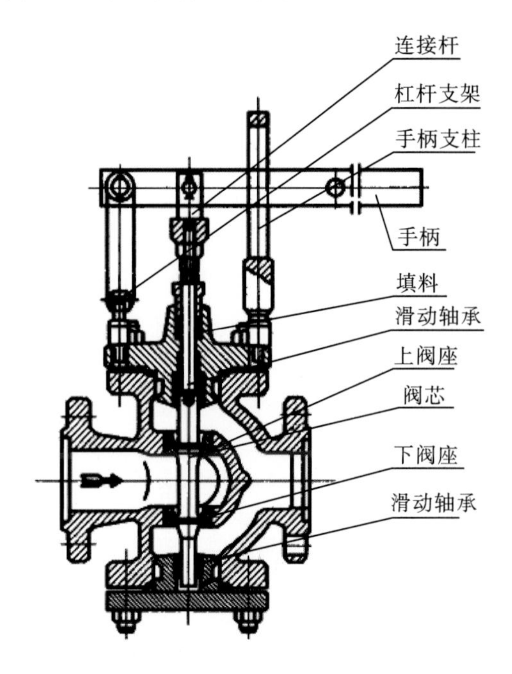

图 2-38　杠杆式减压阀结构图

(2)波纹管式减压阀。如图 2-39 所示，波纹管式减压阀主要由波纹管、调节弹簧、阀瓣等零件组成。工作原理：通过介质的阀后压力作用于波纹管上以平衡调节弹簧力，进而

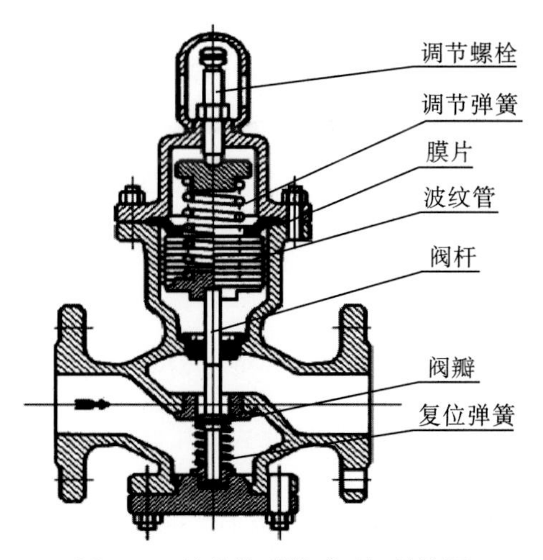

图 2-39　波纹管弹簧减压阀结构图

带动阀瓣控制阀门开度实现减压、稳压的功能。当调节弹簧处于自由状态时，阀瓣在介质进口压力的作用下压紧在阀座上，处于关闭状态。当调节螺栓压缩调节弹簧顶开阀瓣时，介质经阀座流向出口，阀后压力逐渐升至所设定压力；当阀后压力超过设定压力时，阀后介质作用于波纹管向上的力大于调节弹簧向下的力，阀杆带动阀瓣向着靠近阀座的方向运动，使流通面积减小，减少阀后介质压力的补充，从而降低阀后压力；当阀后压力降低时，因调节弹簧的向下的作用力大于阀后压力作用于波纹管向上的力，阀杆带动阀瓣打开更大的开度，流通面积增大，从而增加了阀后压力。波纹管式减压阀可应用于蒸汽、空气和水等介质。由于波纹管承压范围有限因此只能用于压力较低的工况。

(3) 膜片式减压阀。如图 2-40 所示，膜片式减压阀主要由调节弹簧、膜片、阀座等组成，通过调节螺栓压缩调节弹簧设定出口压力。工作原理：通过介质的阀后压力作用在膜片上传递给调节弹簧，当阀后负载流量降低或阀前压力升高时，阀后压力随之升高，作用于膜片向上的力增大，压缩弹簧，阀瓣随着阀杆运动而产生位移，阀瓣向着趋向阀座的方向运动，使流通面积减小，从而降低阀后压力；当阀后的介质压力降低时，作用于膜片向上的力减小，在弹簧力的作用下推动阀瓣背离阀座，使流通面积增大，从而使阀后压力增加。膜片式减压阀由于膜片两侧能够承受的压差有限，因此只能用于低压场合。

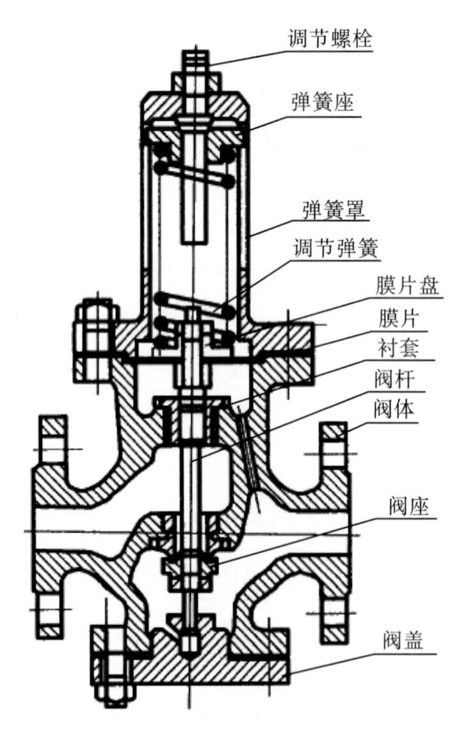

图 2-40　膜片式减压阀结构图

(4) 活塞式减压阀。如图 2-41 所示，活塞式减压阀主要由调节弹簧、活塞、阀瓣等零件组成，通过调节螺栓压缩调节弹簧设定出口压力。工作原理：与膜片式减压阀相同，但由于其将膜片换作活塞，能够承受的压差范围大大增加，可应用于高压力作用下的工况。

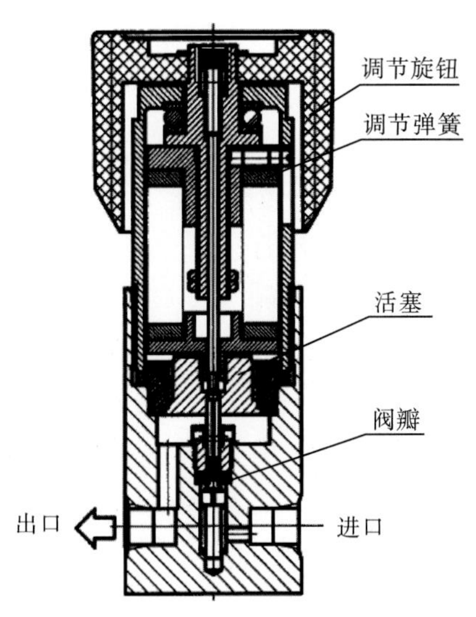

图 2-41　活塞式减压阀结构图

(5) 直动式减压阀。直动式减压阀可用于工作压力的无泄漏减压或限制系统压力，博世力士乐公司的 KRD 型二通直动式减压阀如图 2-42 所示。此类阀主要由带弹簧和可调结构的拧入式壳体以及阀芯、阀座和闭合元件组成。其工作原理及功能为：在初始位置时阀座处于打开状态。液压油可从主油口 P 流到 A。如果主油口 A 中的压力增加到调整类型处设置的压力值，则闭合元件将会关闭从 P 到 A 的连接。如果系统压力进一步增加(主油口 P)，则不会再对主油口 A 中的压力产生影响(保压功能)。主油口 A(执行机构)中的压力损失会通过此阀得到补偿。

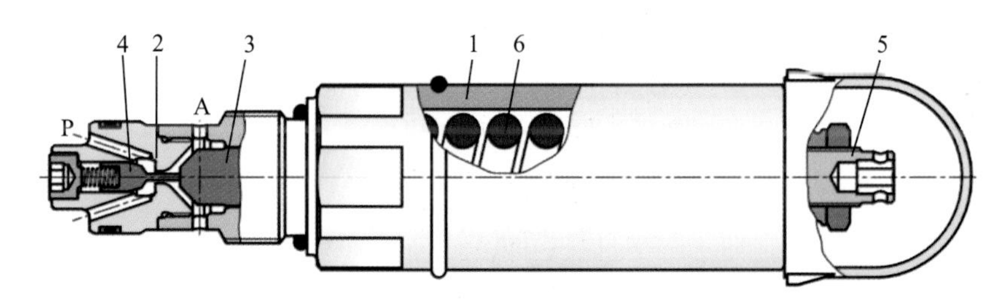

1—壳体；2—阀座；3—阀芯；4—闭合元件；5—可调结构；6—弹簧

图 2-42　KRD 型二通直动式减压阀结构图

(6) 先导式减压阀。先导阀是先导式减压阀系统的关键部件，阀后压力设定点及减压阀的性能参数都是由先导阀决定的，主阀用于控制更大的流量及更高的压力。先导阀利用弹簧打开阀门(与直动式减压阀原理基本相同)，而主阀弹簧的主要作用不是用于平衡载荷压力，而是用于关闭阀门。来自先导阀更大变化幅度的载荷压力将作用于主阀敏感元件，以启闭主阀。因此，先导阀的加入增加了调节阀的敏感性。先导式减压阀主要包括内部先导活塞式减压阀、外部先导膜片减压阀。

图 2-43 所示为内部先导活塞式减压阀，其先导阀的设计与直动式减压阀很相似，从先导阀流出的介质作用于主阀活塞上，从而使主阀阀瓣运动(开启或关闭)。内部先导式减

压阀与直动式减压阀相比具有更高的精度、允许通过更大的流量等优点，由于活塞的使用可使其适用于压力较高的工况。

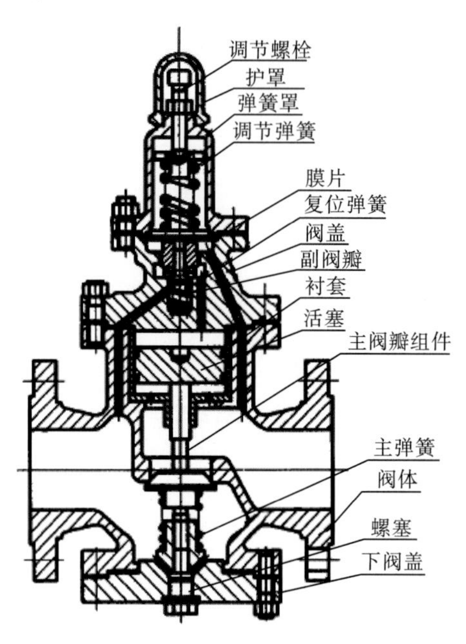

图 2-43　内部先导活塞式减压阀结构图

图 2-44 所示为外部先导膜片式减压阀，与内部先导活塞式减压阀的工作原理相同，不同之处在于前者将引压管设置于减压阀外部。由于下游引压管位于无湍流区，故具有更高的精度，可应用于调节精度要求更高的工况。

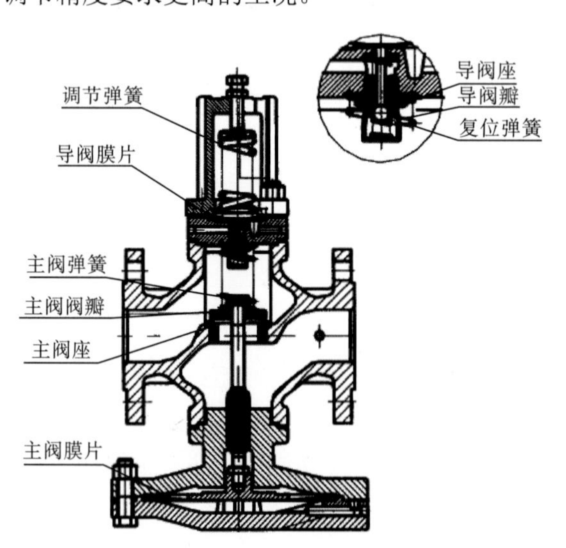

图 2-44　外部先导膜片式减压阀结构图

先导式减压阀具有以下特点：可通过使用更小的导阀节流孔和更轻的弹簧，使得稳态偏差值更小、调节精度更高、调节范围更大。

丹麦的丹佛斯(Danfoss)公司在水压元件和水压系统领域一直处于世界先进水平。该公司生产的水压元件品种齐全、性能优良，其产品包括水压泵、水压控制阀、马达、水压辅助元件等，大都应用于中低压领域。图 2-45 所示为丹佛斯生产的直动式二通水压减压阀，其进口最大压力 16MPa，出口压力调节范围 4~16MPa，额定流量 30L/min。该阀通过调压螺栓调定工作压力，结构十分简单，阀芯与阀座采用平板阀结构，阀芯与活塞采用球面结构，保证了阀口的启闭特性。为改善工作稳定性，活塞与活塞套之间增加了阻尼结构[220,221]。

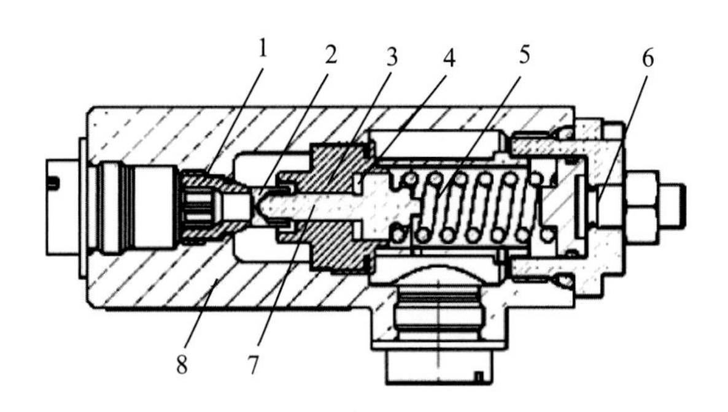

1—阀座；2—阀芯；3—活塞套；4—阻尼；5—调压弹簧；6—调压螺栓；7—活塞；8—阀体

图 2-45　丹佛斯直动式二通水压减压阀结构图

华中科技大学等单位研制了一种适用于海水或者淡水等低黏度介质的水压定值减压阀[223]，其性能指标如下：额定压力 15MPa，额定流量 40L/min，出口压力 10~14MPa，泄漏量小于 0.2L/min。其结构示意图如图 2-46 所示。该阀具有良好的调压稳定性，通过提高材料硬度及采用密封圈密封阀芯和衬套等措施提高了减压阀抗气蚀和拉丝侵蚀能力，同时也减少了泄漏量。

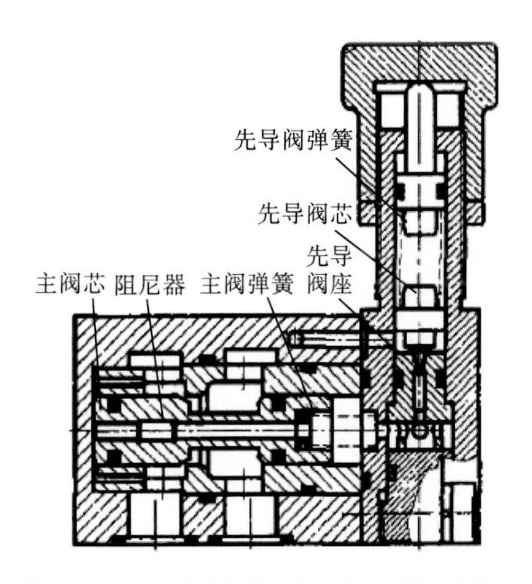

图 2-46　华中科技大学水压定值减压阀结构图

3) 节流阀

如图 2-47 所示，节流阀通过改变节流截面或节流长度以控制流体流量，使整个系统保持一个理想的压力平衡关系。节流阀的流量不仅取决于节流口的面积，还与节流口前后的压差有关。节流阀的刚度小，故只适用于执行元件负载变化很小且速度稳定性要求不高的工况。

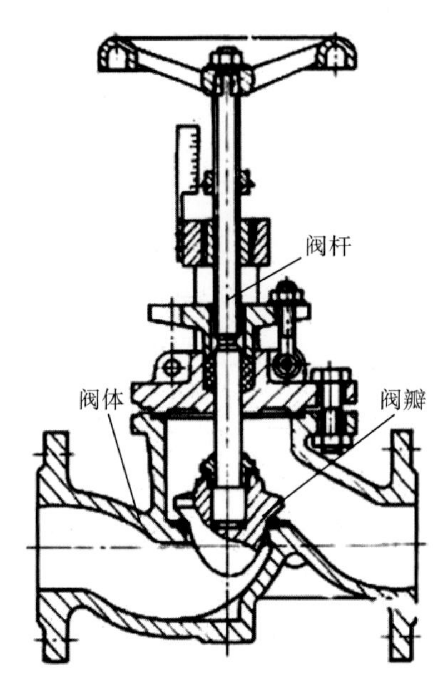

图 2-47　节流阀结构示意图

现有节流阀[224,225]主要包括如下几类：

(1) 柔性节流阀。柔性节流阀的工作原理：依靠阀杆夹紧柔韧的橡胶管而产生节流作用，也可以利用气体压力来代替阀杆压缩胶管。柔性节流阀具有结构简单、压力降小、动作可靠性高等特点。

(2) 溢流节流阀。溢流节流阀是一种压力补偿型节流阀，它由溢流阀和节流阀并联而成。进口处的高压油一部分经节流阀去执行机构，另一部分经溢流阀的溢流口去油箱。溢流阀上、下端分别与节流阀前后的压力油相通。当出口压力增大时，阀芯下移，关小溢流口，溢流阻力增大，进口压力随之增加，因而节流阀前后的压差基本保持不变。

(3) 比例方向节流阀。用比例电磁铁取代电磁换向阀中的普通电磁铁，便构成直动型比例方向节流阀。由于使用了比例电磁铁，阀芯不仅可以换位，而且换位的行程可以连续或按比例地变化，因而连通油口间的通流面积也可以连续或按比例变化，所以比例方向节流阀不仅能控制执行元件的运动方向而且能控制其速度。

在国外，如 EEC、FMC、WOM 等公司在节流阀零部件使用安全可靠性方面取得了重大突破。例如，通过将筒形阀板阀座改为两块圆盘转动孔错位的方式，有效地防止了阀板震动，提高了节流效率，减少了冲蚀磨损；采用在结实的阀板上嵌装硬质合金套的方法，避免阀杆震断，提升了工作性能。

2. 管输温度控制方法研究现状

1）蒸汽伴随管道加热法[226,227]

蒸汽伴随管道加热法可分为内伴热和外伴热两种。

内伴热是把蒸汽管安装在管道内部。优点：热能利用率高、加热所需的时间短。缺点：蒸汽管的温度较高，应力补偿不易处理；蒸汽管发生漏损时不易发现和维修；蒸汽管安装在管道内部增大了流体的水力摩阻等。

外伴热是用保温材料把一根或数根蒸汽管和管道包扎在一起或把蒸汽管和管道并排敷设。外伴热加热效率低，但施工与维修比较方便，使用较为广泛。

2）管道电加热法[228-231]

管道的电加热有直接加热、电伴加热和感应加热等。

直接加热法是对管道直接通电使管道自体发热加热管内流体，此法比较简单，但管道应包以良好的电绝缘材料以减少电流损失和保证安全。

电伴加热法如图 2-48 所示。电伴热带接通电源后，电流由一根线芯经过导电的材料到另一线芯而形成回路，电能使导电材料升温，其电阻随即增大，当芯带温度升至某值之后，电阻增大到几乎阻断电流的程度，其温度不再升高。同时电伴热带向温度较低的被加热体系传热，电伴热带的功率主要受控于传热过程，随被加热体系的温度自动调节输出功率，而传统的恒功率加热器却无此功能。

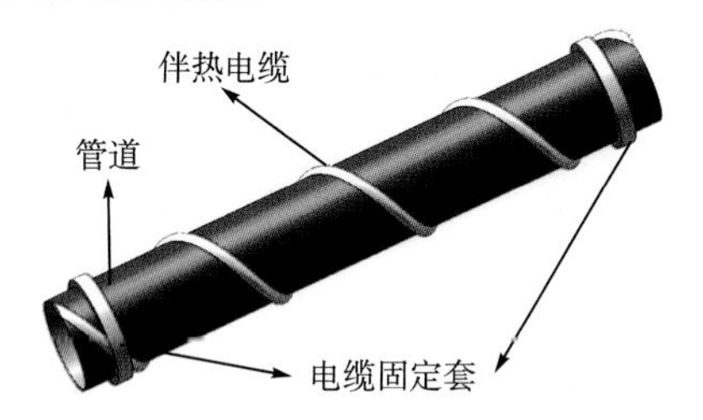

图 2-48　电伴加热法加热示意图

感应加热是把线圈和管道用保温材料包扎在一起，线圈通交流电后产生交变磁场，管道在交变磁场中诱发产生感应电流而升温使管内流体被加热（图 2-49）。具体来说，交变电流是由感应加热系统通过电源变换产生的，此交变电流在通过闭合导线（即感应线圈）时会在周围区域产生与交变电流相同频率的交变磁场。当把铁磁物质放置在这个交变磁场中时，会在铁磁物质两端产生感应电动势并且在内部产生同频率的感应电流（即涡流），产生的涡流大部分集中分布在铁磁物质的表面，使得铁磁物质中的原子相互摩擦和碰撞，做无规则的高速运动从而产生热能，再通过热传导对整个铁磁物质进行加热。

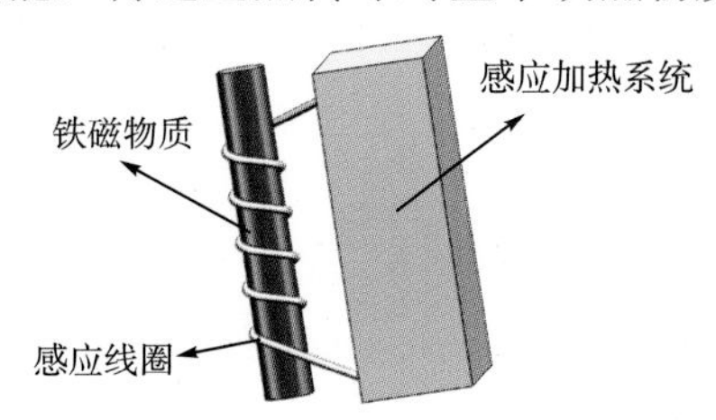

图 2-49　感应加热示意图

3) 水浴加热法

水浴加热法技术流程：利用装有热水的容器制成的实验设备进行物质或设备长时间恒温加热。大多数水浴装置都有数字或模拟接口，允许用户设置所需的温度，但有些水浴装置的温度由电流控制。水浴加热法不会产生明火，主要用于加热试剂、熔化底物或培养细胞培养物等。可以看出，其并不适用于本实验中长度达 30m 管道的高效加热[232,233]。

2.6.3 现有实验技术对比与适应性评价分析

基于海洋非成岩天然气水合物固态流化开采浆体高效管输技术流程，通过对现有的浆体高效管输温度、压力控制系统进行对比研究(表 2-5)，可以看出：

表 2-5 现有国内外部分管输温压控制技术对比分析表

序号	管输温压控制设备或方法	工作原理	特点	文献
1	减压孔板	当流体经过减压孔板时由于局部阻力损失，在减压孔板处产生水头压力降，且下游的压力随上游压力和流量的变化而变化	不够稳定，容易堵塞，不适用固相含量高的管输过程	[213-217]
2	减压阀	依靠阀内的流道对流体的局部阻力降低流体压力，依靠控制系统与调节系统，使压力的波动与弹簧力相平衡，从而压力在一定的误差范围内可以保持恒定	工作可靠、维修量小，减压范围较大，可用于较高温度和压力的管输过程	[218-223]
3	节流阀	节流阀通过改变节流截面或节流长度以控制流体流量，使整个系统保持一个理想的压力平衡关系	只适用于执行元件负载变化很小且速度稳定性要求不高的工况	[224,225]
4	蒸汽伴随管道加热法	蒸汽内伴随管道加热法是把蒸汽管安装在管路内部	热能利用率高、加热所需的时间短；蒸汽管的温度较高，应力补偿不易处理；蒸汽管发生漏损时不易发现和维修；蒸汽管安装在管路内部增大了流体的水力摩阻	[226,227]
		蒸汽外伴随管道加热法是用保温材料把一根或数根蒸汽管和管路包扎在一起，或把蒸汽管和管路并排敷设	外伴热加热效率低，但施工与维修比较方便，使用较为广泛	
5	管道电加热法	直接加热法是对管道直接通电使管道自体发热而加热管内流体	比较简单，但管道应包以良好的电绝缘材料，以减少电流损失和保障安全	[228-231]
		电伴热法中，电流由一根线芯经过导电的材料到另一线芯而形成回路，电能使导电材料升温，电阻随即增大，当芯带温度升至某值之后，电阻增大到几乎阻断电流的程度，温度不再升高，同时电伴热带向温度较低的被加热体系传热	功率主要受控于传热过程，随被加热体系的温度自动调节输出功率，而传统的恒功率加热器却无此功能	
		感应加热是把线圈和管道用保温材料包扎在一起，线圈通交流电后产生交变磁场，管道在交变磁场中诱发产生感应电流而升温，使管内流体被加热	加热效率高、加热速度快、容易实现自动控制、可以局部加热	
6	水浴加热法	通过加热大容器里的水把热量传递(热传递)到需要加热的容器里，达到加热的目的	主要用于稳定性要求高、室温至100℃范围内加热的工况，不适用本实验过程中长度达 30m 的管道高效加热	[232,233]

拟实现功能：
①能够配合水合物浆体高效管输的多次循环(每次模拟水合物浆体向上管输的高度)，实施多次调压(海底高压逐级降至海面低压条件)、多次换热升温(海底低温逐级升至海面常温环境)；
②压力控制系统达到 0~16MPa，工作温度为-10~60℃；压力调节从高到低，每循环 30m 调节一次模拟上升 30m 高度的压力降；保证循环系统的物质平衡且不改变多相流动中的各相比例关系；
③垂直管道下降段为加热管道，加热长度 30m，根据实验条件调节对应的加热功率；温度调节从低到高，每循环 30m 调节一次模拟上升 30m 高度的海洋环境温度升高。

(1) 现有管输压力调控设备无法满足海洋非成岩天然气水合物固态流化开采浆体高效管输实验模拟，需要建立具有针对性的调压系统。固态流化开采模拟实验多相管流中的固相含量较高，对减压孔板、减压阀、节流阀等磨损较为严重；水合物、泥砂固相颗粒通过减压孔板、减压阀、节流阀等调压装置时，阀门会对固相的通过产生阻碍作用，必然会引起循环管流中的相含量分布变化，进而使实验数据存在较大误差，因此对于循环管线的“多次调压”，常规阀门调压方法均无法实现。此外，对于密闭循环管输系统，可以采用排出部分流体的方法达到降低系统压力的目的，然而此方法在水合物-泥砂-海水-天然气多相流动过程中无法保证排出流体的均匀性，进而会对实验数据采集的准确度造成较大影响。因此，有必要设计一种新的调压系统。

(2) 需要优选现有管输温度调控方法，以满足海洋非成岩天然气水合物固态流化开采浆体高效管输实验模拟要求。管道加热法中的电伴热法原理简单，有较为成熟的产品，可以满足实验所需的加热功率及多次换热升温需求。

2.6.4　压力及温度调控实验方法及技术

1. 浆体高效管输压力控制系统模拟实验技术[234]

实验设备须可动态调节管流压力(由高至低)，能够配合水合物浆体高效管输的多次循环(每次模拟水合物浆体向上管输的高度 30m)，自动实施多次动态调压，自 1500m 水深海底的高压 16MPa 逐级(每次调节约 0.32MPa)降至海面低压 0.1MPa，要保证循环系统的物质平衡且不改变多相流动中的各相比例关系。

实验设备主要由调压容器、背压式调节阀、气体增压泵、空气压缩机(共用)、截止阀组成。

1) 压力控制系统技术参数

额定压力 16MPa，额定温度-10~60℃，调压器工作腔容积 1150L，工作介质为海水、甲烷。

2) 调压器腔体容积确定依据

为安全及实验效果考虑，调压器的体积不宜过大，同时根据实验调压需求，其容积选择约 1000L。根据设计标准及相关准则要求，高压调压器腔体尺寸为：罐体内腔直径 1300mm，罐体总容积 1150L。

3) 调压器结构设计

调压器外形结构如图 2-50 所示。调压器是本实验装置的主要设备，严格遵循《固定式压力容器安全技术监察规程》(TSG21—2016) 和《压力容器》(GB150—2011) 进行设计、选材、制造、检验和验收，承压安全可靠，设计使用年限 30 年。该调压器属于锻焊结构的立式容器，底部支撑为支座，上下球形封头、釜体均采用 Q345R 钢板制成。上下两端封闭，上下球形封头与釜体相焊，上端球封头开设手孔，方便工人焊接及对焊缝拍片检测。

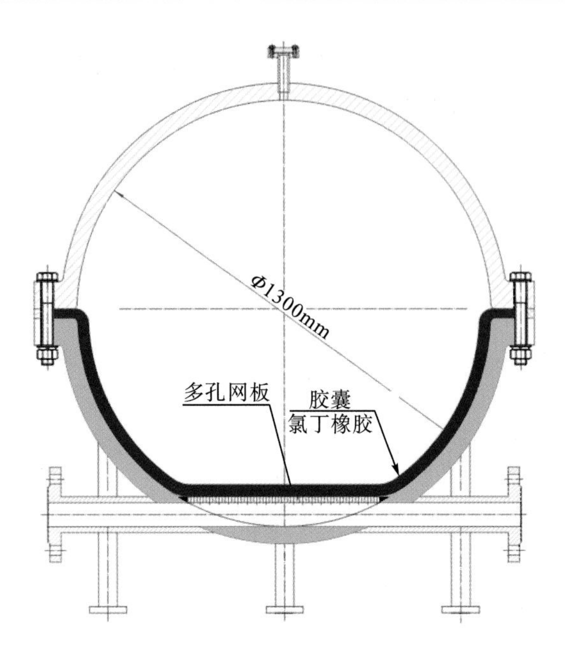

图 2-50　调压器外形结构示意图

调压器内部压力调节通过连接在调压器上面的背压式调节阀逐级进行压力调节，实现 16~0.1MPa 压力自动调节，其组成如图 2-51 所示。

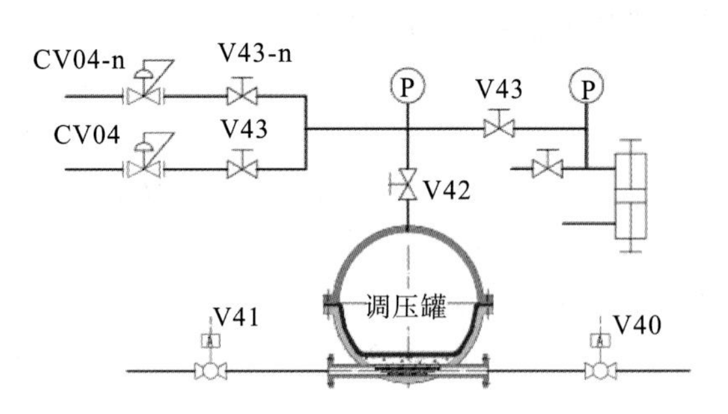

图 2-51　背压式调节阀组成图

2. 浆体高效管输温度控制系统模拟实验技术

根据实验系统方案需求及加热方式调研分析，选用加热套加热的形式模拟海底温度环境，加热套内部编制有电热丝，中间保温层由不同密度的单层或多层环保型保温隔热材料组合而成(不含石棉材料)，外部具备保护层，这种内外结构既能够实现加热，也可以实现保温[235,236]。

图 2-52 所示为管道加热套实物图样，选用 2m 长管道加热套 15 节，满足实验所需加热套长度 30m，单节最大加热功率 4kW，额定温度 60℃，加热方式为电加热，加热管道为不锈钢管，内径 76.2mm。

温度能够由低至高动态调节，配合水合物浆体高效管输的多次循环(每次模拟水合物浆体向上管输的高度 30m)，自动实施多次动态调温以模拟海洋温度升高的环境，自 1500m

水深海底 2℃左右(每次调节约 0.8℃)升高至 40℃。最终，形成了海洋非成岩天然气水合物浆体高效管输温度、压力控制系统模拟实验技术。

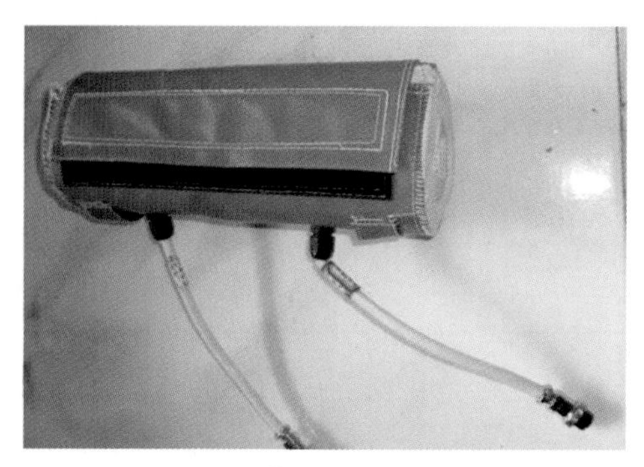

图 2-52　管道加热套实物图

2.7　动态图像捕捉、数据采集及安全控制模拟实验技术

动态图像捕捉、数据采集及安全控制模拟实验技术是为了实现海洋非成岩天然气水合物固态流化开采全过程物理模拟的图像采集、数据记录及自动化安全控制，关键技术如下：

(1) 能够针对大样品快速制备模拟技术、水合物破碎与浆体保真运移模拟技术、浆体高效管输特性与分离模拟技术等，实现动态图像的自动采集与存储，能够在不同模拟环境下得到实验模拟所需的精确数据。

(2) 在线取样分析仪可用于水合物浆体循环管输模拟过程中的在线定量取样分析和计量，通过取样分析循环过程中的浆体，分析计量浆体的瞬时相含量比例。

(3) 模拟实验技术中的多个粒度仪、流量计、温度传感器、压力传感器、电动阀等产生的信号数据能在监控中心通过软件被实时监测、采集、处理和存储，并能够通过界面显示和导出结果数据、曲线等，实现各模拟技术中的温度、压力、流量、粒度等实验数据的自动采集与记录。

(4) 通过软件界面操作，能够自动化操作、控制整个模拟过程，可一键启停实验系统。

(5) 实验模拟管道中安装有安全阀，以确保整个循环管道模拟的安全，如遇紧急情况，安全阀自动打开。

2.8　固态流化开采模拟实验方法及技术

综合以上分析，发明了海洋非成岩天然气水合物固态流化开采模拟实验关键方法及技术[237-240]，包括天然气水合物大样品快速制备与破碎模拟实验方法及技术、天然气水合物浆体保真运移方法及技术、天然气水合物浆体高效管输模拟实验方法及技术、浆体高效管输循环泵模拟实验方法及技术、浆体高效管输温度压力控制系统模拟实验方法及技术和动态图像捕捉、数据采集及安全控制模拟实验方法及技术。海洋非成岩天然气水合物固态流化开采模拟实验系统设计方案如图 2-53 所示。

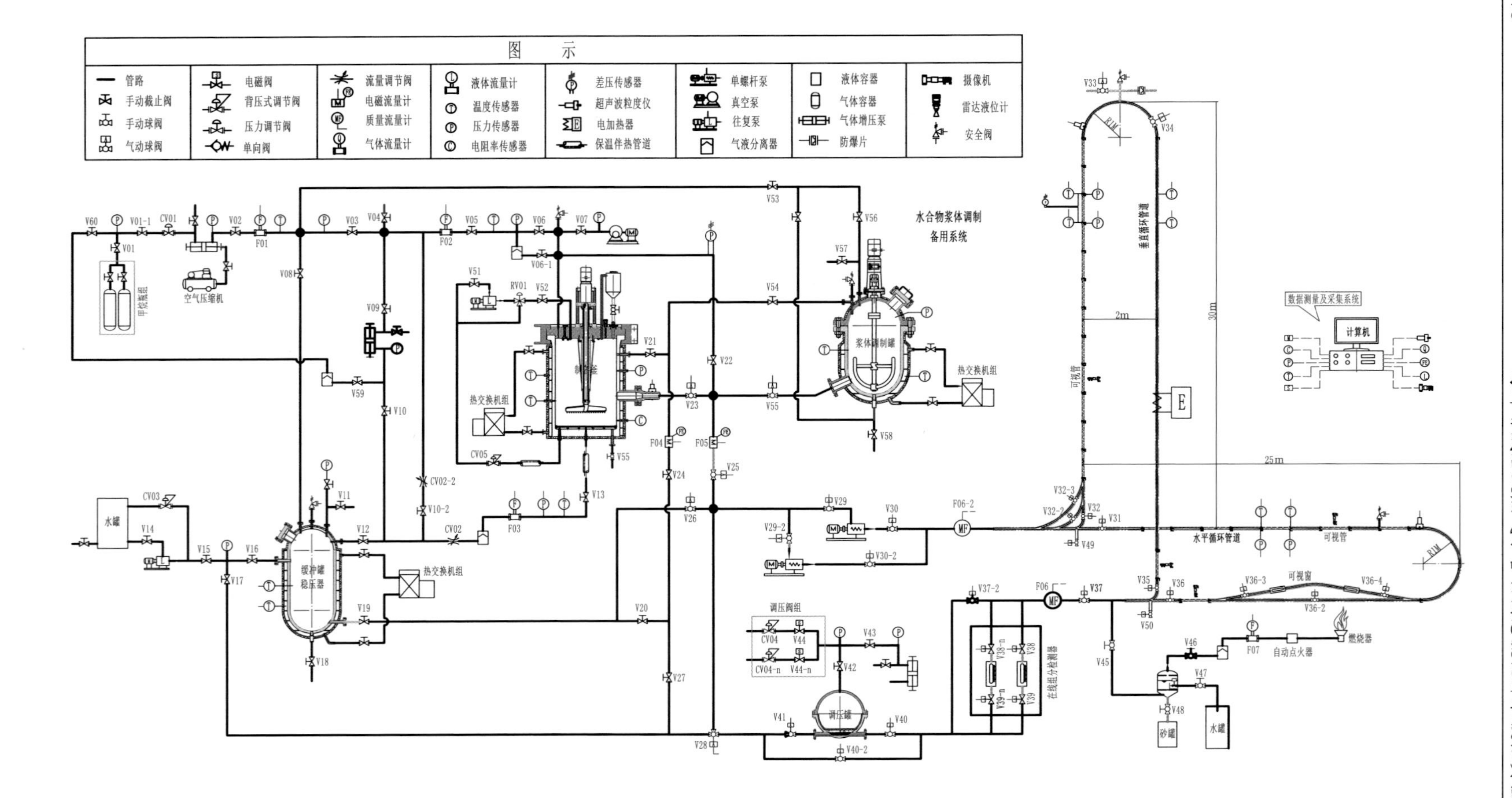

图 2-53　海洋非成岩天然气水合物固态流化开采模拟实验系统设计方案

第 3 章　固态流化开采大型物理模拟实验系统

西南石油大学牵头历经近 5 年攻关，发明和研制成功具有完全自主知识产权的海洋非成岩天然气水合物固态流化开采大型物理模拟实验系统，全过程模拟固态流化开采工艺流程，并建成全球首个海洋非成岩天然气水合物开采实验室。该系统由水合物样品快速制备、破碎及浆体调制模块，水合物浆体高效管输与分离模块，实时图像捕捉、数据采集及安全控制自动化模块共 3 大模块以及 12 个子系统构成，子系统包括：水合物样品制备子系统、水合物大样品破碎子系统、水合物浆体调制子系统、螺杆泵输送子系统、垂直管输子系统、水平管输子系统、多级降压子系统、多级升温子系统、在线自动保温保压取样分析子系统、三相分离子系统、数据采集与监测子系统和数据测试、分析处理、存储及控制子系统[241-243]。

3.1　固态流化开采大型物理模拟实验系统总体设计

3.1.1　设计方案

1. 设计思路

(1) 能够通过多次循环、多次调压、逐点加密、多次换热升温并综合每组实验数据完成全过程管流模拟。在满足井控安全的前提下尽量放大实验流动参数以模拟工业化生产安全高效输送。

(2) 能够根据海洋水合物的组分条件预制水合物样品。破碎样品时加入预先配制的海水和泥砂，形成水合物浆体。

(3) 能够将浆体转移至管路循环系统，模拟实际开采过程中水合物浆体气、液、固多相管道输送流动状况。

(4) 能够分别利用水平段、垂直段管道独立完成实验。水平管段着力解决固相运移问题，垂直管段着力开展水合物相变条件下的多相流动特征参数预测、测量、调控及压力演变规律研究。

(5) 分离系统能够对管输实验结束后的水合物分解产物进行处理和计量。

(6) 实现多相输送过程中的运行控制和测试数据及图像的采集并进行实时监控、分析、处理、显示和存储。

(7) 通过实验室研究，形成、完善和丰富固态流化采掘模式下的多相流理论模型。

2. 功能设计

(1) 天然气水合物样品快速制备与浆体精确调制。

(2) 天然气水合物浆体气、液、固多相流动大尺度物理模拟。

(3) 天然气水合物浆体管输分解规律研究。

(4) 天然气水合物固相运移优化。

(5) 非平衡管流流态变化模拟。

(6) 不同机械开采速率条件下水合物安全高效输送。

(7) 实验完成后水合物浆体气、液、固三相自动分离和计量。

(8) 天然气水合物浆体制备、管输、分离全过程保温保压自动分析与各实验系统自动控制。

3. 主要技术指标和技术要求

(1) 整个实验系统基本工作压力不高于16MPa，即模拟1500m水深工况。实验系统温度调节范围覆盖从海底到海面1500m水深的温度变化，海底最低温度0℃，海面最高环境温度40℃。

(2) 制备釜为圆柱体，设计容积1062L、设计压力16MPa、设计温度-10~5℃。上盖可以快速开启，制备釜中有搅拌装置并装有防爆变频无级调速电机且具有水合物破碎功能，转速调节范围0~500r/min。

(3) 循环管路管径76.2mm、水平管线长56m、垂直管线高30m，垂直上升管线可视、水平管线部分可视。

(4) 实验制备的海洋天然气水合物浆体固相体积分数 0~30%(包括固相砂和固相水合物，比例可调节)、液相含量70%~100%。浆体平均流速不超过5.26m/s。实验制备的海洋天然气水合物破碎后的固相颗粒粒径不超过10mm。

(5) 根据水合物浆体循环实验要求，循环管路中水合物体积不超过0.15m^3。海洋天然气水合物浆体量不低于实验循环管路体积的2倍，海水体积不少于2m^3。

(6) 固相粒度、流场图像、流量、温度、压力等信号可通过软件进行实时监测、采集、处理和储存并通过界面显示和导出结果数据、曲线等。

根据实验方案技术要求，研究技术路线如图3-1所示。

3.1.2 方案实施成效

海洋非成岩天然气水合物固态流化开采大型物理模拟实验系统是西南石油大学联合中国海洋石油集团有限公司、四川宏华石油设备有限公司、北京永瑞达科技有限公司原始创新、自主设计、自主研发、自主建设的标志性实验系统(图3-2)。

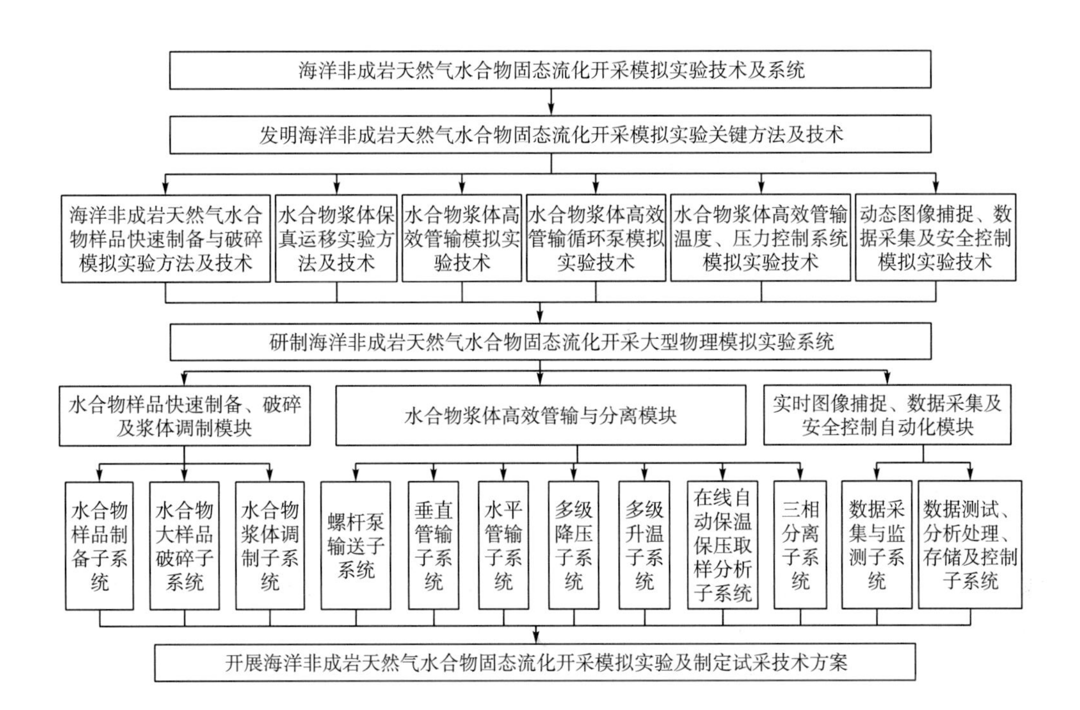

图 3-1　技术路线

图 3-2　全球首个海洋非成岩天然气水合物固态流化开采大型物理模拟实验系统

3.2　水合物大样品快速制备、破碎及浆体调制模块

为大量快速制备天然气水合物样品以满足固态流化开采采掘、管输及分离实验的需要，为固态流化开采整体物理模拟实验提供足够水合物样品，实验室研制了用于不同温度、不同压力条件下的天然气水合物样品快速制备、破碎及浆体调制实验模块，工艺流程和装置结构分别如图 3-3、图 3-4 所示。该模块设计压力 16MPa，设计温度-10~5℃，釜体尺寸 Φ950mm×1500mm(高)，腔体总容积 1062L，工作介质为石英砂、海水、甲烷、化学试剂等。该模块主要用于模拟 1500m 水深，不同温度、不同压力条件下海洋天然气水合物沉积物的生成过程。该模块通过鼓泡、喷淋、搅拌等方法快速制备天然气水合物，按照实验需求破碎并输出实验所需固相粒径及固相含量的含水合物混合浆体，以满足固态流化开采管输及分离实验的需要。

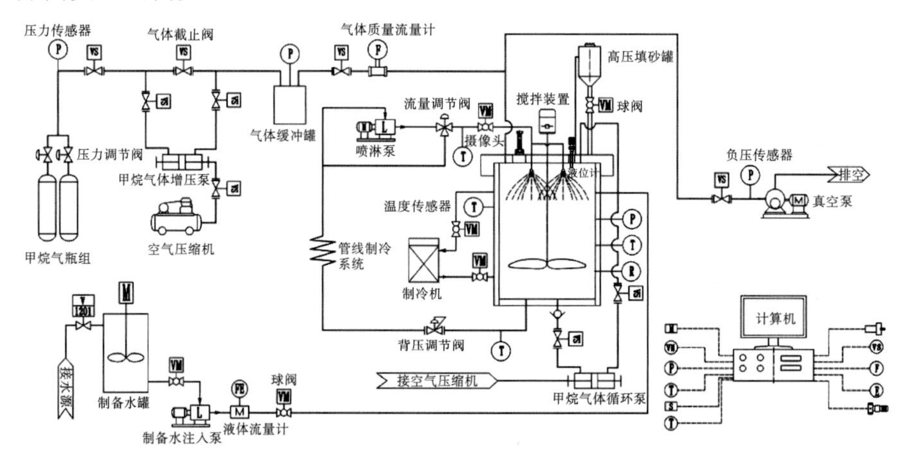

图 3-3　水合物样品快速制备、破碎及浆体调制模块工艺流程图

图 3-4　水合物制备、破碎及浆体调制模块

水合物样品快速制备、破碎及浆体调制模块由制备系统、破碎系统及浆体调制系统组成，具备以下功能[244-246]：

(1) 模拟最大水深 1500m、压力 0~16MPa、温度 2~5℃条件下海洋非成岩天然气水合物生成过程，可以运用“三位一体”方法或单一方法快速制备海洋非成岩天然气水合物样品。

(2) 制备釜中形成水合物矿体后，可以启动原位破碎系统对多种开采工艺、多种破碎工具的工作效率进行评价。

(3) 浆体调制系统可以在保温保压条件下定量精确配制不同固相含量的水合物浆体供多相管输实验使用。

(4) 水合物浆体能够保温、保压、保粒度运移至水合物浆体高效管输与分离模块。

3.2.1　水合物样品制备子系统

水合物样品制备子系统突破水合物样品快速原位制备瓶颈，采用“三位一体”方法模拟海洋非成岩天然气水合物生成过程，通过搅拌、鼓泡以及喷淋等方式增大气体与液体接触面积，从而加快气液物理化学反应速率，促进 1062L 天然气水合物样品的制备，制备时间小于 20h。该系统由制备釜、注气及气体循环设备、注液及液体循环设备、稳压缓冲设备和管路附件等组成[247]。

1. 制备釜

制备釜是实验系统的核心设备，其主要功能是制备水合物及调制水合物浆体并为制备的水合物及水合物浆体提供存储空间，如图 3-5 所示。釜内温度和压力分别由制冷压缩机组和气体增压泵控制。制备釜设置三种水合物快速合成装置：搅拌装置、喷淋装置和鼓泡装置。

图 3-5　制备釜

釜体中间架设搅拌装置，其搅拌破碎桨采用液压推进桨叶形式，在桨叶下方安装有破碎牙锥，釜顶架设喷淋装置，釜底安装鼓泡装置；釜内装有压力传感器、温度传感器、液位指示器及电阻率探针；制备釜外围安装有夹套换热器，换热器内部设有导流槽，由制冷压缩机组对制备釜内的温度进行调节控制；釜体设有电阻率测量点、压力测量点、温度测量点、液位测量点及流体流量测量点等，通过与计算机连接实现数据监测与采集；喷淋装置包括喷雾口、釜底出液口、喷淋管线和液体循环泵；鼓泡装置包括釜盖出气孔、釜底鼓泡器、鼓泡管线和气体循环泵。

搅拌装置、喷淋装置和鼓泡装置为搅拌法、喷淋法和鼓泡法制备天然气水合物的重要设备。利用搅拌法进行水合物制备时，搅拌破碎桨在设定的搅拌转速下转动，提高天然气在液相中的溶解度；利用喷淋法制备水合物时，制备水由液体循环泵从釜底抽出，经稳压溢流阀，通过喷淋管线中的液体循环泵加压后从喷雾口重新注入制备釜，增加了气液两相接触面积；利用鼓泡法进行水合物制备时，制备釜中的天然气被气体循环泵从顶部抽出，经过鼓泡管线和制备釜下部鼓泡器多孔板重新进入制备釜内部，增加气液两相接触面积。当搅拌装置、喷淋装置和鼓泡装置同时开启，采用以上三种方法“三位一体”制备天然气水合物能够加快物理化学反应速率，显著提高制备效率。

2. 注气设备

注气设备为制备釜中的水合物制备提供甲烷气源，主要包括安装在主注气管路上的气体增压泵(图 3-6)、甲烷气瓶(图 3-7)、压力传感器、调节阀、气体流量计。气体增压泵为制备釜注气及增压，压力传感器监测管路进气压力，气体流量计监测甲烷气体流量。

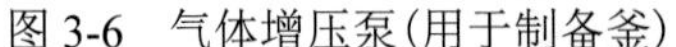

图 3-6　气体增压泵(用于制备釜)

图 3-7　甲烷气瓶

气体增压泵以压缩空气作为动力源，被增压介质为空气或高纯气体，输出压力可达80MPa，适用于高压力、小流量的工况，如气密性测试、高压制备釜充气等。从结构上看，气体增压泵分为单缸和双缸，双缸气体增压泵能连续产生增压气体，出口气体流量较为稳定。从工作原理上看，气体增压泵分为单级增压和双级增压。双级增压对气体进行两次增压，具有增压比大、增压比范围可调等优点。因此，实验系统选用 GBS-STD25-2 型双缸双级增压气体增压泵。

气体流量计采用 DTFX1020 型高压质量流量计，最低可测流量 0.014~0.7mL/min，最高可测流量 8~1670L/min，测量介质为甲烷。

3. 气体循环设备

气体循环设备为鼓泡法制备天然气水合物提供循环气体，主要包括气体循环泵(图 3-8)和鼓泡管线。气体循环过程中，气体循环泵将制备釜上部空间气体经过鼓泡管线抽出，注入到釜底鼓泡器中，使气体重新回到制备釜并以气泡的形式分散到液体中，实现实验气体主回路循环。为实现进气流量的调节，鼓泡管线还设置了气体循环旁路，经压缩的气体一部分直接进入制备釜内，另一部分通过旁路调节阀、流量计直接回到气体循环泵实现实验气体的循环，设计最大流量 6.67L/min，循环介质为甲烷。

图 3-8　气体循环泵

4. 注液设备

注液设备为制备釜中天然气水合物的制备提供水源，主要包括清水罐(图 3-9)、液体注入泵(图 3-10)、注液管路。

图 3-9　清水罐

图 3-10　液体注入泵

液体注入泵属于柱塞泵，借助工作腔内容积的周期性变化达到输送液体的目的。在结构上，液体注入泵的工作腔是借助吸入阀、排出阀和密封装置实现与管路的连通或闭合。液体注入泵具有瞬时流量脉动性和平均流量恒定性的特征。其中，瞬时流量脉动性是由柱塞泵上、下冲程的交替进行导致；平均流量恒定性主要取决于泵的冲次与冲程，与泵出口压力以及输送介质的温度、黏度等物理、化学性质无关。实验系统采用的液体循环泵主要技术参数如下：额定流量 0.5L/s、额定压力 16MPa、额定功率 11kW。

5. 液体循环设备

液体循环设备为喷淋法制备天然气水合物提供循环液体，主要包括液体循环泵(图 3-11)和喷淋管线。液体循环过程中，液体循环泵将制备釜内液体从下部管路经流量调节阀抽出加压，通过釜体顶部喷雾口以雾滴的形式注入制备釜。为实现喷淋液体的流量调节，在主回路循环的基础上并联旁路循环回路，液体一部分以雾滴形式直接注入釜体，另一部分通过流量计、单向阀再次进入液体循环泵，实现液体循环。

图 3-11　液体循环泵

6. 稳压缓冲设备

稳压缓冲设备用于调节实验系统压力并抑制高压甲烷气体注入制备釜过程中产生的脉动压力，同时为制备釜提供温度相同的调制海水。稳压缓冲设备主要由稳压缓冲罐(图 3-12)、真空泵(图 3-13)、制冷压缩机组(图 3-14)、调压阀、雷达液位计等组成。

图 3-12　稳压缓冲罐

图 3-13　真空泵

图 3-14　制冷压缩机组

(1)稳压缓冲罐罐体上部球面开有检查孔、进气孔、出气孔、安全阀连接孔和压力传感器连接孔。检查孔用于罐体内部检修作业，进气孔和出气孔用于保障罐内气体顺利进出，进出水孔和传感器孔分别用于保障高压海水顺利进出和以测量罐体内部温度、压力；安全阀连接孔外接安全阀门防止罐体内部压力过高造成超压风险，罐体下部球体开有海水输出孔和排水口。其中，海水输出孔用于保障高压海水顺利输出，排水口用于紧急排放海水及实验结束排放废水。罐体壁面焊接有水冷夹套，配合制冷压缩机组实现制冷功能。夹套为螺旋上升结构，上下两个端口安装有温度传感器，制冷液从下口进上口出。罐体整体用保温套包裹以减少罐体与外部环境的热交换。稳压缓冲罐主要技术参数如下：最大设计压力 16MPa、设计温度-10~60℃、设计尺寸 Φ850mm×2050mm(高)、腔体总容积 1002.5L、温度控制精度 0.5℃。稳压缓冲罐上部空间充注气体，一侧通过截止阀与气瓶相连，另一侧通过截止阀与注气管路相连，同时通过截止阀、压力传感器与真空泵连接，实现对整个回路抽真空操作。稳压缓冲罐下部注水，一侧通过截止阀、压力传感器与清水罐和进液管路相连，另一侧连接排水阀，同时稳压缓冲罐上安装温度传感器、压力传感器、雷达液位计及安全阀，缓冲罐外围安装有夹套换热器，换热器内部设有导流槽，由制冷压缩机组通过进水阀门和出水阀门对罐内的温度进行调节控制，稳压缓冲罐温度控制精度 0.5℃。

(2)真空泵是在某一封闭空间中产生和维持真空环境的装置。常用的真空泵有往复真空泵、旋片真空泵、隔膜真空泵、分子真空泵等。实验系统选用新型组合式分子真空泵，能产生 0.096MPa 的真空度，其功能特点如下：①前级泵与分子泵合为一体；②前级泵采用干式运行的隔膜泵，具备易维护、体积小、重量轻的特点；③自动测量前级泵产生的真空压力并自动启动分子泵，不需要附加装置和人为控制，前级泵与分子泵的配合完全自动化；④当达到一定的真空压力后，可选择自动关闭前级泵以节省电源增加设备的使用寿命；

⑤采用空气冷却；⑥操作简单，只需一个总开关便可控制分子真空泵组。

(3)制冷压缩机组是稳压缓冲罐制冷的核心设备，该机组将电能转换为机械能，把低温低压换热介质压缩为高温高压气体从而保障制冷的循环运行。该子系统选用ACL-20WD型17.3kW四缸半封闭式定排量压缩机。

7. 管路附件

管路附件主要由注气管路、注液管路和稳压管路组成。注气管路用于将制备釜中未反应的气体从制备釜上部的气体出口抽出并循环泵入制备釜底部循环回路，该管路由气瓶的出口通过管路与制备釜底部的气体入口连通。气体旁路调节循环回路用于保护气体循环泵。注液管路用于连通清水罐与制备釜，由液体循环泵将清水罐的水输送至制备釜内。稳压管路由液相管路和气相管路两部分构成，其中液相管路由清水罐、液体循环泵、稳压缓冲罐底部液相入口、液相出口、排水阀依次连接构成；气相管路由气瓶出口、稳压缓冲罐上部气相入口、稳压缓冲罐气相出口、制备釜底部气体入口依次连接构成。

3.2.2　水合物大样品破碎子系统

水合物大样品破碎子系统通过可上下移动和旋转的破碎工具对天然气水合物样品进行破碎，模拟1500m水深条件下水合物的原位破碎过程，同时实现参数采集及实验流程的全自动化控制[248-250]。该子系统具有对大尺寸天然气水合物样品的自动化破碎功能且可对破碎过程中的钻压、扭矩、釜内压力及温度等参数进行实时监测、采集及存储，为后续大尺度天然气水合物样品破碎机理、破岩效率、钻进参数优化及破碎刀具破岩能力评价等方面的研究提供可靠支撑。

天然气水合物大样品破碎子系统由破碎搅拌执行机构和破碎搅拌控制机构两部分组成。其中，破碎搅拌执行机构包括：滑轨、液压油缸、液压伸缩杆、筒体、连接块、电动机固定架、电动机、减速器(图3-15)、联轴器、轴向支撑架、轴承压板、止推轴承、动力短轴、万向节、扭拉压变送器上连接法兰、扭拉压变送器、扭拉压变送器下连接法兰、破碎轴扶正器、动密封压板、动密封件组合、制备釜密封圆盘、密封圈、破碎轴、制备釜、破碎刀具锁销、破碎刀具、液压进油管及出油管；破碎搅拌控制机构包括：液压站(图3-16)、控制电柜(图3-17)和监控系统。

图3-15　减速器

图3-16　液压站

图3-17　控制电柜

破碎子系统工作过程如下：

1. 钻进过程

首先由实验操作人员设定转速值和钻压值，然后实验操作人员发出破碎指令，控制电柜分别把指令传递给电动机和液压站，液压油通过液压进油管进入液压油缸并经液压出油管回到液压站内，液压伸缩杆向下运动推动电动机固定架和滑块沿滑轨一起向下运动，电动机与减速机固定在电动机固定架上，电动机与减速机随电动机固定架向下运动，减速机、联轴器、动力短轴一起向下运动，动力短轴通过万向节将钻压、扭矩传递到扭拉压变送器，监测与采集运动过程中的钻压、扭矩变化。扭拉压变送器把钻压、扭矩传递给破碎轴，破碎轴向下运动带动破碎刀具向下运动，破碎轴在移动过程中由破碎轴扶正器进行扶正，确保破碎轴始终在制备釜中心转动。破碎轴转动带动破碎刀具旋转，对大尺度天然气水合物样品进行破碎。随着破碎过程的进行，把监测采集到的扭矩、压力等实时破岩参数通过控制电柜上传至监控系统并进行保存。

2. 钻压调节过程

随着大尺度天然气水合物样品的破碎，施加在样品上的钻压会降低。监控软件将上传数据和设定值进行对比，若发现钻压降低，则自动给控制电柜下达加快液压油缸行进速度的指令。液压站收到该指令后加大液压进油管及液压出油管的进、出油流速，从而加快液压伸缩杆的行进速度。监控软件依据反馈的数据进行对比分析，重复钻压调节过程，直至钻压达到设定值。

3. 起钻过程

监控系统根据位移信息判定是否已到最终行程，若判定已到最终行程，则监控系统给出提示信号提示钻进过程完成，实验操作人员根据实验需求给出下一步指令。该过程由实验操作人员给监控软件发出起钻指令，监控软件通过控制电柜把起钻信号传递给液压站，液压站中的液压油从出油管流入、进油管流出，从而使液压伸缩杆向上运动，液压伸缩杆向上推动电动机固定架向上运动，电动机与减速机随电动机固定架向上运动，减速机和联轴器连接在一起，使联轴器向上运动并带动动力短轴向上运动，动力短轴通过万向节上锁销把拉力传递给万向节，通过万向节下锁销传递到扭拉压变送器，由扭拉压变送器监测与采集转动过程中拉力变化，拉力经扭拉压变送器下连接法兰传递给破碎轴，破碎轴向上运动带动破碎刀具向上运动，从而实现起钻过程。

4. 其他参数监测与采集

在钻进过程、钻压调节过程及起钻过程中，除了对钻压、扭矩及拉力等参数的监测与采集外，制备釜内的压力值及温度值分别通过压力传感器及温度传感器进行采集，压力传感器及温度传感器采集的数据上传至控制电柜并由控制电柜把数据上传至监控系统，最终监控系统对数据进行分析、处理及存储。实验操作人员可在监控系统上实时观察制备釜内的压力及温度数据。

3.2.3 水合物浆体调制子系统

水合物浆体调制子系统可实现非成岩天然气水合物浆体精确调制功能，为管输分解和多相分离实验提供可靠样品。该子系统突破浆体调制技术瓶颈，定量混合海水及泥砂，精确调制水合物浆体，主要由液体注入泵、气体注入泵、制备釜、搅拌破碎装置(图 3-18)、自动加砂装置(图 3-19)、测量及控制装置组成。液体注入泵将稳压缓冲罐中降温形成的冷海水通过注液管路泵入制备釜，气体注入泵为制备釜提供实验所需的气体压力，搅拌破碎装置通过搅拌天然气水合物样品使制备釜中的各相物料均匀混合。自动加砂装置用于存储实验用砂并实现实验全过程填砂、混砂。该套子系统可实现在高压环境下向水合物制备釜内添加海水和砂的自动化操作，解决高压条件下安全加料问题并利用流量计实现对加料量和加料时机的精准控制。

图 3-18 搅拌破碎装置

图 3-19 自动加砂装置

该子系统各装置工作流程如下[251,252]：

(1) 冷海水注入装置：开启注液管路阀门，启动液体注入泵，将稳压缓冲罐中的冷海水定量注入制备釜内，关闭液体注入泵和注液管路阀门停止注水。

(2) 搅拌调制装置：操作人员通过监控系统下达启动旋转电机和上下运动破碎机构油缸的指令，该指令通过旋转电机连接线和控制柜与液压站连接线分别传输给旋转电机和液压站，旋转电机启动并带动搅拌破碎刀具旋转搅拌海水。同时，液压站通过破碎机构油缸出油管和破碎机构油缸进油管切换进入破碎机构油缸内油的流向实现破碎机构油缸的上下运动，进而带动旋转电机的上下运动。

(3) 自动加砂装置：开启连通软管电动阀，使制备釜和填砂罐内的压力达到平衡，开启加砂软管电动阀，砂粒经加砂软管进入制备釜。监控系统实时监测加砂量，当加砂量达到实验所需量，下达关闭连通软管电动阀和加砂软管电动阀的指令，连通软管电动阀和加砂软管电动阀关闭，水合物制备过程加砂操作完成。

(4) 测量及控制装置：水合物制备过程中，气体进出口和海水进出口分别设置有气体流量计和液体流量计用于对气体和海水的流量进行计量，并将测量数据远程传输至存储器。气体与液体在水合物制备过程中是各自独立的循环过程，气体消耗量是通过总进气量、总出气量以及釜内残余气体量进行物质平衡计算得到。通过背压式调节阀等辅助设备限制制备釜内压力。

3.3　水合物浆体高效管输与分离模块

水合物浆体高效管输与分离模块用于模拟海洋非成岩天然气水合物采掘破碎后产生的含气、液、固水合物浆体由海底输送至海面的过程，为天然气水合物相变条件下多相流动特征的参数预测与测量、管输压力演变规律研究、高效携岩能力评价、不同机械开采速率条件下水合物输送模拟、井控安全规律研究等提供实验依据。本模块工艺流程如图 3-20 所示，包括螺杆泵输送子系统、垂直管输子系统、水平管输子系统、多级降压子系统、多级升温子系统、在线自动保温保压取样分析子系统、三相分离子系统。

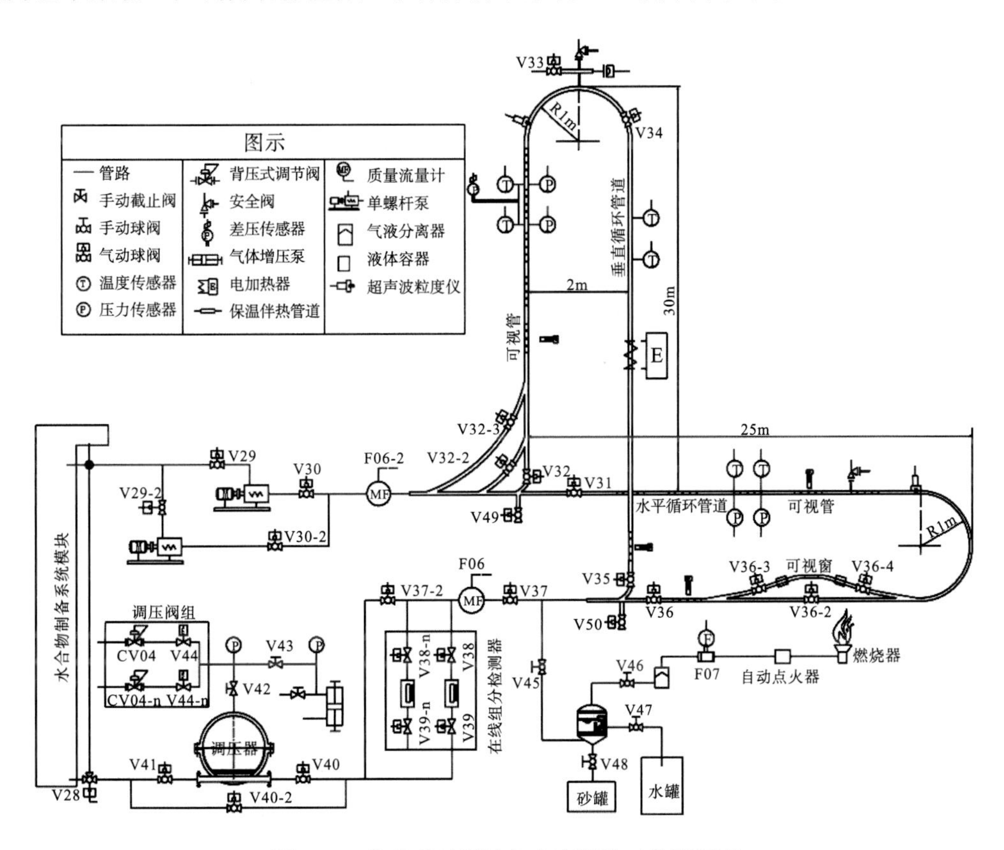

图 3-20　浆体高效管输与分离模块工艺流程图

3.3.1　螺杆泵输送子系统

由于管输过程中的流体介质含砂量高，会对实验管道和设备造成一定的冲蚀，因而本实验对流体流速控制和实验设备耐冲蚀性提出了较高要求。针对泵送浆体中砂粒粒径3~10mm的石英砂含量最大为30%及液体调制海水的特性和气、液、固共存的多相水合物浆体的垂直和水平管道流动的多相流动难题，该子系统突破混输泵高滑脱、高固相、高入口压力技术瓶颈，采用螺杆泵降低滑脱，高偏心定子和转子实现大粒径高固相输送，机械与旋转密封提高入口压力，研制了满足1500m水深要求的无级变速高入口压力单螺杆泵装置(图3-21)。该螺杆泵属于转子式容积泵，依靠螺杆与衬套相互啮合，在吸入腔和排出腔产生容积变化来输送液体。该泵主要工作部件由具有双头螺旋空腔的定子和在定子腔内与其啮合的转子组成。当泵轴通过万向节驱动转子绕定子中心作行星回转时，定子-转子形成密封腔，密封腔以定容积形式作匀速轴向运动，把输送介质从输入端经定子-转子输送至输出端。

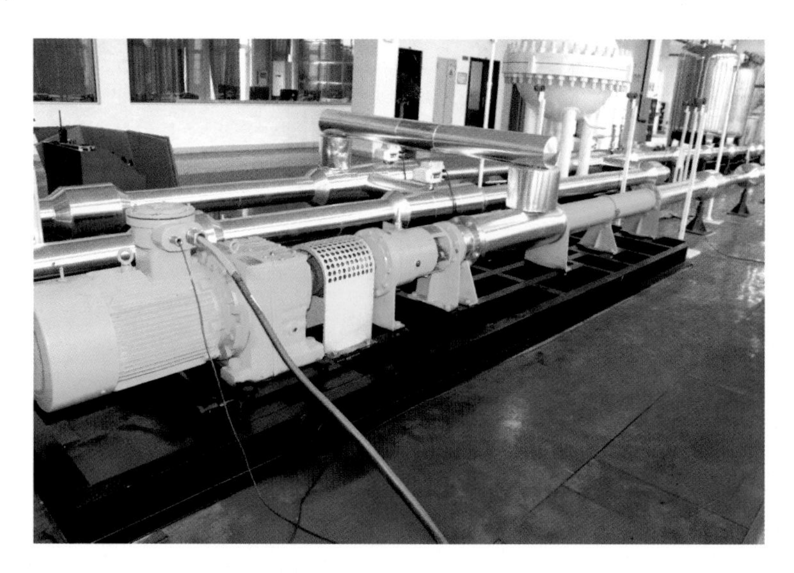

图3-21　螺杆泵输送子系统

单螺杆泵相比柱塞泵、叶片泵、齿轮泵具有下列优点：①能输送高压多相介质，解决平衡填料密封高压差失效泄漏问题；②能输送高固相含量的介质；③流量均匀、输出压力稳定，在低转速工况下优势尤为明显；④由于转子和定子能分别形成单独的密封腔，被输送介质沿轴向均匀推进流动，内部流速低、容积保持不变、压力稳定，因而水合物浆体经过泵送装置后较少产生涡流和明显搅动，有利于减少管输模拟过程中的流动波动；⑤泵的安装角度可以任意倾斜；⑥适合输送易受离心力破坏的物料；⑦体积小、重量轻、噪声低、结构简单、使用寿命长。

所用螺杆泵排量0~24L/s、设计压力16MPa、固相体积分数不超过30%、进出口管径76.2mm、扬程100m。

3.3.2　垂直、水平管输子系统

垂直、水平管输子系统具备水合物浆体循环功能，用于模拟深海天然气水合物浆体从

海底到地面的管输过程。实验室模拟水合物开采流动过程存在以下难点：①实验室输运管道长度有限，温度和压力难以精确控制；②多相混输介质复杂，高固相含量水合物浆体难以高效输送。

针对以上两个难点，分别研制了垂直管输子系统和水平管输子系统，可通过多次循环、多次降压、多次升温、逐点加密模拟非成岩天然气水合物浆体从海底至海面的管输过程。垂直管输子系统包含 30m 垂直管输模拟实验段，水平管输子系统包含 56m 水平管输模拟实验段。研制设计压力 16MPa、容积 1150L 的专用调压器，可实现管道压力动态调节。研制加热长度 30m、最大加热功率 4kW、最高加热温度 60℃，具有电加热温控功能的多级升温子系统。

1. 垂直管输子系统

垂直管输子系统(图 3-22)包括垂直管路、管道加热器及高压透明可视管，用于垂直管输过程中水合物相变条件下的多相流动特征参数测量及压力演变规律研究并解决不同机械开采速率下水合物浆体高效输送、井控安全等问题[253]。管道加热器通过多次换热升温模拟天然气水合物开采后举升过程中的环境温度变化。

图 3-22　垂直管输子系统

垂直管输子系统作业过程如下：

(1) 流量调节：启动循环泵，在回路系统中循环天然气水合物浆体，通过螺杆泵排量调节垂直管路的浆体流量。

(2) 压力调节：启动调压器进行逐级降压，开展不同压力条件下的水合物浆体管输特性实验。

(3) 温度调节：利用垂直管路上的管道加热器调节垂直管道温度，模拟天然气水合物开采后举升过程中环境温度变化。

(4) 应急处理：垂直管道顶部设置安全阀，作为实验循环管路安全应急防范措施，保障循环管路的实验安全。

2. 水平管输子系统

水平管输子系统(图 3-23)包括水平管路、在线粒度测量仪和高压透明可视管。主要用于模拟非成岩天然气水合物浆体水平管输过程，着力解决水合物浆体固相运移和安全高效输送问题。在线粒度测量仪用于在线监测水平管输段水合物浆体固相粒径大小。根据真实海底表面起伏状态，在水平管输子系统中设计了具有一定倾角的起伏状支路管段(图 3-24)，用于研究起伏管段中的水合物浆体固相运移规律和浆体高效安全输送问题。

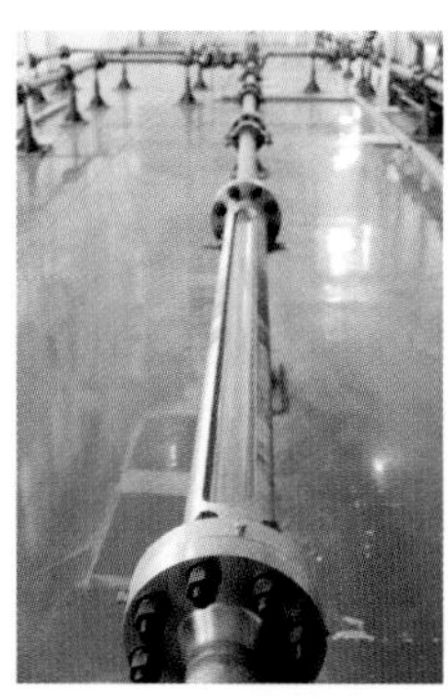
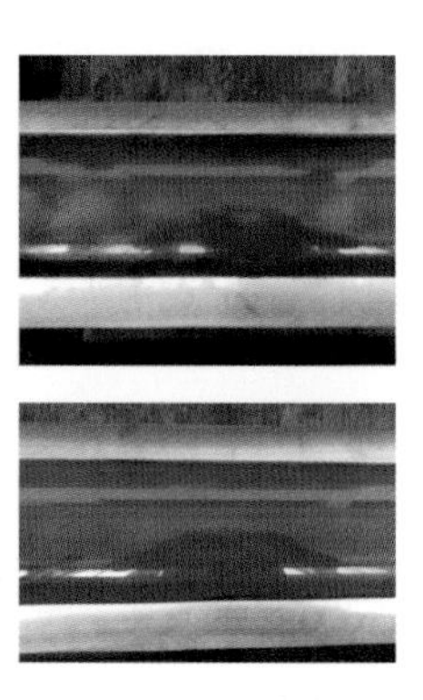

图 3-23　水平管输子系统

图 3-24　起伏状支路管段

水平管输子系统作业过程如下：

(1)流量调节：启动循环泵，在回路系统中循环天然气水合物浆体，通过控制螺杆泵排量调节水平管路的天然气水合物浆体流量。

(2)压力调节：启动调压器进行逐级降压，记录压力数据用于多相流体在水平管内的流动特性研究。

(3)在线粒度监测：利用水平管路上的在线粒度测量仪在线监测天然气水合物颗粒粒径大小，以研究不同粒径水合物颗粒在管输流动过程中的流动及分解特性。

3.3.3　多级降压子系统

多级降压子系统主要由调压器(图 3-25)、空气压缩机(图 3-26)、背压调节阀(图 3-27)、气体增压泵(图 3-28)、截止阀等组成，调压器设计压力 16MPa、工作腔容积 1150L。根据每次循环 30m 水深的气、液、固混相流体压力降低幅值，在 16MPa 至 0.1MPa 范围内动态调节管道压力。

图 3-25　调压器

图 3-26　空气压缩机

图 3-27　背压调节阀

图 3-28　气体增压泵(用于调压器)

1. 调压器

调压器[254]是多级降压子系统的主要设备，包括底座、罐体、供压设备、弹性气囊、输入管和输出管。罐体安装在底座上，具有较强的抗压性能。供压设备通过改变压力来调节弹性气囊的大小，通过弹性气囊的膨胀或收缩来压缩或扩张罐内空间体积，从而在无任何物质排出循环管路的条件下，对输入管和输出管的压力大小进行调节。实验系统选用54-2363T212A 型背压式调节阀可实现对调压器内部压力的自动控制。

2. 空气压缩机

空气压缩机是一种用以压缩气体的设备，主要有活塞式空气压缩机、转子式空气压缩机、螺杆式空气压缩机和涡旋式空气压缩机等。实验系统采用的是 45MV-13 型螺杆式空气压缩机。

螺杆式压缩机在运行过程中空气的压缩是靠装置与机壳内互相平行啮合的阴阳转子的齿槽之间容积变化而实现。转子在与它精密配合的机壳内转动使转子齿槽之间的气体不断地产生周期性的容积变化而沿着转子轴线由吸入侧推向排出侧，完成吸入、压缩、排气三个工作过程。具有以下优点：可靠性好、振动小、噪声低、操作方便、易损件少、运行效率高。

3. 气体增压泵

气体增压泵抽气时，连通器的阀门被大气的气压冲开，气体进入气筒，而向气囊中打气时，阀门又被气筒内的气压关闭，气体就进入了气囊中。实验系统选用 Y2-180L-4 气体增压泵，最大转速 1460r/min、工作效率 91%、输出功率 22kW。

3.3.4　多级升温子系统

多级升温子系统利用温度控制系统（图 3-29）控制管道加热器（图 3-30）和双层制冷管（图 3-31）实现温度的精准调节。管道加热器经过多次换热升温模拟水合物浆体举升过程中不断升高的海洋温度环境。管道加热器选用可脱卸式柔性电加热保温套，由内衬、中间保温层、外保护层组成，采用耐低温、防火保温材料制作。

图 3-29　温度控制系统

图 3-30　管道加热器

图 3-31　双层制冷管

可脱卸式柔性电加热保温套特点如下：①保温效果好、耐低温；②防腐性能、阻燃性能强；③耐老化、气候适应性强；④具有良好的防水、防油污性能；⑤方便拆卸、易于安装；⑥强度高、柔韧性好；⑦不含石棉及其他有害物质，属于环保材料。

可脱卸式柔性电加热保温套主要性能指标如下：①导热系数：0.035~0.045W/(m·K)；②工作温度：300℃以下；③阻燃性能：防火 A 级；④吸湿率：小于 5%。

多级升温子系统功能实现如下：

1. 模拟水合物分解过程

(1) 制冷压缩机组换热：启动制冷压缩机组，机组内的换热介质进入双层制冷管并沿换热介质导流板与钢管、换热介质导流圆筒形成的“蛇形”空间流动。换热介质导流板增大换热介质与钢管的接触面积，从而提高换热效率。换热后的介质从出口流出，进入制冷压缩机组进行二次处理。处理后的换热介质再次按上述流程进入双层制冷管进行换热，持续对管道流体进行换热，直至达到实验设定温度。

(2) 水合物浆体传输至管道：启动循环泵，使制备釜内水合物浆体传输至循环管道内，输送完成后由循环泵驱动水合物浆体在管道内循环流动。

(3) 水合物浆体与双层制冷管换热：循环流动过程中，水合物浆体流经双层制冷管时，钢管与高温换热介质发生对流换热，换热介质的热量经双层制冷管传递给低温水合物浆体。实验过程中，需大范围升高水合物浆体的温度时，利用柔性电加热保温套对管道加热，直至达到实验设定温度。

2. 模拟水合物二次生成过程

(1) 制冷压缩机组换热：启动制冷压缩机组，水合物分解实验中的剩余流体在循环泵驱动下，在管道内循环流动，持续对管内流体进行降温直至达到实验设定温度。

(2) 水合物二次生成实验规律测试：通过开展不同温度及压力条件下水合物生成实验，利用管道压力传感器组、管道温度传感器组采集的温压数据，研究流体在管道流动过程中的水合物二次生成规律。

3.3.5　在线自动保温保压取样分析子系统

在线自动保温保压取样分析子系统通过控制阀门与管输回路连接，用于水合物浆体定量取样分析和计量。当在线取样分析仪中的浆体进入待测量状态时，通过取样分析循环过程中的浆体，可进行瞬时相含量分析和辅助循环效果评价，实现实时保温保压取样分析和固体颗粒相态变化监测的功能。本子系统主要由在线取样分析仪(图 3-32)、质量流量计(图 3-33)和快速启合阀门组成。设计参数如下：设计压力 16MPa、分析仪长度 200mm、通径 25mm、可视窗宽度 14mm、长度 100mm。

图 3-32　在线取样分析仪

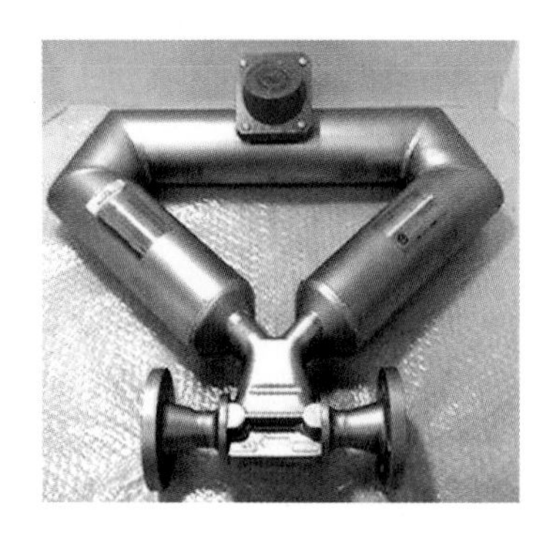

图 3-33　质量流量计

在线取样分析仪：通过控制系统关闭在转输和循环过程中打开的快速启合阀门，等待在线取样分析仪中的浆体固相沉降，读取标定的刻度读数并拍照记录，可在任意时段在线检测固液混合物中的固相含量。每次取样分析完成后开启快速启合阀门，浆体重新进入循环通道。

质量流量计：该流量计根据科里奥利原理测量质量流量，由流量检测元件和转换器组成，具有测量精度高、可测量多重介质的特点。

3.3.6　三相分离子系统

三相分离子系统(图 3-34)是对海洋非成岩天然气水合物浆体高效管输实验后的气、液、固三相混合浆体进行分离和计量的实验装置。该子系统可模拟固态流化开采过程中含砂水合物浆体的分解、分离和产出天然气的过程。

图 3-34　三相分离子系统

三相分离子系统主要由三相分离器、储砂罐、储水罐组成。三相分离器关键技术参数如下：设计压力 16MPa、进出口管径 76.2mm、容积 3000L、可分离最小粒径 10μm 固相颗粒、计量误差小于 5%。能够满足循环实验后水合物浆体的连续分离、回收和处理需求。

3.4　实时图像捕捉、数据采集及安全控制自动化模块

针对海洋非成岩天然气水合物固态流化开采大型物理模拟实验系统，研制了实时图像捕捉、数据采集及安全控制自动化模块(图 3-35)，实现了实验系统的全过程自动化安全控制，可精确采集并存储实验过程中的动态图像、温度、压力、流量及粒度等实验数据。该模块主要由数据采集与监测子系统和数据测试、分析处理、存储及控制子系统构成。

图 3-35　自动化监控系统室

3.4.1　数据采集与监测子系统

数据采集与监测子系统[255-258]主要用于对实验数据的采集和实验过程的监测，该子系统包括数据测量单元、数据采集单元和设备控制单元。

1. 数据测量单元

数据测量单元包括压力传感器、温度传感器、液位计、流量计和电阻率测量仪，用于对实验过程中的压力、温度、流量、电阻率等相关数据进行自动化测量。

(1) 压力传感器：压力传感器(图 3-36)用于实验系统压力监测。实验系统采用 DG1300-GY-A2-20/GE/SZ/J 型半导体压电阻型传感器，其工作原理是通过外力使薄片变形产生压电阻抗效果，在薄片表面形成半导体变形压力，使阻抗的变化转换成电信号。相较于以弹性元件形变进行压力指示的传统压力传感器，半导体压电阻型传感器具有体积小、质量轻、准确度高、可靠性好等优点。

(2) 温度传感器：温度传感器(图 3-37)用于实验系统温度监测。研究发现，金属铂的电阻值在随温度变化而变化的过程中具有很好的重现性和稳定性，利用铂的这一物理特性制成的传感器称为铂电阻温度传感器。实验系统选用的温度传感器是 ST-WZPB-241S 型铂电阻温度传感器，其原理是通过测量物体的电阻电压随温度变化的特性来表征物体的受冷热程度。铂电阻温度传感器具有精度高、稳定性好、应用温度范围广的特点，是

-200~650℃温度区间常用的一种温度传感器。

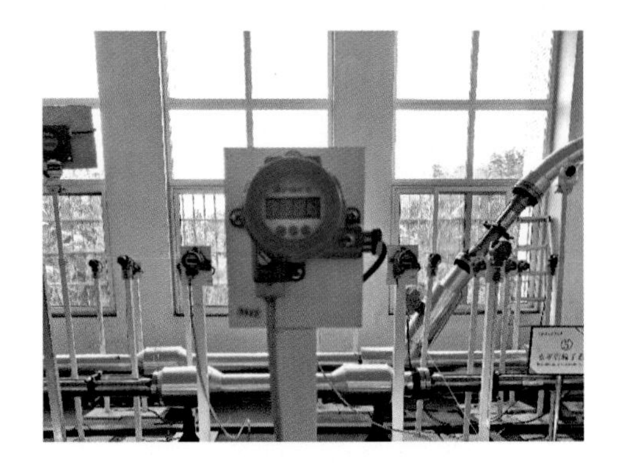

图 3-36　压力传感器　　　　图 3-37　温度传感器

(3)液位计：用于测量容器中液面的位置。液位计可分为音叉振动式、磁浮式、压力式、超声波式、声呐波式、磁翻板式、雷达式等，实验系统采用的是 RBRD12-PCCP2VLMA 型雷达液位计(图 3-38)。雷达液位计是基于时间行程原理的测量仪表，雷达波以光速运行，运行时间通过电子部件转换成液位信号。探头发出高频脉冲以光速传播，当脉冲遇到物料表面时反射回来被仪表内的接收器接收并将距离信号转化为物位信号。雷达液位计适用于仓储槽罐、过程容器或立管等条件下的液位测量。雷达液位计具有以下特点：①测量时发出的电磁波能够穿过真空，不需要传输媒介，具有不受大气、水蒸气、槽内挥发雾影响的特点；②实际应用中，几乎所有介质都能反射足够的电磁波信号，因而能用于大部分液体的液位测量；③采用非接触式测量，不受槽内液体密度、浓度等物理特性的影响；④测量范围大，最大测量范围达 35m，可用于高温、高压流体的液位测量。

图 3-38　雷达液位计

(4)气、液流量计：实验系统采用的气体流量计(图 3-39)和液体流量计(图 3-40)均为电磁流量计。电磁流量计是利用电磁感应原理，根据导电流体通过外加磁场产生的电动势对导电流体流量进行测量的一种仪器。实验系统采用 KSDLDG-DN50F-316-D-1600A16 型液体智能电磁流量计和 KSD-CMF1-DN3-100L-B 型气体智能电磁流量计，设计压力 0~16MPa、防护等级 IP67、准确度 0.2 级。

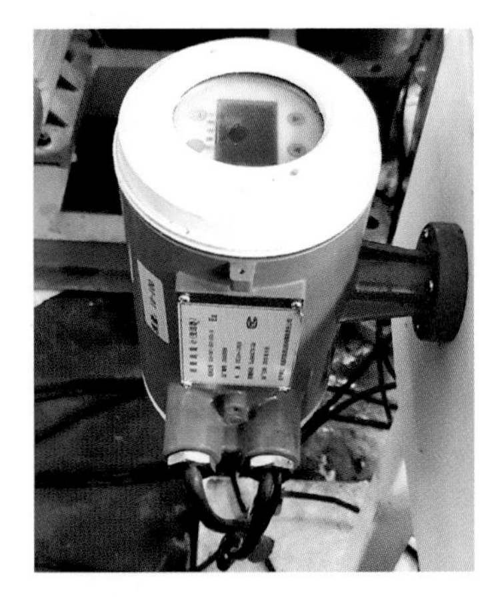

图 3-39　气体流量计　　图 3-40　液体流量计

(5) 电阻率测量仪：电阻率测量仪(图 3-41)能够同时显示电阻率和温度，具有电阻率低限报警功能。实验系统选用 TH2831-LCR 型电阻测量仪作为辅助测量工具，根据所测制备釜中介质电阻率的变化检测水合物的生成情况。该仪表具有以下特点：①电阻率、温度可同屏显示；②量程和测量频率可自动转换，避免电极极化；③精度高，重复性好；④采用相敏检波设计，消除导线对结果的影响；⑤报警信号隔离输出，报警上、下限可任意设定；⑥电流对应电阻率的输出上、下限可任意设定。

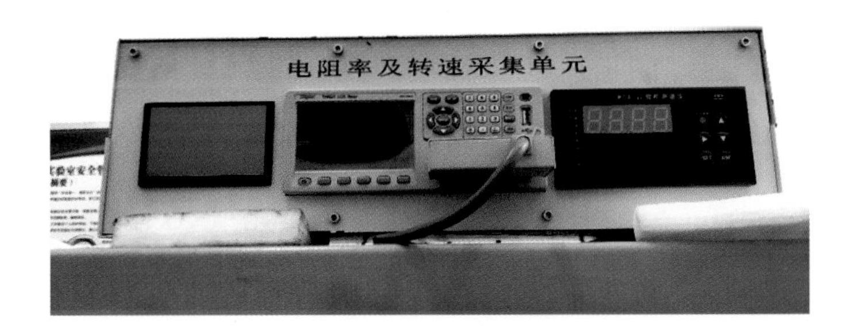

图 3-41　电阻率测量仪

2. 数据采集单元

数据采集单元主要部署在重点实验区域的监控点位，可对实验过程中天然气水合物生成过程、浆体循环过程等动态图像进行采集，具有高清视频采集、控制、传输和显示功能。本系统采用先进的视频监控技术，包括数字高清技术、高清视频编解码技术、视频海量存储和高效检索技术及视频智能分析技术。同时，采用先进的综合视频管理平台，借鉴多媒体资料管理系统技术，不仅能够对高清、标清视频统一管理，还可以实现对整个系统设备的运行维护管理以及各类视频的综合智能化应用。

3. 设备控制单元

设备控制单元[259,260]主要包括温度控制单元、压力控制单元、水合物样品制备控制单元、制备釜参数控制单元。

(1)温度控制单元：温度控制单元的主要设备是温控器，该温控器能够根据工作环境的温度变化在开关内部产生物理形变，进而产生导通或者断开动作。实验系统采用的智能温度控制器主要参数如下：①工作电源：AC/DC85~260V(50Hz/60Hz)；②触点容量：AC250V/3A；③触点寿命：1×10^5次；④SSR 电平：开路电压 8V、短路电流 30mA；⑤测量精度：0.2%FS(满量程)；⑥超限显示："EEEE"；⑦使用环境：0~50℃、小于 85%RH(相对湿度)。

(2)压力控制单元：压力控制单元对压力容器或管输回路中的压力起到调节作用，本实验系统中的压力控制装置主要有压力控制器和调压器。压力会使控制器感压元件产生变形并在不同的压力环境中产生不同程度的位移，通过微动开关的闭合或断开动作，实现对该部分压力工作设备的自动控制。调压器主要是通过弹性气囊的膨胀或收缩来压缩或扩张罐内空间体积，从而在不向循环管路注入任何物质的条件下对浆体输入管和输出管的压力大小进行调节。

(3)水合物样品制备控制单元：水合物样品制备控制单元用于控制水合物样品快速制备实验的注气、液、砂量，调节搅拌、喷淋、鼓泡速率等参数。在水合物样品制备过程中，气体流量计监测甲烷气体流量，液体流量计监测调制海水流量，监控系统实时监测加砂量，从而实现样品制备的自动精确控制。通过控制系统调节搅拌转速控制搅拌速率，改变液体循环泵排量大小控制喷淋速率，改变气体循环泵排量大小控制鼓泡速率。

(4)制备釜参数控制单元：制备釜参数控制单元用于控制样品破碎实验的扭矩、深度、推进压力、转速等参数。在天然气水合物样品破碎过程中，通过对破碎装置中设置的电阻率测量点、压力测量点、温度测量点、液位测量点及单相、多相流体流量计量点参数的采集，监控系统实时评估不同等级样品在不同钻压下的破碎效率。

3.4.2　数据测试、分析处理、存储及控制子系统

实验系统采用稳定易操作的自动化控制软件系统(图 3-42)。前端设备具备远程升级和远程故障排除功能，维护便捷，可降低系统运行维护管理成本，同时可自动监测系统中任何一台设备的运行状态并显示和存储详细参数，以帮助管理人员及时准确地判断和解决问题。该系统中核心的数字高清编码阵列、存储设备、重要的服务器及后台分析处理软件等支持掉电、断网或网络风暴后自动恢复正常连接。

监控系统配置视频存储系统，将前端重要监控图像经后台编目发布服务器编目后保存到存储服务器。存储服务器采用监控专用存储系统，高清监控系统的存储系统能够长时间在大并发量、大码流的工作环境下运行。存储系统支持网络存储模式。

高清数字摄像机、高清编解码器、网络设备、存储设备及软件控制平台等均采用开放式产品或架构，能够提供完整的二次开发环境，并提供源代码及数据结构、开发文档，满

足构建统一的视频管理及应用平台的需要。

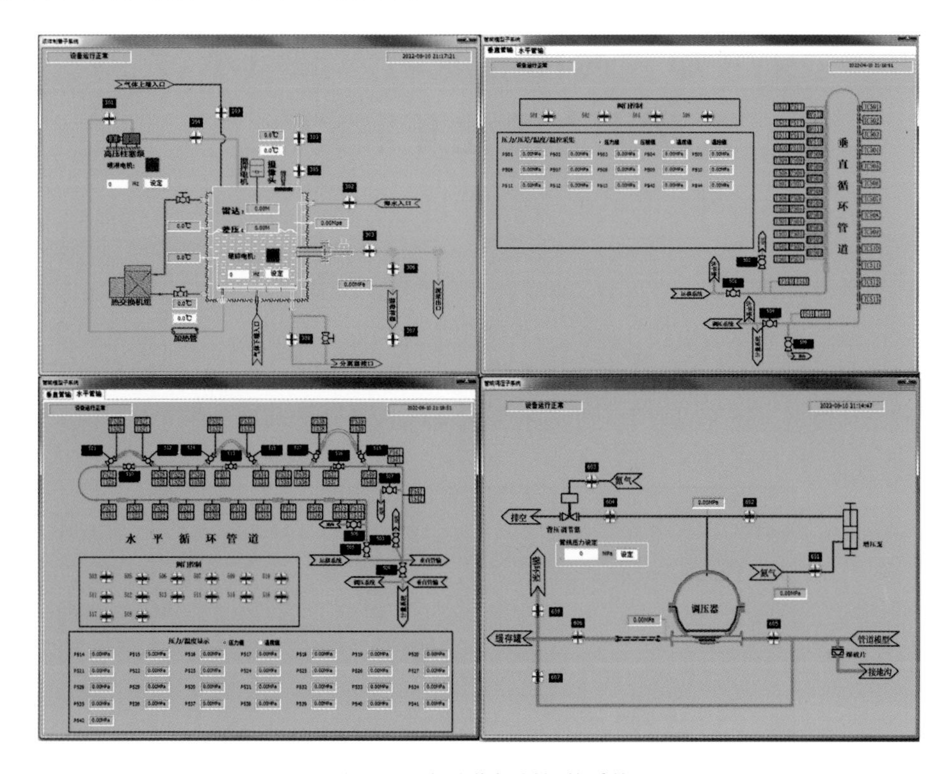

图 3-42　自动化控制软件系统

系统传输采用专网，充分利用光纤资源，保障视频信息和控制信息网络传输的安全和畅通。同时设备接入、传输采用加密技术，提供网络非法入侵保护，可避免信息被非法窃取。

第 4 章 海洋非成岩天然气水合物固态流化开采实验

全球首次海洋浅表层、弱胶结、非成岩水合物固态流化试采目标区为南海北部珠江口盆地白云凹陷，距离珠海市约 320km，其地理位置如图 4-1 所示。构造位置距离荔湾 3-1 气田 8~10km，水深 1310m，天然气水合物矿体埋深 117~196m。水合物储层以泥质粉砂为主，胶结程度弱，属非成岩型，平均孔隙度 43%，平均饱和度 40%。

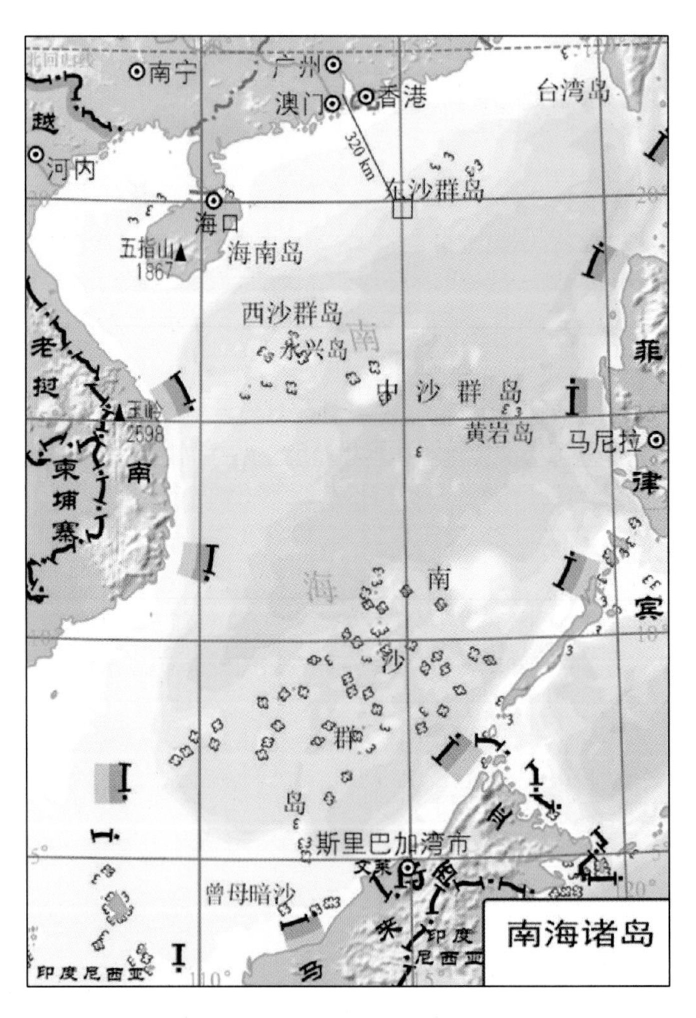

图 4-1 全球首次海洋天然气水合物固态流化试采目标井地理位置

基于海洋非成岩天然气水合物目标区地质特征，开展了海洋非成岩天然气水合物固态流化开采实验，包括水合物大样品快速制备、水合物高效破碎、水合物浆体高效管输与分离等，为海洋非成岩天然气水合物固态流化试采技术方案制定提供数据支撑。

4.1　总 体 实 验

4.1.1　实验目的及意义

(1) 基于海洋非成岩天然气水合物固态流化开采大型物理模拟实验系统，实现海洋非成岩天然气水合物固态流化开采全过程物理模拟，形成一套海洋非成岩天然气水合物固态流化开采全过程实验理论及评测方法。

(2) 验证海洋非成岩天然气水合物固态流化开采相关理论模型的准确性，揭示海洋非成岩天然气水合物固态流化开采过程中的参数变化规律。

4.1.2　实验方案及流程

海洋非成岩天然气水合物固态流化开采总体实验方案及流程[261-271]如下：

(1) 水合物大样品快速制备、破碎及浆体调制模块中，根据海洋天然气水合物组分预制天然气水合物样品；待制备釜中形成水合物矿体后将其原位破碎，同时加入与水合物矿体等温的定量海水，精确调制实验所需的水合物浆体，并将其保温、保压、保粒度、保安全运移至水合物浆体高效管输与分离模块。

(2) 水合物浆体高效管输与分离模块中，通过管输水合物浆体实验，模拟实际固态流化开采过程的水合物浆体气、液、固多相管输流动；通过水平段管道独立完成实验模拟解决固相运移与高效输送问题，通过垂直段管道独立完成实验模拟掌握水合物相变下多相流动特征参数演变规律及调控技术；通过多次循环、多次调压、逐点加密、多次换热升温，综合每组循环实验数据完成从海底到海平面全过程管流模拟。在管输实验模拟结束后，通过分离模块对水合物及分解产物进行分离处理和计量。

(3) 实时图像捕捉、数据自动采集及安全控制模块采集与存储实验全过程中的动态图像及温度、压力、流量、粒度等实验数据，以备后续分析处理。

4.2　大样品快速制备模拟实验

4.2.1　实验目的及意义

建立大量快速制备天然气水合物样品的方法以满足固态流化开采整体物理模拟所需的水合物样品；揭示海洋非成岩天然气水合物物理、化学性质变化规律；通过岩石物理实验分析含天然气水合物沉积物的岩性、物性、胶结情况与岩电参数及纵横波波速的变化关系，确定合理的水合物岩电参数范围，形成非成岩天然气水合物大样品快速制备模拟实验理论及方法。

4.2.2　实验方案及流程

1. 海洋天然气水合物制备前准备

(1) 设备检测：检查系统密闭性，对所有设备、仪器、仪表连接及工作状态等进行检查，保证仪器设备的连接完整和正常运行。

(2) 填砂量设定：关闭填砂阀门将实验用砂定量填入高压填砂罐并密封填砂罐。

(3) 抽真空前：调控阀门。

(4) 抽真空：启动真空泵抽真空，达到 0.096MPa 真空度。

(5) 注制备水：启动液体注入泵，向制备釜中注入制备水 76L，注入完毕后关闭液体注入泵。

(6) 注高压甲烷气：调节控制甲烷气注入压力，并持续注气使回路压力达到 12MPa。

(7) 回路注水调压：启动高压注水泵向稳压缓冲罐内注水，当罐内压力达到实验要求时关闭液体注入泵。

2. 海洋天然气水合物制备

(1) 启动制备釜制冷压缩机组进行水浴制冷，设定水合物生成实验温度 2℃。

(2) 启动搅拌装置，即应用搅拌法制备水合物。

(3) 启动气体循环泵，气体从制备釜釜底注气口注入，从釜盖出气孔流出进行循环，即应用鼓泡法制备水合物。

(4) 启动液体循环泵，制备水由釜底经稳压溢流阀从下口吸入，通过液体循环泵循环，从制备釜盖装有的喷雾口喷出形成雾状液体并与甲烷气接触反应，提高水合物生成速率，即应用喷淋法制备水合物。制备水循环喷雾制备水合物过程中，制备水的总量不变。

(5) 开启填砂阀门，将高压填砂罐预先定量 $0.18m^3$ 实验用砂放入水合物制备釜。

(6) 通过实时动态监测向制备釜内注入高压甲烷气实现对制备釜内压力的精准控制，脉动气流进入稳压缓冲罐消除压力波动并进行稳压。

(7) 气体流量计分别计量进出口甲烷气体累计流量，通过累计流量计算水合物生成的耗气量。

(8) 沿制备釜周向均布 4 个电阻测点，通过对采集的电阻率曲线信息分析来判断海洋天然气水合物的生成效果。

(9) 釜盖顶部开设可视窗，可实时观察水合物生成过程和浆体调制过程并进行图像采集和自动处理。

(10) 当水合物样品制备完成后，关闭气体循环泵，结束水合物制备实验。

3. 海洋天然气水合物物理、化学性质测量

测试天然气水合物沉积物的岩电参数，包括：声波速度、杨氏模量、体积模量、剪切模量和泊松比并分析影响规律。在此基础上，测试分析不同孔隙饱和度下的偏应力-应变关系。

4.2.3　实验现象

海洋天然气水合物制备过程及制备的水合物样品如图 4-2、图 4-3 所示。

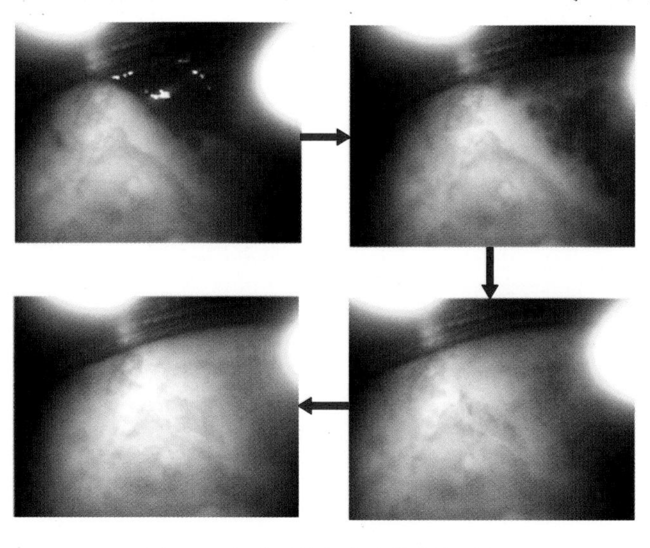

图 4-2　海洋天然气水合物制备过程

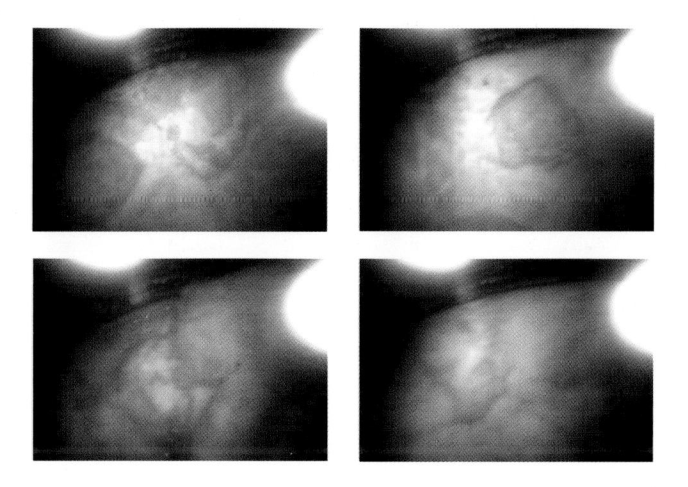

图 4-3　实验中制备的天然气水合物样品

4.2.4　实验数据及分析

1. 天然气水合物样品饱和度测定方法

根据实验过程及测量原理建立天然气水合物样品饱和度测定方法。天然气水合物的制备主要采用分阶段持续供给天然气的方法，故实验装置中计量室和管线的体积将对计算结果产生较大的影响，因此需对计量室的体积 V_1 及其管线体积 V_s 进行标定，原理如图 4-4 所示。

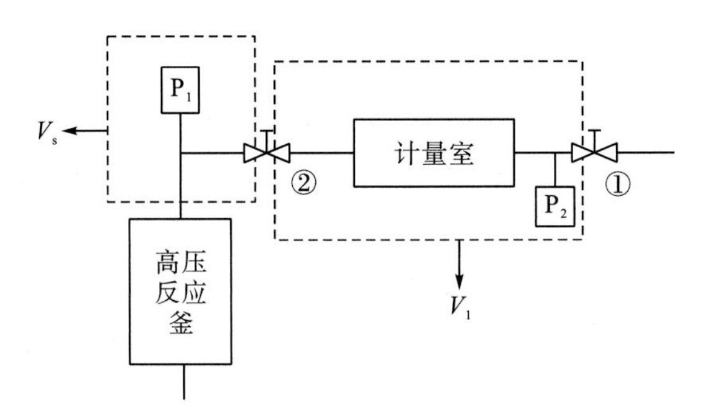

图 4-4　计量室及管线体积标定原理图

计量室体积 V_1 及管线体积 V_s 的标定：高压制备釜内装入实心不锈钢模块，并向体系中充入一定压力的气体，关闭阀门②并打开阀门①放空计量室的气体，记录初始稳定状态压力 p_{1A}；关闭阀门①，打开阀门②，记录稳定状态压力 p_{1B}。此时建立 p-V-T 平衡状态方程：

$$\frac{p_{1A}V_s}{Z_{1A}}=\frac{p_{1B}(V_s+V_1)}{Z_{1B}} \tag{4-1}$$

式中，p_{1A} 为初始稳定状态压力，MPa；p_{1B} 为稳定状态压力，MPa；Z_{1A} 为压力 p_{1A} 条件下的天然气压缩因子，无因次；Z_{1B} 为压力 p_{1B} 条件下的天然气压缩因子，无因次。

向计量室内装入已知体积 V_2 的模块，重复上述步骤，分别记录阀门②关闭阀门①打开和阀门①关闭阀门②打开时的稳定状态压力 p_{2A} 和 p_{2B}。此时建立 p-V-T 平衡状态方程：

$$\frac{p_{2A}V_s}{Z_{2A}}=\frac{p_{2B}(V_s+V_1-V_2)}{Z_{2B}} \tag{4-2}$$

式中，p_{2A} 为初始稳定状态压力，MPa；p_{2B} 为稳定状态压力，MPa；Z_{2A} 为压力 p_{2A} 条件下的天然气压缩因子，无因次；Z_{2B} 为压力 p_{2B} 条件下的天然气压缩因子，无因次。

联立上述两个 p-V-T 平衡状态方程即可求得计量室体积 V_1 及管线体积 V_s。为了提高精度可不断更换装入计量室的模块体积，并重复上述过程，可得多个恒温状态下的 p-V-T 平衡状态方程，与式(4-1)联立可求得多个计量室体积 V_1 及管线体积 V_s 并取平均值。

天然气水合物样品饱和度测定：假设 V_{ei}、V_{wi}、V_{ci} 分别为第 i 次合成反应开始时多孔介质孔隙中天然气、剩余水以及生成的水合物所占的体积，则天然气水合物的合成过程可以用图 4-5 表示。

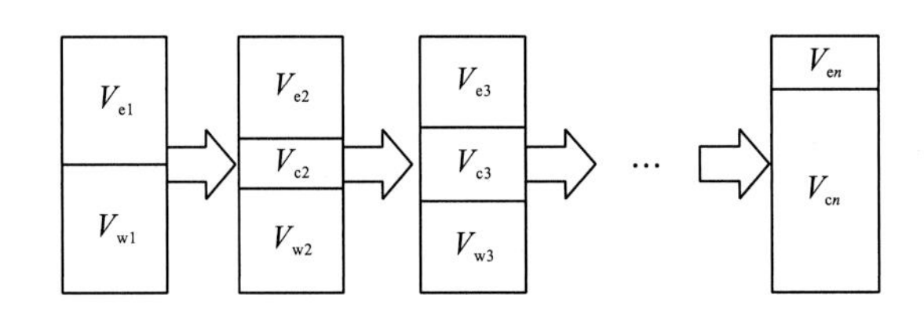

图 4-5　天然气水合物的合成过程图

以第 1 次天然气水合物合成过程为例：反应开始时，釜内压力为 p_{1a}，对应的压缩因子为 Z_{1a}，此时釜内空间 V_{e1} 和管线体积 V_s 充满物质的量为 n_{1a} 的天然气，建立 p-V-T 平衡状态方程：

$$p_{1a}(V_{e1}+V_s)=Z_{1a}n_{1a}RT \tag{4-3}$$

反应结束时，釜内压力为 p_{1b}，对应的压缩因子为 Z_{1b}，此时釜内空间 V_{e2} 和管线体积 V_s 充满物质的量为 n_{1b} 的天然气，建立 p-V-T 平衡状态方程：

$$p_{1b}\left(V_{e2}+V_s\right)=Z_{1b}n_{1b}RT \tag{4-4}$$

则第 1 次天然气水合物合成反应的过程中消耗天然气的物质的量：

$$\Delta n_1=n_{1a}-n_{1b}=\frac{p_{1a}\left(V_{e1}+V_s\right)}{Z_{1a}RT}-\frac{p_{1b}\left(V_{e2}+V_s\right)}{Z_{1b}RT} \tag{4-5}$$

制备釜中天然气所占的体积 V_{e1} 可通过第 1 次排出的水的质量求得，而 V_{e2} 可通过如下步骤得到：

(1) 向计量室中充入物质的量为 n_3 的天然气，其稳定压力为 p_3，对应的压缩因子为 Z_3，此时可建立 p-V-T 平衡状态方程：

$$p_3V_1=Z_3n_3RT \tag{4-6}$$

(2) 打开阀门②，使该部分天然气扩散入制备釜并迅速膨胀达到平衡，压力变为 p_{2a}，对应的压缩因子为 Z_{2a}，此时可建立 p-V-T 平衡状态方程：

$$p_{2a}\left(V_{e2}+V_s+V_1\right)=Z_{2a}\left(n_{1b}+n_3\right)RT \tag{4-7}$$

(3) 联立式 (4-4) 和式 (4-7) 得到 V_{e2} 的表达式：

$$V_{e2}=\frac{\dfrac{p_{2a}\left(V_s+V_1\right)}{Z_{2a}}-\dfrac{p_{1b}V_s}{Z_{1b}}-\dfrac{p_3V_1}{Z_3}}{\dfrac{p_{1b}}{Z_{1b}}-\dfrac{p_{2a}}{Z_{2a}}} \tag{4-8}$$

(4) 联立式 (4-5) 和式 (4-8) 可求出消耗天然气的物质的量 Δn_1，并根据天然气水合物生成的反应方程式计算出消耗 Δn_1 摩尔天然气时相应海水消耗体积 ΔV_{w1}，则釜中剩余海水的体积为

$$V_{w2}=V_{w1}-\Delta V_{w1} \tag{4-9}$$

式中，V_{w1} 亦可根据第 1 次排出的水的质量计算得到。因此，当第 1 次天然气水合物合成结束时，多孔介质的含水饱和度：

$$S_w=\frac{V_{w2}}{V_\phi} \tag{4-10}$$

水合物饱和度：

$$S_c=\frac{V_{c2}}{V_\phi}=\frac{1-V_{w2}-V_{e2}}{V_\phi} \tag{4-11}$$

式中，V_ϕ 为釜内孔隙体积，m^3。

分阶段持续供气时均可按照上述步骤求得每次水合物生成结束时多孔介质中的含水饱和度及水合物饱和度。

2. 偏应力-应变关系、声波动态力学参数、岩石力学参数测试实验数据及分析

对制备的水合物样品进行测试分析，得到了不同孔隙饱和度下的偏应力-应变关系，声波动态力学参数曲线和不同颗粒尺寸下的杨氏模量、体积模量、剪切模量和泊松比曲线，形成了不同孔隙饱和度、不同砂粒尺寸对沉积物物性的影响规律，如图 4-6 所示。

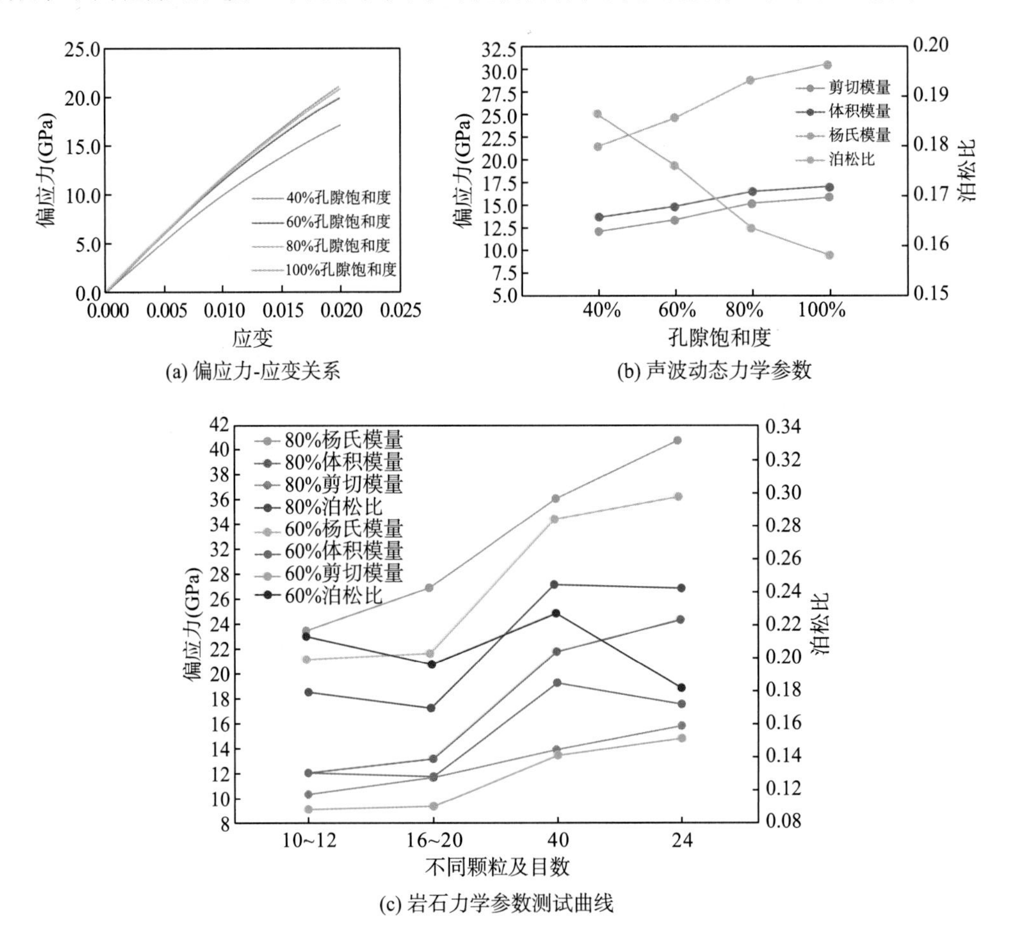

图 4-6　偏应力-应变关系、声波动态力学参数、岩石力学参数测试实验结果

从图 4-6 中可以看出，随孔隙饱和度增大，相同的偏应力条件下，应变减小；随孔隙饱和度增大，杨氏模量、体积模量、剪切模量均增大，泊松比减小；随颗粒尺寸增大，杨氏模量、体积模量、剪切模量均呈增大趋势。

3. 含天然气水合物沉积物的岩电及声波测试实验数据及分析

通过含天然气水合物沉积物的岩电及声波测试实验得到如下实验数据：表 4-1、表 4-2 分别为不同粒径下天然气水合物沉积物岩电及纵横波测试数据；表 4-3、表 4-4 分别为不同胶结程度下天然气水合物沉积物岩电及纵横波测试数据；表 4-5、表 4-6 分别为不同泥质含量下天然气水合物沉积物岩电及纵横波测试数据。

表 4-1　不同粒径下天然气水合物沉积物岩电测试数据

粒径小于 0.125mm					
加气次数	水合物饱和度 S_c (%)	含水饱和度 S_w (%)	含气饱和度 S_g (%)	电阻率(Ω·m)	电阻率增大系数 I
1	5.20	51.04	43.76	293.38	3.08
2	8.41	47.02	44.57	364.28	1.15
3	10.58	45.27	44.15	441.36	1.83
4	17.62	37.50	44.88	482.88	3.16
5	27.46	31.95	40.59	562.22	5.14
6	41.38	25.12	33.50	732.01	5.01
7	54.56	23.37	22.07	908.94	5.21
8	59.85	16.62	23.53	1018.42	6.41
9	70.38	13.03	16.58	1086.40	10.73
10	79.13	5.90	14.97	1323.96	10.29

粒径为 0.125~0.6mm					
加气次数	水合物饱和度 S_c (%)	含水饱和度 S_w (%)	含气饱和度 S_g (%)	电阻率(Ω·m)	电阻率增大系数 I
1	5.35	42.23	52.42	327.82	4.19
2	8.58	37.70	53.72	410.71	5.25
3	10.93	33.31	55.76	506.80	6.48
4	12.72	28.89	58.39	393.76	5.03
5	27.96	23.24	48.80	606.65	7.75
6	47.78	16.27	35.96	772.44	9.87
7	55.36	11.56	33.08	968.38	12.37
8	59.60	7.56	32.84	1041.85	13.31
9	72.13	2.07	25.79	1021.50	13.05
—	—	—	—	—	—

粒径大于 0.6mm					
加气次数	水合物饱和度 S_c (%)	含水饱和度 S_w (%)	含气饱和度 S_g (%)	电阻率(Ω·m)	电阻率增大系数 I
1	5.86	46.2	47.94	433.32	5.54
2	13.55	42.63	43.82	546.36	6.98
3	24.33	35.58	40.09	642.44	8.21
4	33.55	28.49	37.96	778.09	9.94
5	41.11	22.76	36.13	896.78	11.46
6	47.55	16.99	35.46	1002.29	12.81
7	58.87	11.84	29.29	1088.95	13.92
8	69.19	2.91	27.9	1153.01	14.74
—	—	—	—	—	—
—	—	—	—	—	—

表 4-2　不同粒径下天然气水合物沉积物纵横波测试数据

粒径小于 0.125mm			
加气次数	水合物饱和度 S_c(%)	纵波波速 v_p(km/s)	横波波速 v_s(km/s)
1	5.20	2.99	1.17
2	8.41	3.19	1.38
3	10.58	3.40	1.63
4	17.62	3.42	1.61
5	27.46	3.43	1.67
6	41.38	3.41	1.74
7	54.56	3.79	2.05
8	59.85	3.65	1.94
9	70.38	3.77	2.08
10	79.13	3.90	2.24
粒径为 0.125~0.6mm			
加气次数	水合物饱和度 S_c(%)	纵波波速 v_p(km/s)	横波波速 v_s(km/s)
1	5.35	3.47	1.56
2	8.58	3.60	1.71
3	10.93	3.67	1.82
4	12.72	3.76	1.87
5	27.96	3.91	2.07
6	55.36	3.97	2.21
7	59.60	4.06	2.24
8	72.13	4.10	2.30
9	77.83	4.16	2.38
—	—	—	—
粒径大于 0.6mm			
加气次数	水合物饱和度 S_c(%)	纵波波速 v_p(km/s)	横波波速 v_s(km/s)
1	5.86	4.13	2.18
2	13.55	4.06	2.33
3	29.33	4.29	2.47
4	38.55	4.56	2.59
5	41.11	4.29	2.69
6	47.55	4.37	2.75
7	48.87	4.46	2.86
8	59.19	4.56	3.07
—	—	—	—
—	—	—	—

表 4-3 不同胶结程度下天然气水合物沉积物岩电测试数据

轴压 20MPa					
加气次数	水合物饱和度 S_c (%)	含水饱和度 S_w (%)	含气饱和度 S_g (%)	电阻率 (Ω·m)	电阻率增大系数 I
1	5.35	42.23	52.42	277.82	2.19
2	8.58	37.70	53.72	333.76	4.25
3	10.93	33.31	55.76	360.71	5.48
4	12.72	28.89	58.39	456.8	6.03
5	27.96	23.24	48.80	566.65	7.75
6	47.78	16.27	35.96	822.44	9.87
7	55.36	11.56	33.08	1018.38	12.38
8	59.60	7.56	32.84	1091.85	13.32
9	72.13	2.08	25.79	1271.50	13.76
轴压 15MPa					
加气次数	水合物饱和度 S_c (%)	含水饱和度 S_w (%)	含气饱和度 S_g (%)	电阻率 (Ω·m)	电阻率增大系数 I
1	4.79	43.75	51.46	293.90	2.76
2	8.80	38.52	52.69	322.16	5.12
3	13.84	33.58	52.58	457.81	7.85
4	17.71	28.57	53.71	561.43	8.18
5	28.98	23.08	47.94	668.82	8.55
6	37.95	17.95	44.10	859.10	10.98
7	44.46	13.25	42.29	987.22	13.62
8	56.62	8.09	35.29	1117.21	15.78
9	69.37	3.37	27.26	1424.30	16.20
轴压 10MPa					
加气次数	水合物饱和度 S_c (%)	含水饱和度 S_w (%)	含气饱和度 S_g (%)	电阻率 (Ω·m)	电阻率增大系数 I
1	6.50	44.58	48.92	337.24	3.31
2	11.96	39.60	48.44	406.94	7.20
3	17.37	35.13	47.50	666.94	8.52
4	29.10	29.74	41.16	744.18	9.51
5	42.44	24.75	32.81	902.44	11.53
6	51.59	20.29	28.12	1113.44	14.23
7	57.78	16.23	25.99	1486.48	18.00
8	68.07	11.93	20.00	1674.88	19.41
—	—	—	—	—	—

表 4-4　不同胶结程度下天然气水合物沉积物纵横波测试数据

加气次数	水合物饱和度 S_c(%)	纵波波速 v_p(km/s)	横波波速 v_s(km/s)
轴压 20MPa			
1	5.35	3.47	1.56
2	8.58	3.60	1.70
3	10.93	3.67	1.82
4	12.72	3.76	1.87
5	27.96	3.90	2.07
6	55.36	4.57	2.21
7	59.60	5.06	2.34
8	72.13	5.10	2.40
9	77.83	5.36	2.68
轴压 15MPa			
加气次数	水合物饱和度 S_c(%)	纵波波速 v_p(km/s)	横波波速 v_s(km/s)
1	4.79	2.54	1.36
2	8.80	2.64	1.39
3	13.84	2.78	1.54
4	17.71	2.97	1.68
5	28.98	3.11	1.72
6	37.96	3.35	1.87
7	44.46	3.76	1.99
8	56.61	3.95	2.08
9	69.37	4.10	2.19
轴压 10MPa			
加气次数	水合物饱和度 S_c(%)	纵波波速 v_p(km/s)	横波波速 v_s(km/s)
1	6.50	2.02	0.85
2	11.96	2.18	0.88
3	17.37	2.34	0.94
4	29.1	2.58	0.98
5	42.44	2.79	1.08
6	51.59	3.12	1.37
7	57.78	3.37	1.58
8	68.07	3.59	1.74
—	—	—	—

表 4-5　不同泥质含量下天然气水合物沉积物岩电测试数据

20%泥质含量					
加气次数	水合物饱和度 S_c (%)	含水饱和度 S_w (%)	含气饱和度 S_g (%)	电阻率(Ω·m)	电阻率增大系数 I
1	18.65	52.56	28.79	41.34	0.42
2	23.19	49.35	27.46	47.75	0.72
3	38.10	45.16	16.74	72.99	0.83
4	46.74	42.05	11.21	85.27	0.99
5	50.69	39.63	9.68	95.58	1.27
6	52.17	37.57	10.26	107.18	1.42
7	54.61	35.39	10.00	119.15	1.523
10%泥质含量					
加气次数	水合物饱和度 S_c (%)	含水饱和度 S_w (%)	含气饱和度 S_g (%)	电阻率(Ω·m)	电阻率增大系数 I
1	28.49	49.24	22.27	72.04	0.72
2	36.68	46.05	17.27	84.94	1.09
3	36.48	43.97	19.56	93.10	1.09
4	41.77	41.27	16.96	98.21	1.36
5	48.36	38.34	13.30	118.92	1.52
6	57.89	35.47	6.64	127.18	1.83
7	62.85	32.58	5.57	169.79	1.97
5%泥质含量					
加气次数	水合物饱和度 S_c (%)	含水饱和度 S_w (%)	含气饱和度 S_g (%)	电阻率(Ω·m)	电阻率增大系数 I
1	17.47	48.96	33.57	73.93	0.95
2	36.93	44.30	18.78	105.50	1.35
3	38.60	42.05	19.36	113.10	1.45
4	42.99	39.45	17.57	123.05	1.58
5	44.52	36.89	18.59	123.76	1.88
6	49.74	34.20	16.06	154.86	2.18
7	52.81	31.82	15.38	176.31	2.26

表 4-6　不同泥质含量下天然气水合物沉积物纵横波测试数据

20%泥质含量			
加气次数	水合物饱和度 S_c(%)	纵波波速 v_p(km/s)	横波波速 v_s(km/s)
1	18.65	2.61	0.91
2	23.19	2.72	0.95
3	38.10	3.05	1.11
4	46.74	3.31	1.24
5	50.69	3.49	1.32
6	52.17	3.55	1.38
7	54.61	3.67	1.43

续表

10%泥质含量			
加气次数	水合物饱和度 S_c(%)	纵波波速 v_p(km/s)	横波波速 v_s(km/s)
1	28.49	3.06	1.18
2	36.68	3.23	1.29
3	36.88	3.24	1.30
4	41.77	3.34	1.39
5	48.36	3.59	1.49
6	57.89	3.92	1.75
7	62.85	4.16	1.90
5%泥质含量			
加气次数	水合物饱和度 S_c(%)	纵波波速 v_p(km/s)	横波波速 v_s(km/s)
1	17.47	3.02	1.12
2	36.93	3.56	1.55
3	38.60	3.62	1.58
4	42.99	3.70	1.67
5	44.52	3.78	1.80
6	49.74	3.99	1.92
7	52.81	4.16	2.04

从表 4-1~表 4-6 可以看出，随着反应时间的推移，加气次数增多，含水饱和度、含气饱和度总体呈下降趋势，水合物饱和度逐渐上升，电阻率及电阻率增大系数、纵横波波速总体呈增大趋势。

4. 水合物沉积物粒径对岩电参数及声波速度变化规律的影响分析

在反应温度恒为 1℃的实验条件下，制备釜中天然气水合物沉积物形成过程中电阻率与水合物饱和度及电阻率增大系数与含水饱和度之间的关系如图 4-7 所示。

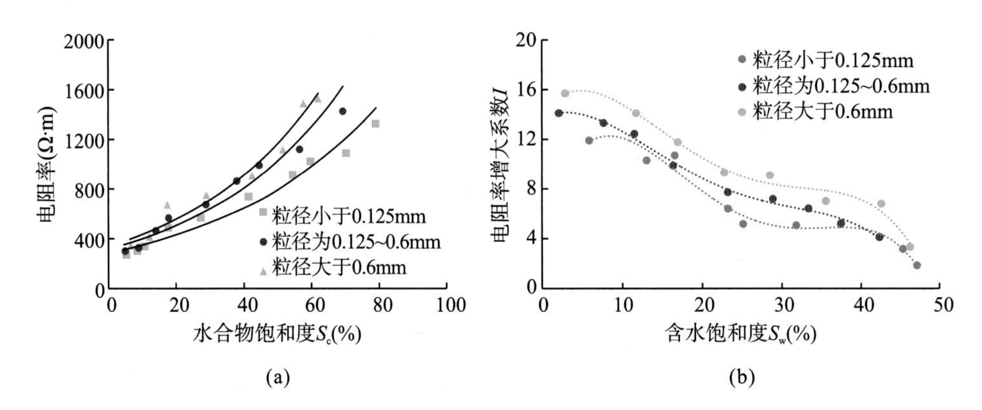

图 4-7　不同粒径下水合物沉积物电阻率与饱和度、电阻率增大系数与含水饱和度的关系

从图 4-7(a)可以看出，不同粒径下样品实验计算所得的水合物饱和度 S_c 与电阻率均呈现一定的指数关系；当不同粒度实验过程中饱和度一定时，电阻率也随着沉积物粒径的增大而增大。从图 4-7(b)可以看出，不同粒径样品实验所得含水饱和度 S_w 与电阻率增大系数 I 的关系并不是线性关系，说明水合物沉积物在该实验条件下存在一定的非阿尔奇现象。

在反应温度恒为 1℃的实验条件下，制备釜中天然气水合物沉积物形成过程中纵横波波速与天然气水合物饱和度之间的关系如图 4-8 所示。

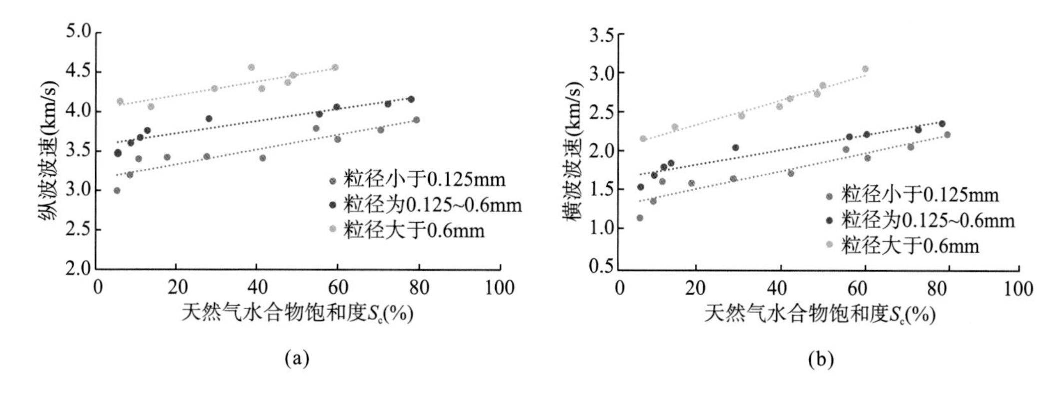

图 4-8　不同粒径下天然气水合物饱和度与纵横波波速之间的关系

从图 4-8 可以看出，不同粒径下含天然气水合物沉积物合成实验中，纵横波波速随着水合物饱和度 S_c 的增大均变大并存在良好的线性关系。

5. 水合物沉积物胶结程度对岩电参数及声波速度变化规律的影响分析

在反应温度恒为 1℃的实验条件下，制备釜中天然气水合物沉积物形成过程中电阻率与水合物饱和度及电阻率增大系数与含水饱和度之间的关系如图 4-9 所示。

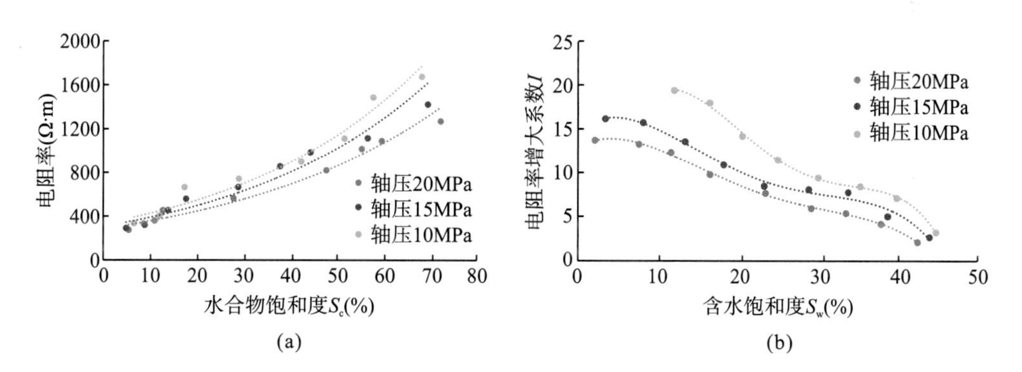

图 4-9　不同压实程度下水合物沉积物电阻率与饱和度、电阻率增大系数与含水饱和度的关系

从图 4-9(a)可以看出，不同胶结程度下实验计算所得的天然气水合物饱和度 S_c 与电阻率均呈现一定的指数关系；当不同胶结程度实验过程中水合物饱和度一定时，电阻率随轴压的增大而减小。从图 4-9(b)可以看出，不同胶结程度下实验所得含水饱和度 S_w 与电阻率增大系数 I 的关系并不是线性关系，说明含水合物沉积物在该实验条件下存在一定的

非阿尔奇现象，但电阻率增大系数 I 随含水饱和度在不同胶结程度下的变化趋势具有一定的规律相似性。

在反应温度恒为 1℃的实验条件下，制备釜中天然气水合物沉积物形成过程中纵横波波速与天然气水合物饱和度之间的关系如图 4-10 所示。

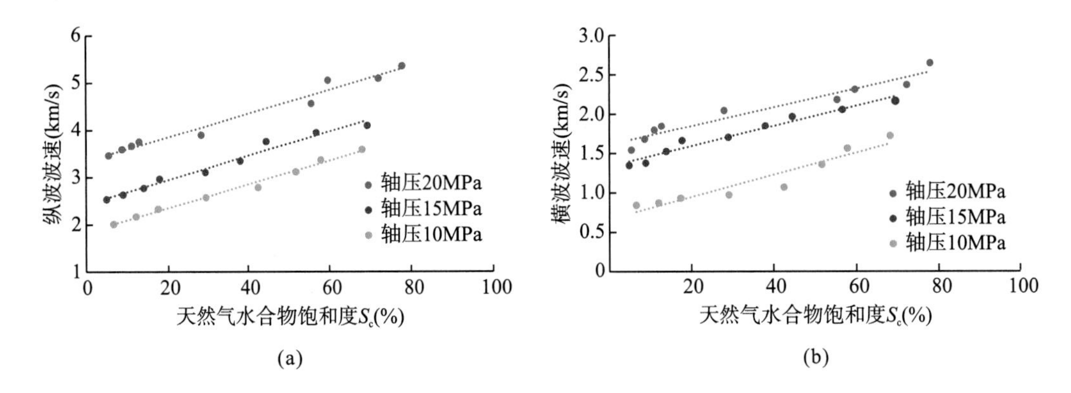

图 4-10　不同压实程度下天然气水合物饱和度与纵横波波速之间的关系

从图 4-10 可以看出，不同压实程度下含天然气水合物沉积物合成实验中，纵横波波速随着水合物饱和度 S_c 的增大均变大并存在良好的线性关系。

6. 水合物沉积物泥质含量对岩电参数及声波速度变化规律的影响分析

在反应温度恒为 1℃的实验条件下，制备釜中天然气水合物沉积物形成过程中电阻率与水合物饱和度及电阻率增大系数与含水饱和度之间的关系如图 4-11 所示。

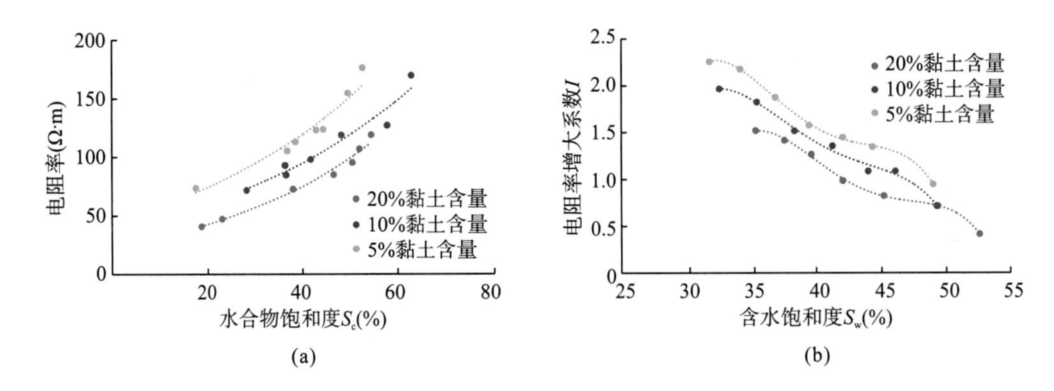

图 4-11　不同泥质含量下水合物沉积物电阻率与饱和度、电阻率增大系数与含水饱和度的关系

从图 4-11(a)可以看出，不同泥质含量下样品实验计算所得的水合物饱和度 S_c 与电阻率均呈现一定的指数关系；当不同泥质含量实验过程中饱和度一定时，随沉积物泥质含量的增加电阻率减小。从图 4-11(b)可以看出，不同泥质含量下样品实验所得含水饱和度 S_w 与电阻率增大系数 I 的关系并不是线性关系，说明在该实验条件下，含水合物沉积物存在一定的非阿尔奇现象，但电阻率增大系数 I 随含水饱和度在不同泥质含量样品下的变化趋势具有一定的相似性。

在反应温度恒为 1℃的实验条件下，制备釜中天然气水合物沉积物形成过程中纵横波波速与天然气水合物饱和度之间的关系如图 4-12 所示。

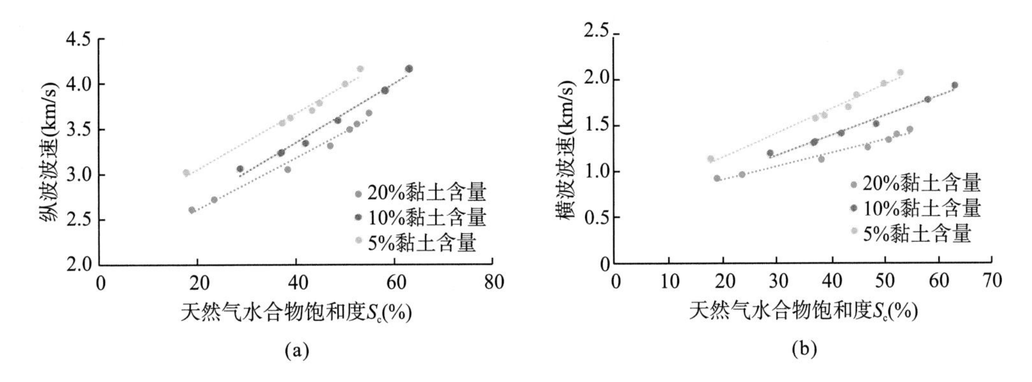

图 4-12　不同泥质含量下天然气水合物沉积物饱和度与纵横波波速之间的关系

从图 4-12 可以看出，不同泥质含量下含天然气水合物沉积物合成实验中，纵横波波速随着水合物饱和度 S_c 的增大均变大并存在良好的线性关系。

4.3　高效破碎实验

4.3.1　实验目的及意义

模拟并评价不同机械破碎工艺参数、刀盘直径和刀齿参数等因素对非成岩天然气水合物破碎效率的影响规律，研究非成岩天然气水合物矿体机械破碎过程中的科学问题，建立非成岩天然气水合物样品机械破碎工程图版。

4.3.2　实验方案及流程

1. 实验方案

待制备釜中天然气水合物生成后，向制备釜中注入冷却海水，模拟压力 12MPa、温度 2~5℃的海水环境，通过冷却器、压力传感器、流量传感器及阀门实现对海底水合物环境下压力、温度的调节；通过液压站驱动液压油缸及液压伸缩杆带动刀杆的下放实现破碎刀盘下放速度的控制；通过变频电机控制刀盘运动实现机械破碎天然气水合物过程中刀盘的旋转；通过分别安装在液压油缸和刀杆上的压力传感器和扭矩传感器实现刀盘破碎水合物过程中钻压和扭矩数据的实时测量；通过高清摄像头实现刀盘破碎天然气水合物中的现象和局部流场的观测；通过取样与采集模块实现机械破碎后混合物中成分和比例的分析。研究机械破碎天然气水合物过程中刀盘下放速度、刀盘旋转速度等参数变化对钻压、扭矩和破碎效率等的影响规律，同时观测天然气水合物破碎过程中的实验现象。

2. 实验流程

(1) 检查制备釜的密封性能和仪表显示状态。

(2) 确保整个仪器设备安全、无故障且平稳运行后，启动液压油缸，上提刀杆带动刀盘上移，直至到达上部极限位置。

(3) 向釜体内注入 0.658m^3 冷却海水，调节制备釜的压力温度模拟不同深度海洋环境。

(4) 通过液压油缸下放刀盘至已制备生成的天然气水合物上表面。

(5) 启动变频电机开始带动刀盘破碎天然气水合物矿体，通过变频电机和液压油缸调节刀盘的旋转和下放速度。

(6) 观察破碎天然气水合物颗粒的流动状态及破碎现象，采集机械破碎过程中钻压和扭矩的实时数据，开启出口阀门收集破碎天然气水合物浆体并检测其固、液、气相的含量。

4.3.3 实验现象

通过实验发现液压油缸下放刀盘至天然气水合物表面，天然气水合物沉积物表面开始发生局部破碎或塑性变形；再开启变频电机带动刀盘旋转，天然气水合物沉积物在刀盘作用下发生崩碎，变成颗粒状，破碎后天然气水合物沉积物中呈现圆形破碎坑；最后含天然气水合物沉积物颗粒的浆体在刀盘旋转带动下旋转并向刀盘中心靠近沿空心钻杆被泵送至出口阀门。

4.3.4 实验数据及分析

刀盘直径为 500mm，下放速度为 0.02~0.12m/min，转速为 40~120r/min 时，刀盘机械破碎天然气水合物中的钻压、扭矩变化规律见表 4-7、表 4-8。

表 4-7 釜体内机械破碎天然气水合物中钻压随机械转速及下放速度的变化（刀盘直径 500mm）

下放速度 (m/min)	钻压 (N)								
	转速 40r/min	转速 50r/min	转速 60r/min	转速 70r/min	转速 80r/min	转速 90r/min	转速 100r/min	转速 110r/min	转速 120r/min
0.02	843.43	746.97	681.84	634.84	599.30	571.46	549.05	530.61	515.18
0.03	1079.55	944.28	843.43	774.67	722.63	681.84	648.99	621.95	599.30
0.04	1310.16	1126.06	1001.54	911.56	843.43	790.01	746.97	711.53	681.84
0.05	1536.55	1310.16	1156.95	1046.19	962.29	896.47	843.43	799.75	763.14
0.06	1759.50	1491.57	1310.16	1178.96	1079.55	1001.54	938.65	886.86	843.43
0.07	1979.52	1670.70	1461.51	1310.16	1195.45	1105.41	1032.82	973.01	922.86
0.08	2197.00	1847.83	1611.22	1439.99	1310.16	1208.25	1126.06	1058.33	1001.54
0.09	2412.23	2023.21	1759.50	1568.60	1423.83	1310.16	1218.48	1142.92	1079.55

续表

下放速度(m/min)	钻压(N)								
	转速 40r/min	转速 50r/min	转速 60r/min	转速 70r/min	转速 80r/min	转速 90r/min	转速 100r/min	转速 110r/min	转速 120r/min
0.10	2625.45	2197.00	1906.48	1696.12	1536.55	1411.25	1310.16	1226.84	1156.95
0.11	2836.84	2369.36	2052.28	1822.64	1648.42	1511.58	1401.18	1310.16	1233.81
0.12	3046.55	2540.39	2197.00	1948.25	1759.50	1611.22	1491.57	1392.93	1310.16

表 4-8　釜体内机械破碎天然气水合物中扭矩随机械转速及下放速度的变化(刀盘直径 500mm)

下放速度(m/min)	扭矩(N·m)								
	转速 40r/min	转速 50r/min	转速 60r/min	转速 70r/min	转速 80r/min	转速 90r/min	转速 100r/min	转速 110r/min	转速 120r/min
0.02	95.84	84.88	77.48	72.14	68.10	64.94	62.39	60.30	58.54
0.03	122.68	106.67	95.84	88.03	82.12	77.48	73.75	70.68	68.10
0.04	148.88	127.96	113.81	103.59	95.84	89.77	84.88	80.86	77.48
0.05	174.61	148.88	131.47	118.89	109.35	101.87	95.84	90.88	86.72
0.06	199.94	169.50	148.88	133.97	122.68	113.81	106.67	100.78	95.84
0.07	224.95	189.85	166.08	148.88	135.85	125.61	117.37	110.57	104.87
0.08	249.66	209.98	183.09	163.64	148.88	137.30	127.96	120.27	113.81
0.09	274.12	229.91	199.94	178.25	161.80	148.88	138.46	129.88	122.68
0.10	298.35	249.66	216.65	192.74	174.61	160.37	148.88	139.41	131.47
0.11	322.37	269.24	233.21	207.12	187.32	171.77	159.22	148.88	140.21
0.12	346.20	288.68	249.66	221.39	199.94	183.09	169.50	158.29	148.88

刀盘直径为 500mm 时，刀盘破碎天然气水合物过程中钻压、扭矩随下放速度及转速的变化曲线如图 4-13 所示。从图中可以看出，当刀盘转速固定时，钻压、扭矩随下放速度增大逐渐增大；当下放速度固定时，刀盘破碎天然气水合物的钻压、扭矩随转速增大逐渐减小。

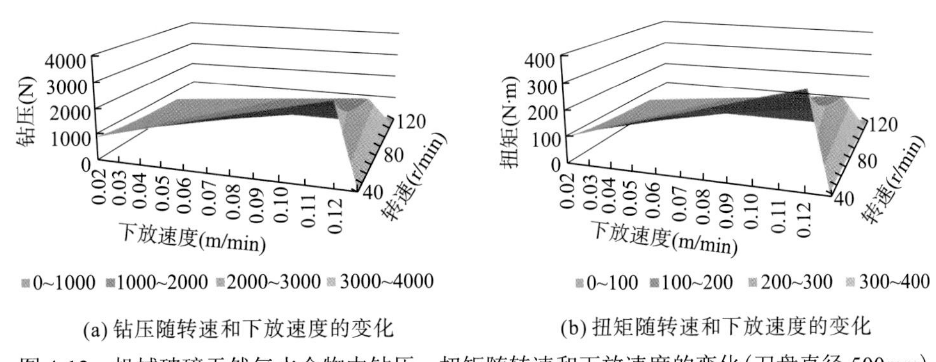

(a) 钻压随转速和下放速度的变化　　　　(b) 扭矩随转速和下放速度的变化

图 4-13　机械破碎天然气水合物中钻压、扭矩随转速和下放速度的变化(刀盘直径 500mm)

刀盘直径为 500mm 时，刀盘机械破碎天然气水合物矿体效率随下放速度的记录数据见表 4-9。

表 4-9　釜体内机械破碎天然气水合物矿体效率随下放速度的变化(刀盘直径 500mm)

下放速度(m/min)	0.02	0.03	0.04	0.05	0.06	0.07	0.08	0.09	0.10	0.11	0.12
破碎效率(m^3/min)	0.003925	0.005888	0.007850	0.009813	0.011775	0.013738	0.015700	0.017663	0.019625	0.021588	0.023550

刀盘直径为 500mm 时，刀盘破碎天然气水合物过程中破碎矿体效率随下放速度的变化曲线，如图 4-14 所示。可以看出，破碎矿体效率随下放速度的增大而线性提高。

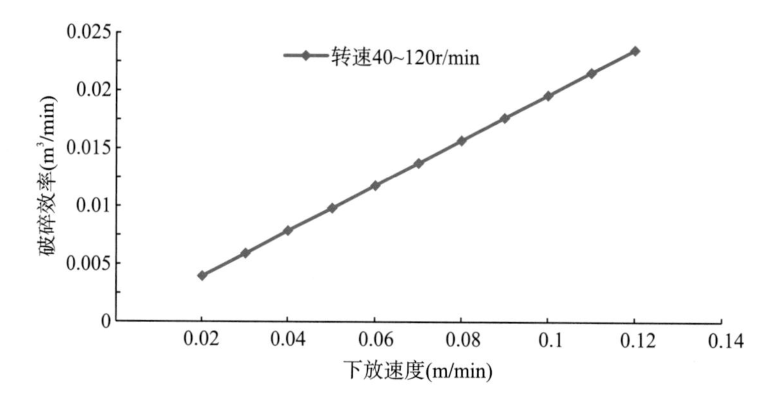

图 4-14　机械破碎天然气水合物矿体效率随下放速度的变化(刀盘直径 500mm)

刀盘直径为 600mm、下放速度为 0.02~0.12m/min、转速为 40~120r/min 时，不同下放速度和转速下机械破碎天然气水合物中的钻压、扭矩变化规律见表 4-10、表 4-11。

表 4-10　釜体内机械破碎天然气水合物中钻压随机械转速及下放速度的变化(刀盘直径 600mm)

下放速度(m/min)	钻压(N)								
	转速 40r/min	转速 50r/min	转速 60r/min	转速 70r/min	转速 80r/min	转速 90r/min	转速 100r/min	转速 110r/min	转速 120r/min
0.02	1012.12	896.36	818.21	761.81	719.16	685.75	658.86	636.74	618.21
0.03	1295.45	1133.13	1012.12	929.60	867.15	818.21	778.79	746.34	719.16
0.04	1572.20	1351.27	1201.85	1093.88	1012.12	948.01	896.36	853.84	818.21
0.05	1843.87	1572.20	1388.34	1255.43	1154.75	1075.77	1012.12	959.70	915.77
0.06	2111.40	1789.89	1572.20	1414.76	1295.45	1201.85	1126.38	1064.23	1012.12
0.07	2375.42	2004.84	1753.81	1572.20	1434.53	1326.49	1239.38	1167.61	1107.43
0.08	2636.40	2217.40	1933.47	1727.99	1572.20	1449.90	1351.27	1270.00	1201.85
0.09	2894.68	2427.85	2111.40	1882.32	1708.60	1572.20	1462.17	1371.50	1295.45
0.10	3150.54	2636.40	2287.77	2035.34	1843.87	1693.50	1572.20	1472.21	1388.34
0.11	3404.21	2843.23	2462.73	2187.17	1978.10	1813.90	1681.41	1572.20	1480.57
0.12	3655.86	3048.47	2636.40	2337.90	2111.40	1933.47	1789.89	1671.51	1572.20

表 4-11　釜体内机械破碎天然气水合物中扭矩随机械转速及下放速度的变化（刀盘直径 600mm）

下放速度 (m/min)	扭矩(N·m)								
	转速 40r/min	转速 50r/min	转速 60r/min	转速 70r/min	转速 80r/min	转速 90r/min	转速 100r/min	转速 110r/min	转速 120r/min
0.02	115.01	101.86	92.98	86.57	81.72	77.93	74.87	72.36	70.25
0.03	147.21	128.00	115.01	105.64	98.54	92.98	88.50	84.81	81.72
0.04	178.66	153.55	136.57	124.30	115.01	107.73	101.86	97.03	92.98
0.05	209.53	178.66	157.77	142.66	131.22	122.25	115.01	109.06	104.06
0.06	239.93	203.40	178.66	160.77	147.21	136.57	128.00	120.93	115.01
0.07	269.93	227.82	199.30	178.66	163.02	150.74	140.84	132.68	125.84
0.08	299.59	251.98	219.71	196.36	178.66	164.76	153.55	144.32	136.57
0.09	328.94	275.89	239.93	213.90	194.16	178.66	166.16	155.85	147.21
0.10	358.02	299.59	259.97	231.29	209.53	192.44	178.66	167.30	157.77
0.11	386.84	323.09	279.86	248.54	224.78	206.12	191.07	178.66	168.25
0.12	415.44	346.42	299.59	265.67	239.93	219.71	203.40	189.94	178.66

刀盘直径为 600mm 时，刀盘破碎天然气水合物过程中钻压、扭矩随下放速度及转速的变化曲线如图 4-15 所示。可以看出，当刀盘转速固定时，钻压、扭矩随下放速度的增大而逐渐增大；当下放速度固定时，刀盘破碎天然气水合物的钻压、扭矩随转速增大而逐渐减小。

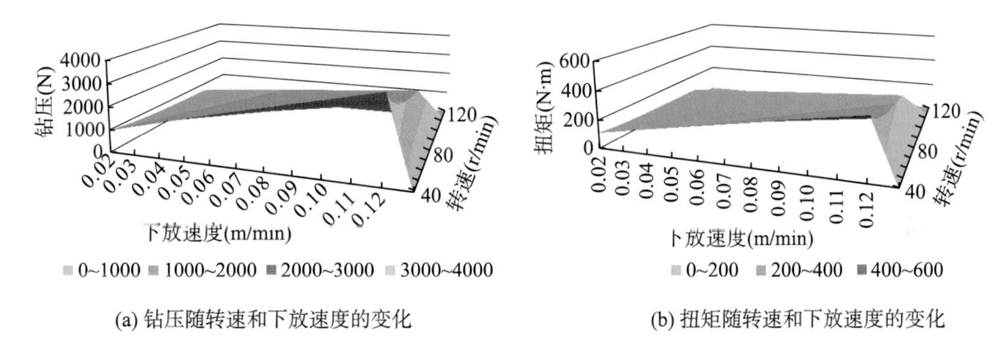

(a) 钻压随转速和下放速度的变化　　(b) 扭矩随转速和下放速度的变化

图 4-15　机械破碎天然气水合物中钻压、扭矩随转速和下放速度的变化（刀盘直径 600mm）

刀盘直径为 600mm 时，刀盘机械破碎天然气水合物矿体效率随下放速度的记录数据如表 4-12 所示。

表 4-12　釜体内机械破碎天然气水合物矿体效率随下放速度的变化（刀盘直径 600mm）

下放速度 (m/min)	0.02	0.03	0.04	0.05	0.06	0.07	0.08	0.09	0.10	0.11	0.12
破碎效率 (m^3/min)	0.005652	0.008478	0.011304	0.014130	0.016956	0.019782	0.022608	0.025434	0.028260	0.031086	0.033912

刀盘直径为 600mm 时，刀盘破碎天然气水合物过程中破碎矿体效率随下放速度的变化曲线如图 4-16 所示。可以看出，破碎矿体效率随下放速度的增大而线性提高。

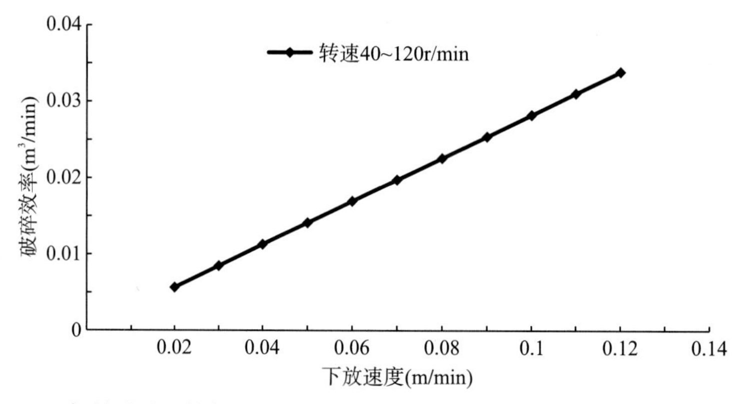

图 4-16 机械破碎天然气水合物矿体效率随下放速度的变化(刀盘直径 600mm)

刀盘直径为 700mm、下放速度为 0.02~0.12m/min、转速为 40~120r/min 时，刀盘机械破碎天然气水合物中的扭矩、钻压变化规律见表 4-13、表 4-14。

表 4-13 釜体内机械破碎天然气水合物中钻压随机械转速及下放速度的变化(刀盘直径 700mm)

下放速度(m/min)	钻压(N)								
	转速 40r/min	转速 50r/min	转速 60r/min	转速 70r/min	转速 80r/min	转速 90r/min	转速 100r/min	转速 110r/min	转速 120r/min
0.02	1180.81	1045.76	954.57	888.78	839.02	800.05	768.67	742.86	721.25
0.03	1511.36	1321.99	1180.81	1084.54	1011.68	954.57	908.58	870.73	839.02
0.04	1834.23	1576.48	1402.15	1276.19	1180.81	1106.01	1045.76	996.15	954.57
0.05	2151.18	1834.23	1619.73	1464.67	1347.20	1255.06	1180.81	1119.65	1068.40
0.06	2463.30	2088.20	1834.23	1650.55	1511.36	1402.15	1314.12	1241.60	1180.81
0.07	2771.32	2338.97	2046.11	1834.23	1673.62	1547.58	1445.94	1362.21	1292.01
0.08	3075.80	2586.96	2255.71	2015.99	1834.23	1691.55	1576.48	1481.67	1402.15
0.09	3377.13	2832.49	2463.30	2196.04	1993.36	1834.23	1705.87	1600.09	1511.36
0.10	3675.63	3075.80	2669.07	2374.56	2151.18	1975.75	1834.23	1717.58	1619.73
0.11	3971.58	3317.10	2873.19	2551.70	2307.79	2116.21	1961.65	1834.23	1727.33
0.12	4265.17	3556.55	3075.80	2727.55	2463.30	2255.71	2088.20	1950.10	1834.23

表 4-14 釜体内机械破碎天然气水合物中扭矩随机械转速及下放速度的变化(刀盘直径 700mm)

下放速度(m/min)	扭矩(N·m)								
	转速 40r/min	转速 50r/min	转速 60r/min	转速 70r/min	转速 80r/min	转速 90r/min	转速 100r/min	转速 110r/min	转速 120r/min
0.02	134.18	118.84	108.47	101.00	95.34	90.91	87.35	84.42	81.96
0.03	171.75	149.33	134.18	123.24	114.96	108.47	103.25	98.95	95.34
0.04	208.43	179.15	159.34	145.02	134.18	125.68	118.84	113.20	108.47
0.05	244.45	208.43	184.06	166.44	153.09	142.62	134.18	127.23	121.41
0.06	279.92	237.30	208.43	187.56	171.75	159.34	149.33	141.09	134.18
0.07	314.92	265.79	232.51	208.43	190.18	175.86	164.31	154.80	146.82
0.08	349.52	293.97	256.33	229.09	208.43	192.22	179.15	168.37	159.34
0.09	383.76	321.87	279.92	249.55	226.52	208.43	193.85	181.83	171.75
0.10	417.69	349.52	303.30	269.84	244.45	224.52	208.43	195.18	184.06
0.11	451.32	376.94	326.50	289.97	262.25	240.48	222.91	208.43	196.29
0.12	484.68	404.15	349.52	309.95	279.92	256.33	237.30	221.60	208.43

刀盘直径为 700mm 时，刀盘破碎天然气水合物过程中钻压、扭矩随下放速度及转速的变化曲线如图 4-17 所示。可以看出，当刀盘转速固定时，钻压、扭矩随下放速度的增大而逐渐增大；当下放速度固定时，刀盘破碎天然气水合物的钻压、扭矩随转速的增大逐渐减小。

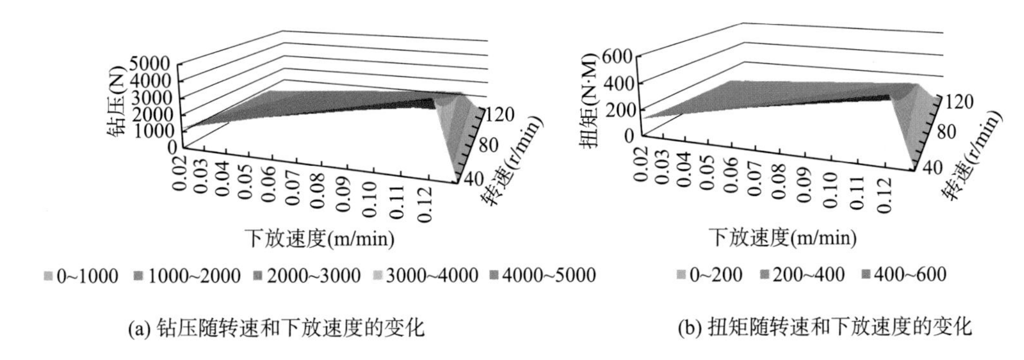

(a) 钻压随转速和下放速度的变化　　(b) 扭矩随转速和下放速度的变化

图 4-17　机械破碎天然气水合物中钻压、扭矩随转速和下放速度的变化(刀盘直径 700mm)

刀盘直径为 700mm 时，刀盘机械破碎天然气水合物矿体效率随下放速度的记录数据见表 4-15。

表 4-15　釜体内机械破碎天然气水合物矿体效率随下放速度的变化(刀盘直径 700mm)

下放速度(m/min)	0.02	0.03	0.04	0.05	0.06	0.07	0.08	0.09	0.10	0.11	0.12
破碎效率(m^3/min)	0.007693	0.011540	0.015386	0.019233	0.023079	0.026926	0.030772	0.034619	0.038465	0.042312	0.046158

刀盘直径为 700mm 时，刀盘破碎天然气水合物过程中破碎矿体效率随下放速度的变化曲线，如图 4-18 所示。可以看出，破碎矿体效率随下放速度的增大而线性增大。

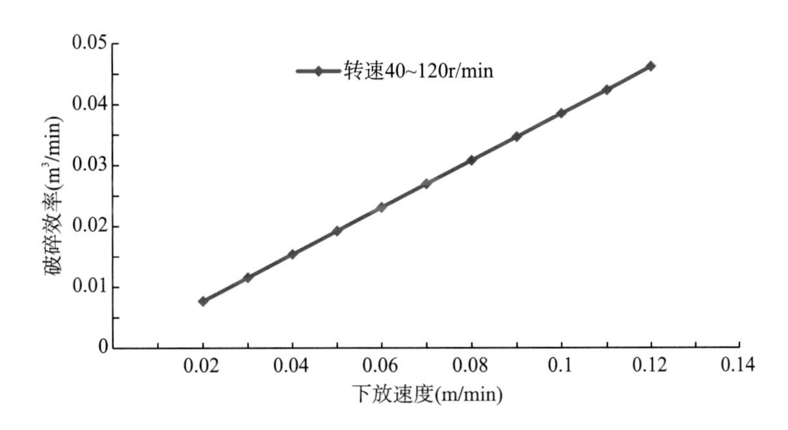

图 4-18　机械破碎天然气水合物矿体效率随下放速度的变化(刀盘直径 700mm)

刀盘直径为 800mm、下放速度为 0.02~0.12m/min、转速为 40~120r/min 时，刀盘机械破碎天然气水合物中的扭矩、钻压变化规律见表 4-16、表 4-17。

表 4-16　釜体内机械破碎天然气水合物中钻压随机械转速及下放速度的变化（刀盘直径 800mm）

下放速度(m/min)	钻压(N)								
	转速 40r/min	转速 50r/min	转速 60r/min	转速 70r/min	转速 80r/min	转速 90r/min	转速 100r/min	转速 110r/min	转速 120r/min
0.02	1349.49	1195.15	1090.94	1015.75	958.88	914.34	878.48	848.98	824.28
0.03	1727.27	1510.85	1349.49	1239.47	1156.21	1090.94	1038.38	995.12	958.88
0.04	2096.26	1801.69	1602.46	1458.50	1349.49	1264.02	1195.15	1138.45	1090.94
0.05	2458.49	2096.26	1851.12	1673.91	1539.66	1434.36	1349.49	1279.60	1221.03
0.06	2815.20	2386.52	2096.26	1886.34	1727.27	1602.46	1501.85	1418.97	1349.49
0.07	3167.23	2673.11	2338.41	2096.26	1912.71	1768.66	1652.51	1556.81	1476.58
0.08	3515.20	2956.53	2577.96	2303.98	2096.26	1933.20	1801.69	1693.33	1602.46
0.09	3859.57	3237.13	2815.20	2509.76	2278.13	2096.26	1949.57	1828.67	1727.27
0.10	4200.72	3515.20	3050.36	2713.79	2458.49	2258.00	2096.26	1962.95	1851.12
0.11	4538.94	3790.97	3283.64	2916.22	2637.47	2418.53	2241.88	2096.26	1974.09
0.12	4874.48	4064.63	3515.20	3117.20	2815.20	2577.96	2386.52	2228.69	2096.26

表 4-17　釜体内机械破碎天然气水合物中扭矩随机械转速及下放速度的变化（刀盘直径 800mm）

下放速度(m/min)	扭矩(N·m)								
	转速 40r/min	转速 50r/min	转速 60r/min	转速 70r/min	转速 80r/min	转速 90r/min	转速 100r/min	转速 110r/min	转速 120r/min
0.02	153.35	135.81	123.97	115.43	108.96	103.90	99.83	96.48	93.67
0.03	196.28	170.66	153.35	140.85	131.39	123.97	118.00	113.08	108.96
0.04	238.21	204.74	182.10	165.74	153.35	143.64	135.81	129.37	123.97
0.05	279.37	238.21	210.35	190.22	174.96	163.00	153.35	145.41	138.75
0.06	319.91	271.20	238.21	214.36	196.28	182.10	170.66	161.25	153.35
0.07	359.91	303.76	265.73	238.21	217.35	200.98	187.78	176.91	167.79
0.08	399.45	335.97	292.95	261.82	238.21	219.68	204.74	192.42	182.10
0.09	438.59	367.86	319.91	285.20	258.88	238.21	221.54	207.80	196.28
0.10	477.35	399.45	346.63	308.38	279.37	256.59	238.21	223.06	210.35
0.11	515.79	430.79	373.14	331.39	299.71	274.83	254.76	238.21	224.33
0.12	553.92	461.89	399.45	354.23	319.91	292.95	271.20	253.26	238.21

刀盘直径为 800mm 时，刀盘破碎天然气水合物过程中钻压、扭矩随下放速度及转速的变化曲线如图 4-19 所示。可以看出，当刀盘转速固定时，钻压、扭矩随下放速度的增大逐渐增大；当下放速度固定时，刀盘破碎天然气水合物的钻压、扭矩随转速的增大而逐渐减小。

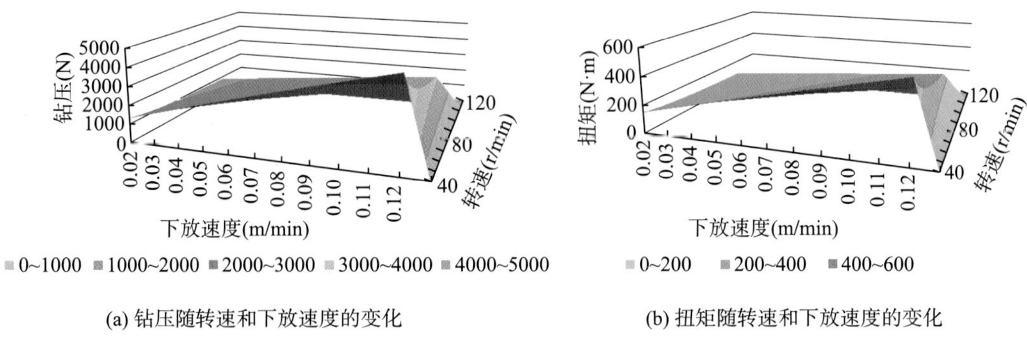

(a) 钻压随转速和下放速度的变化　(b) 扭矩随转速和下放速度的变化

图 4-19　机械破碎天然气水合物中钻压、扭矩随转速和下放速度的变化(刀盘直径 800mm)

刀盘直径为 800mm，下放速度为 0.02~0.12m/min，转速在 40~120r/min 范围内，刀盘机械破碎天然气水合物矿体效率随下放速度的记录数据见表 4-18。

表 4-18　釜体内机械破碎天然气水合物矿体效率随下放速度的变化(刀盘直径 800mm)

下放速度(m/min)	0.02	0.03	0.04	0.05	0.06	0.07	0.08	0.09	0.10	0.11	0.12
破碎效率(m^3/min)	0.010048	0.015072	0.020096	0.025120	0.030144	0.035168	0.040192	0.045216	0.050240	0.055264	0.060280

刀盘直径为 800mm 时，刀盘破碎天然气水合物过程中破碎矿体效率随下放速度的变化曲线，如图 4-20 所示。可以看出，破碎矿体效率随下放速度的增大而线性增大。

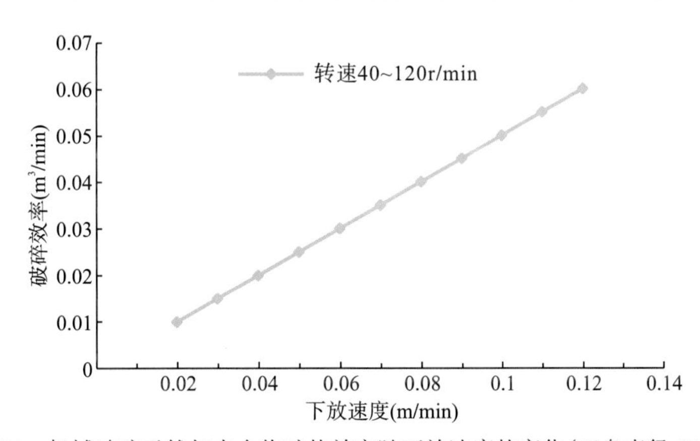

图 4-20　机械破碎天然气水合物矿体效率随下放速度的变化(刀盘直径 800mm)

4.4　水合物浆体高效管输实验

4.4.1　多相非平衡管流系统数学理论模型及数值求解方法

本书建立了海洋天然气水合物固态流化开采水下输送井筒温度和压力数学模型、井筒流动条件下的水合物非平衡分解数学模型、气-液-固多相流动数学模型，形成了海洋天然气水合物固态流化开采水下输送气-液-固多相非平衡管流系统数学理论模型并建立数值求解方法。

1. 井筒温度数学模型

如图 4-21 所示，海洋天然气水合物固态流化开采过程中，井筒内混合流体、隔水管、海水所组成的系统不断地进行热量交换，基于此建立了井筒微分单元的能量方程：

$$m_a v_a \frac{\mathrm{d}v_a}{\mathrm{d}z} + \frac{\mathrm{d}q_a}{\mathrm{d}z} - m_a g + \frac{\mathrm{d}q_{wa}}{\mathrm{d}z} + \frac{\mathrm{d}q_{fa}}{\mathrm{d}z} + \frac{\mathrm{d}q_{pt}}{\mathrm{d}z} = 0 \tag{4-12}$$

式中，m_a 为井筒中流体质量流量，kg/s；v_a 为井筒中流体流速，m/s；q_a 为井筒中传热微分单元的焓变速率，J/s；g 为重力加速度，m/s^2；q_{wa} 为微元体上海水向井筒的传热速率，J/s；q_{fa} 为井筒中微元体上流体摩擦产热速率，J/s；q_{pt} 为井筒中微元体上水合物相变吸热速率，J/s。

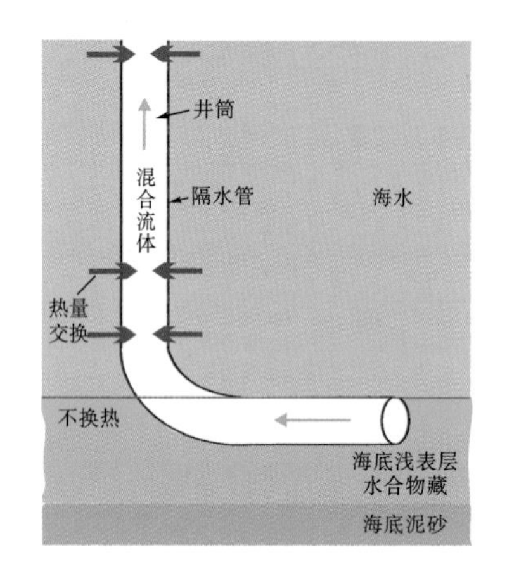

图 4-21　海洋天然气水合物固态流化开采过程中井筒传热示意图

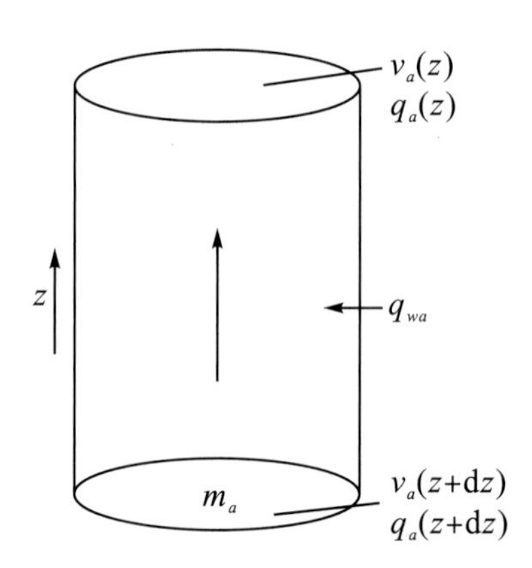

图 4-22　井筒内传热微分单元示意图

如图 4-22 所示，根据井筒中传热微分单元体的焓变速率、微元体上海水向井筒的传热速率、井筒中微元体上流体摩擦产热速率、井筒中微元体内水合物相变吸热速率，建立了海洋天然气水合物固态流化开采水下输送过程中井筒温度分布模型：

$$-\frac{\mathrm{d}T_a}{\mathrm{d}z} = \frac{\pi D_{co} U_{wa}}{c_m m_a}\left(T_w - T_a\right) + \frac{2 f v_a^2}{c_m D_{ci}} - ZR \frac{\mathrm{d}\left(\ln p_{eq}\right)}{\mathrm{d}\left(\dfrac{1}{T_a}\right)} \frac{\mathrm{d}n_{hm}}{\mathrm{d}t} + A \tag{4-13}$$

式中，$A = \dfrac{v_a}{c_m}\dfrac{\mathrm{d}v_a}{\mathrm{d}z} - C_0 \dfrac{\mathrm{d}p_a}{\mathrm{d}z} - \dfrac{g}{c_m}$；$U_{wa} = \left[\dfrac{\left(\dfrac{D_{co}}{D_{ci}}\right)}{\alpha_f} + \dfrac{D_{co}\ln\left(\dfrac{D_{co}}{D_{ci}}\right)}{2\lambda_c} + \dfrac{1}{\alpha_m}\right]^{-1}$；$D_{co}$、$D_{ci}$ 为隔水管外径、内径，m；T_w、T_a 分别为海水、井筒温度，K；α_f 为隔水管内表面上的受迫对流换热系数，W/(m^2·K)；α_m 为隔水管外表面上的自然对流换热系数，W/(m^2·K)；λ_c 为隔水管导热系数，W/(m·K)；f 为流动摩阻系数，无因次；c_m 为井筒流体比热容，J/(kg·K)；p_a 为井筒压力，Pa；C_0 为焦汤系数，K/Pa；Z 为天然气压缩因子；R 为通用气体常数，

8.314J/(mol·K)；p_{eq} 为井筒温度下的相平衡压力，MPa；$\frac{\mathrm{d}n_{hm}}{\mathrm{d}t}$ 为单位长度上的水合物总分解速率，mol/s。

同时，得到了海水垂向温度剖面数学模型：

$$T_w=\begin{cases}\frac{1}{200}\left[(T_a-273.15)(200-h)+13.7h\right], & 0\leqslant h<200\mathrm{m}\\ a_1-\frac{a_1-a_2}{1+\mathrm{e}^{(h+a_3)/a_4}}, & h\geqslant 200\mathrm{m}\end{cases} \tag{4-14}$$

式中，T_a 为海表温度，K；h 为海水深度，m；a_1、a_2、a_3、a_4 为曲线拟合系数。

2. 井筒压力数学模型

井筒内流体压力随井深变化而变化，井筒中的总压降主要由重力压降、摩阻压降和加速压降 3 部分组成，基于此建立了井筒压力模型：

$$-\frac{\mathrm{d}p_t}{\mathrm{d}z}=\rho_m g+\frac{2fv_m^2\rho_m}{D_{ci}}+\frac{\rho_m v_m \mathrm{d}v_m}{\mathrm{d}z} \tag{4-15}$$

式中，p_t 为井筒压力，Pa；f 为流动摩阻系数，无因次；ρ_m 为混合流体密度，kg/m³；v_m 为混合流体流速，m/s；D_{ci} 为隔水管内径，m。

3. 水合物非平衡分解数学模型

考虑井筒温度、压力、分解表面积、分解推动力、管流速度等因素的影响，建立了水下输送井筒多相流条件下的天然气水合物分解动力学模型：

$$\left(-\frac{\mathrm{d}n_h}{\mathrm{d}t}\right)_{T,p}=k_d^f A_h\left[f_{eq}\left(T,p_{eq}\right)-f\left(T,p\right)\right] \tag{4-16}$$

式中，n_h 为天然气水合物物质的量，mol；t 为分解时间，s；k_d^f 为天然气水合物分解速率常数，mol/(s·m²·MPa)；A_h 为天然气水合物藏钻屑中水合物分解面积，m²；T 为天然气水合物分解时的井筒温度，K；p 为天然气水合物分解时的井筒压力，MPa；p_{eq} 为温度 T 条件下的相平衡压力，MPa；f 为甲烷气体在一定压力 p、温度 T 条件下的逸度，MPa；f_{eq} 为甲烷气体在相同温度 T 下达到平衡压力时的逸度，MPa。

4. 水合物相平衡数学模型

为了判断天然气水合物是否发生分解，基于 Vander Waals 所研究的统计热力学方法，建立了天然气水合物相平衡模型：

$$\frac{\Delta\mu_0}{RT_0}-\int_{T_0}^{T}\frac{\Delta H_0+\Delta C_P(T-T_0)}{RT^2}\mathrm{d}T+\int_{P_0}^{P}\frac{\Delta V}{RT}\mathrm{d}P=\ln\left(\frac{f_w}{f_w^0}\right)-\sum_{i=1}^{2}v_i\ln\left(1-\sum_{j=1}^{N_C}\theta_{ij}\right) \tag{4-17}$$

式中，$\Delta\mu_0$ 为标准状态下水合物、纯水中水的化学位差；T_0、p_0 分别为标准状态下的温度、压力，分别取 273.15K、0.1MPa；ΔC_p、ΔV、ΔH_0 分别为水合物、纯水之间的比热差、比容差、比焓差；$\ln(f_w/f_w^0)=\ln x_w$，x_w 为富水相中水的摩尔分数。

求解得到天然气水合物相平衡曲线，如图 4-23 所示。

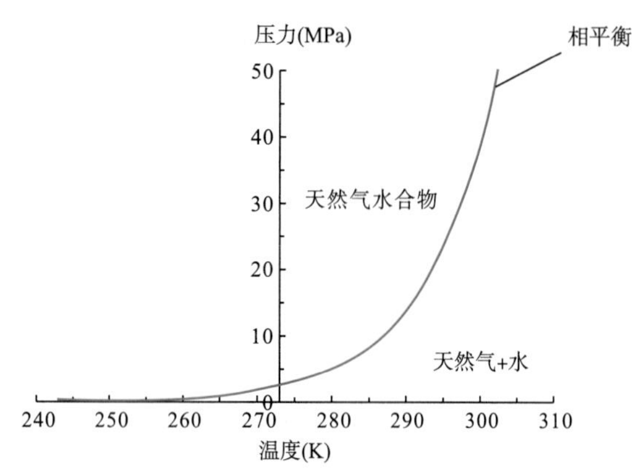

图 4-23　天然气水合物相平衡曲线

5. 气-液-固多相非平衡流动数学模型

气相连续方程：

$$\frac{\partial}{\partial t}(A\rho_g E_g)+\frac{\partial}{\partial z}(A\rho_g E_g v_g)=q_g \tag{4-18}$$

液相连续方程：

$$\frac{\partial}{\partial t}(A\rho_l E_l)+\frac{\partial}{\partial z}(A\rho_l E_l v_l)=q_l \tag{4-19}$$

井内气-液-固混合动量方程可写为：

$$\begin{aligned}&\frac{\partial}{\partial t}(\rho_l v_l E_l+\rho_g v_g E_g+\rho_s v_s E_s)+\frac{\partial}{\partial z}(p+\rho_l v_l^2 E_l+\rho_g v_g^2 E_g+\rho_s v_s^2 E_s)\\&+(\rho_l E_l+\rho_g E_g+\rho_s E_s)g+\frac{\lambda\rho_m v_m^2}{2d}=0\end{aligned} \tag{4-20}$$

式中，q_g 为控制体内天然气水合物分解产生甲烷气体的速率，kg/(s·m)；q_l 为控制体内天然气水合物分解产生水的速率，kg/(s·m)；ρ_g、ρ_l、ρ_s、ρ_m 分别为气相、液相、固相、混合相的密度，kg/m^3；v_g、v_l、v_s、v_m 分别为气相、液相、固相、混合相的流动速度，m/s；E_g、E_l、E_s 分别为持气率、持液率、固相含量，无量纲；p 为井筒压力，Pa；λ 为摩阻系数，无量纲；g 为重力加速度，m/s^2；d 为井筒直径，m。

6. 固相颗粒运移模型

1）垂直段固相颗粒运移模型

固相颗粒在垂直井筒下落过程中，由于重力、阻力、浮力的综合作用，最终将匀速下落，此速度即为颗粒的终末沉降速度，其表达式：

$$v_s=\sqrt{\frac{4gd_s(\rho_s-\rho_m)}{3\rho_m C_D}}\frac{\psi}{1+\dfrac{d_s}{D_h}} \tag{4-21}$$

式中，v_s 为颗粒沉降速度，m/s；g 为重力加速度，m/s^2；d_s 为球形颗粒当量直径，m；D_h 为井筒当量直径，m；ρ_s 为颗粒密度，kg/m^3；ρ_m 为混合流体密度，kg/m^3；ψ 为球形度，无量纲；C_D 为阻尼系数，无量纲，与雷诺数有关。

2) 水平段固相颗粒运移模型

海洋天然气水合物固态流化开采中，水合物固相颗粒的起动是指岩屑床表层的钻屑颗粒受到重力 G、浮力 F_B、流动拖曳力 F_D、压力梯度力 F_p、萨夫曼升力 F_L、粒间凝聚力 F_C、附加质量力、巴塞特力、马格努斯升力等的作用由静止转变为运动的临界状态，其受力分析如图 4-24 所示。当井筒液相流速增大到一定程度时，水合物岩屑床表层的颗粒会由静止变为运动，此时的井筒流速即为临界流速。

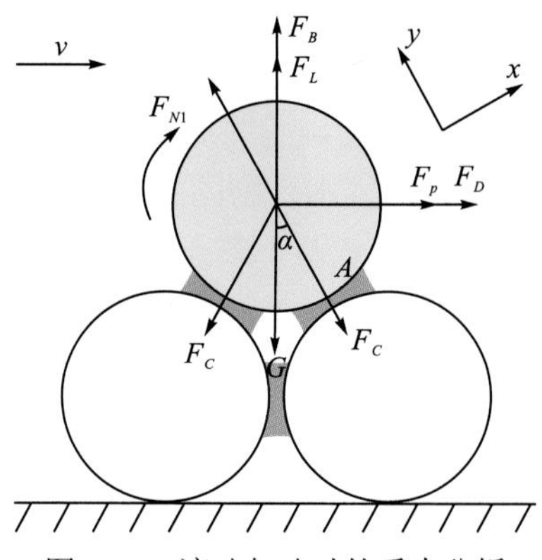

图 4-24　滚动起动时的受力分析

建立了水合物固相颗粒发生滚动起动时的液相临界速度关系：

$$\left(F_D+F_p\right)\frac{d_s}{2}\cos\alpha+(F_B+F_L)\frac{d_s}{2}\sin\alpha=G\frac{d_s}{2}\sin\alpha+F_C\frac{d_s}{2}\sin2\alpha \tag{4-22}$$

整理可得

$$\begin{aligned}&v_l^2\frac{C_D\pi\rho_l}{8}\cos\alpha+1.61v_l\left(\rho_l\mu_l\frac{\mathrm{d}v_l}{\mathrm{d}y}\right)^{1/2}\sin\alpha\\&=\frac{\pi d_s}{6}(\rho_s-\rho_l)g\sin\alpha-\frac{\pi d_s}{6}F_{dp}\cos\alpha+\frac{F_C}{d_s^2}\sin2\alpha\end{aligned} \tag{4-23}$$

即为水合物固相颗粒发生滚动起动时的液相临界速度关系式。

水合物固相颗粒发生跃移起动时的受力分析如图 4-25 所示。

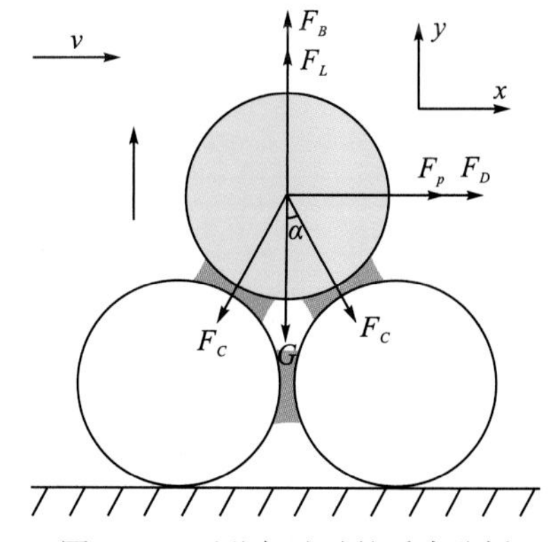

图 4-25　跃移起动时的受力分析

建立了水合物固相颗粒发生跃移起动时的液相临界速度关系：

$$F_B + F_L = G + 2F_C\cos\alpha \tag{4-24}$$

整理可得

$$\rho_l g\frac{\pi d_s^3}{6} + 1.61d_s^2(\rho_l\mu_l)^{1/2}(v_l)\left|\frac{\mathrm{d}v_l}{\mathrm{d}y}\right|^{1/2} = \rho_s g\frac{\pi d_s^3}{6} + 2F_C\cos\alpha \tag{4-25}$$

即为水合物固相颗粒发生跃移起动时的液相临界速度关系式。

7. 数值计算方法

为了计算固态流化开采水下输送气-液-固多相非平衡管流特征参数，采用有限差分迭代的数值仿真方法，数值仿真过程中空间域为井筒，时间域为天然气水合物颗粒自井底进入井筒至其返出过程；建立了海洋天然气水合物固态流化开采水下输送气-液-固多相非平衡管流特征参数计算流程，以环空内任意两个节点 i 与 i+1 从 n 到 n+1 时刻的分解动态过程为例说明有限差分迭代求解过程，其中 i 与 i+1 节点处在 n 时刻的参数为已知条件，如图 4-26 所示。

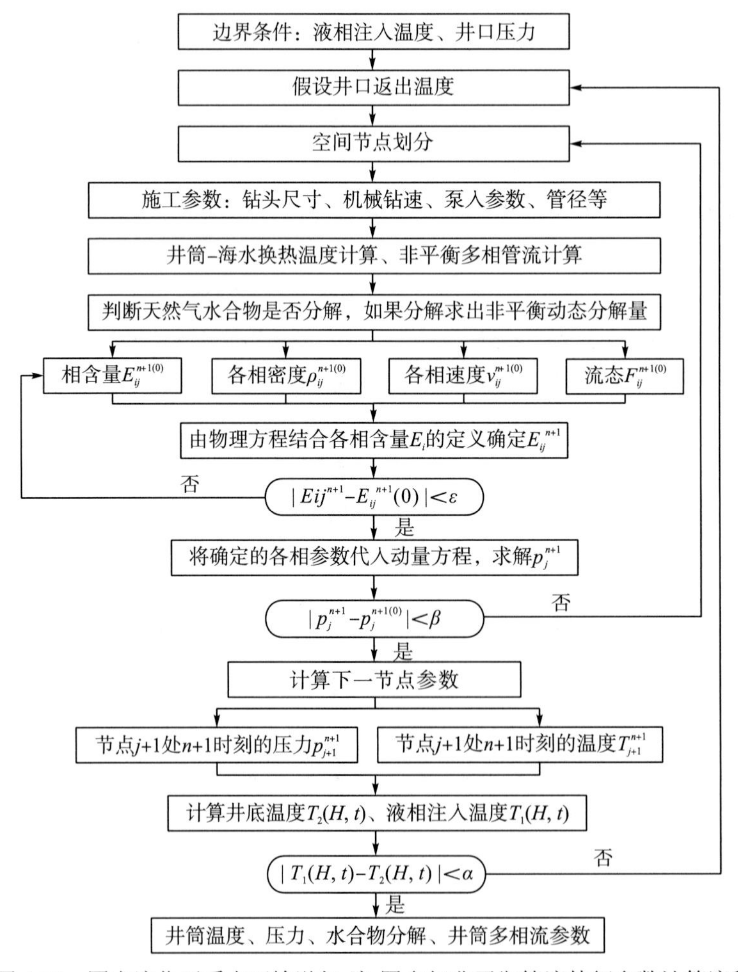

图 4-26　固态流化开采水下输送气-液-固多相非平衡管流特征参数计算流程

4.4.2　高效管输实验

4.4.2.1　实验目的及意义

(1) 通过垂直循环管路实验，进行天然气水合物相变条件下多相流动特征的参数测量，揭示压力演变规律，形成调控技术；进行高效携岩能力评价、不同机械开采速率条件下水合物安全输送、井控安全规律等模拟技术研究。

(2) 通过水平循环管路实验，揭示固相运移规律，实现不同条件下的水平段固相高效运移模拟。

(3) 通过实验验证所建立的天然气水合物固态流化开采水下输送气-液-固多相非平衡管流系统数学理论模型及数值求解方法的准确性。

4.4.2.2　实验方案及流程

1. 实验方案

针对海洋非成岩天然气水合物固态流化开采，分别开展如下实验模拟：

(1) 垂直循环管路实验模拟。根据实验方案参数分组向垂直管路注入水合物浆体，待温度、压力稳定后，参照垂直循环管路实验流程，调节泵的排量逐渐增大，实时监测垂直管路中固相颗粒运移情况，记录垂直管路中固相颗粒临界起动时的排量；调节泵的排量与各组实验方案中对应液相排量相同，开展垂直循环管路实验，实验中单次循环模拟垂直管流上升 30m 高度，共循环 40 次，以模拟自海底上升 1200m 至海面的过程；对垂直循环管路实验过程中的温度、压力、各相含量、各相速度进行实时监测并记录。

(2) 水平循环管路实验模拟。根据实验方案参数分组向水平管路注入水合物浆体，待温度、压力稳定后，停止水合物浆体注入系统，参照水平循环管路实验流程，调节泵的排量逐渐增大，实时监测水平管路中固相颗粒运移情况，记录固相颗粒临界起动时的排量，得到不同实验条件下的固相颗粒起动规律。

实验模拟基本参数如下：海水深度 1200m，实验管线内径 76.2mm，液相密度 1030kg/m^3。

为了通过实验研究得到海洋非成岩天然气水合物固态流化开采射流破碎形成的固相颗粒在管输过程中的多相流动及运移规律，在水合物浆体高效管输与分离实验中，采用的固相输送量需与射流破碎施工参数相匹配，因此，结合图 4-20 所示的水合物固态流化开采射流破碎效率范围，设定水合物浆体高效管输实验过程中固相输送量为 0.1~0.36m^3/min。

水合物浆体高效管输与分离实验中制定的实验方案参数见表 4-19~表 4-23。

表 4-19　不同液相排量下的水合物浆体垂直循环管输实验方案参数表

组别	液相排量 (L/s)	固相输送量 (m^3/min)	固相平均粒径 (mm)	固相颗粒中水合物体积分数 (%)
1	6	0.147	5	16
2	12	0.147	5	16
3	18	0.147	5	16
4	24	0.147	5	16

表 4-20　不同固相输送量下的水合物浆体垂直循环管输实验参数表

组别	液相排量(L/s)	固相输送量(m^3/min)	固相平均粒径(mm)	固相颗粒中水合物体积分数(%)
1	12	0.147	5	16
2	12	0.206	5	16
3	12	0.265	5	16
4	12	0.324	5	16

表 4-21　不同固相粒径下的水合物浆体垂直循环管输实验参数表

组别	液相排量(L/s)	固相输送量(m^3/min)	固相平均粒径(mm)	固相颗粒中水合物体积分数(%)
1	12	0.147	2	16
2	12	0.147	5	16
3	12	0.147	8	16
4	12	0.147	10	16

表 4-22　不同固相粒径下的水合物浆体水平循环管输实验参数表

组别	固相平均粒径(mm)	固相颗粒中水合物体积分数(%)
1	2	16
2	5	16
3	8	16
4	10	16

表 4-23　不同水合物体积分数下的水合物浆体水平循环管输实验参数表

组别	固相平均粒径(mm)	固相颗粒中水合物体积分数(%)
1	5	16
2	5	32
3	5	48
4	5	64

2. 实验流程

垂直循环管输实验流程如下：

(1)管道初始压力调节。启动真空泵对垂直管路抽真空，通过垂直管路压力传感器测得达到0.096MPa的真空度时，关闭真空泵。启动液体注入泵，向垂直管道内注入预冷的海水，直至垂直管道内压力达到12MPa时，关闭液体注入泵。然后启动浆体循环泵，通过循环垂直管道内的冷却海水达到管道预冷的目的，直到与制备釜内温度相同后停止循环。

(2)注入水合物浆体。运行水合物破碎与浆体保真运移模块向实验管路注入水合物浆体，使其流入垂直上升管路，上升管路的入口和出口处安装有激光粒度仪以便测定多相流中固相粒度，上升管路 30m 高，每隔 2m 安装有温度传感器、压力传感器以监测上升过程中的温度、压力变化，管路顶部安装有电动阀以便调节实验管路中的回压。

(3) 水合物浆体循环实验。水合物浆体流经电加热垂直管路下降段后开始循环。循环过程中，根据实验模拟井深位置，调压器可不断逐级调节管路中的压力，多级升温子系统可逐级调节浆体温度变化，在线取样分析仪可实时进行取样分析。

(4) 循环实验结束。循环实验结束后，将管路中的多相流泵入三相分离系统中，通过三相分离分别得到循环结束时的气、液、固相的量并进行回收和处理。最后，对管路进行清洗，管路中残留物被完全返出后结束实验。

水平循环管路实验流程如下：

(1) 管线初始压力调节。采用与垂直循环管路实验流程①中相同的方法对水平循环管路抽真空并注入设定温度、压力下的甲烷气体。

(2) 注入水合物浆体。采用与垂直循环管路实验流程②中相同的方法对水平循环管路注入水合物浆体。

(3) 水合物浆体循环实验。水合物浆体开始循环，根据实验模拟井深位置，通过调压器调节稳定管路中的压力，通过在线取样分析仪实时进行取样分析。

(4) 循环实验结束。通过三相分离分别得到循环结束时的气、液、固相的量并进行回收和处理。最后清洗管路结束实验。

4.4.2.3　实验现象

水合物浆体高效管输实验中，模拟泥砂颗粒所用的固相颗粒如图 4-27 所示。

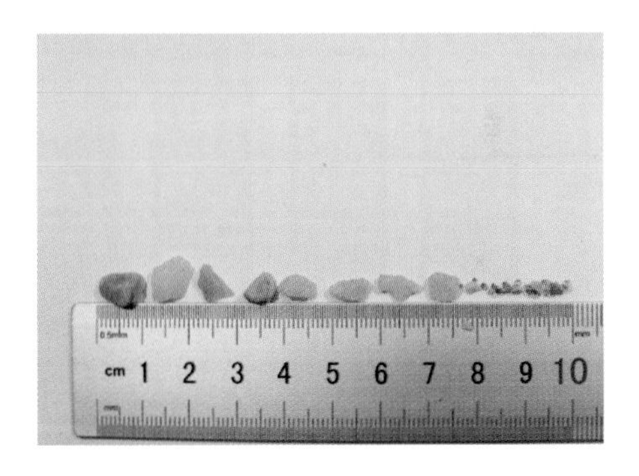

图 4-27　实验模拟泥砂颗粒所用的固相颗粒

分别得到了垂直和水平循环管输实验中不同液相排量下水合物分解前后的实验现象，分析如下[272-282]：

1. 垂直循环管输实验中不同液相排量下的实验现象

垂直循环管输实验中，泵排量逐渐增大的过程中，得到了粒径 2mm、5mm 的固相颗粒在不同液相排量下的实验现象，见表 4-24、图 4-28。

表 4-24　垂直循环管输实验中不同粒径固相颗粒在不同液相排量下的实验现象记录表

排量(L/s)	对应液相流速(m/s)	实验现象	
		粒径 2mm	粒径 5mm
0.720	0.158	颗粒下移	颗粒下移
0.768	0.168	颗粒下移	颗粒下移
0.816	0.179	部分颗粒悬浮、部分下移	颗粒下移
0.864	0.189	部分颗粒悬浮、少量下移	颗粒下移
0.912	0.200	颗粒悬浮	部分颗粒悬浮、部分下移
0.960	0.211	颗粒悬浮、少量上移	部分颗粒悬浮、少量下移
1.440	0.316	颗粒上移	颗粒悬浮
1.920	0.421	大量颗粒上移	颗粒上移
2.400	0.526	大量颗粒上移	大量颗粒上移

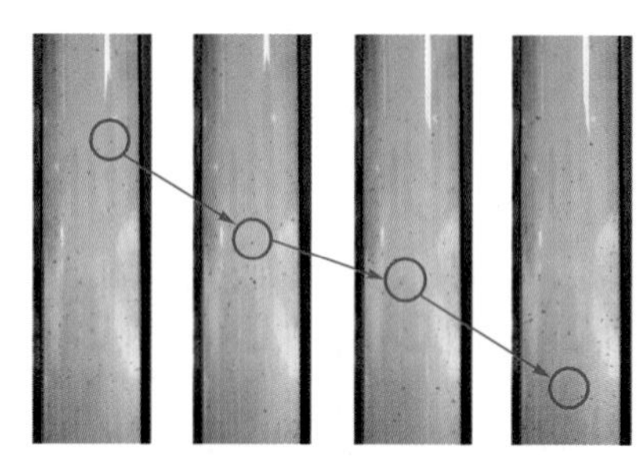
(a) 0.720L/s下颗粒下移(粒径为2mm)

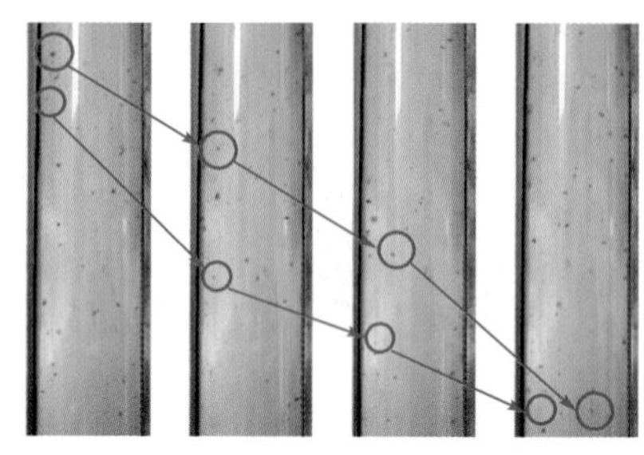
(b) 0.720L/s下颗粒下移(粒径为5mm)

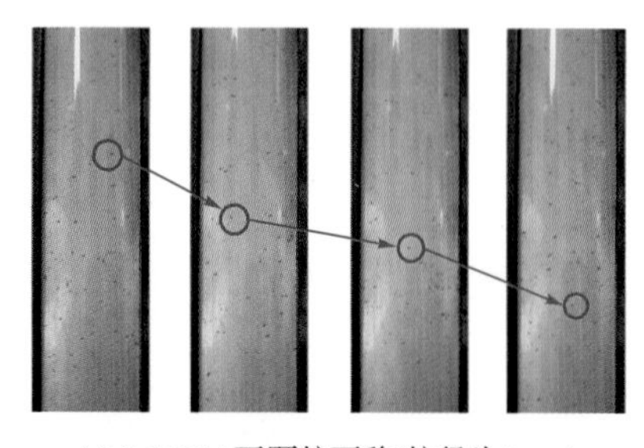
(c) 0.768L/s下颗粒下移(粒径为2mm)

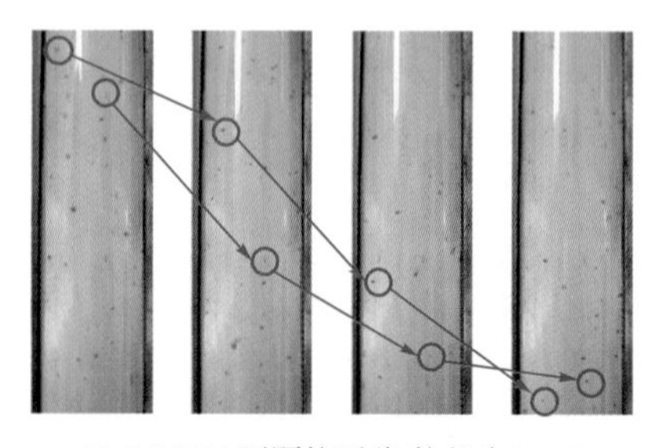
(d) 0.768L/s下颗粒下移(粒径为5mm)

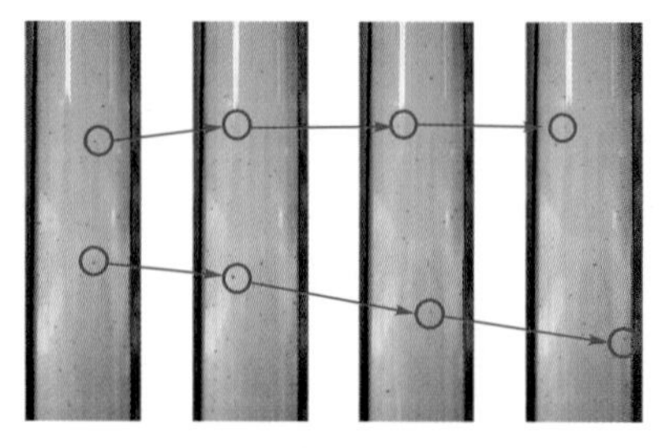
(e) 0.816L/s下部分颗粒悬浮、部分下移(粒径为2mm)

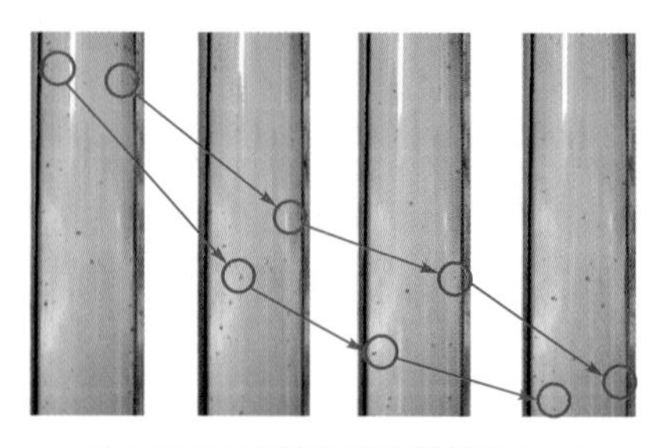
(f) 0.816L/s下颗粒下移(粒径为5mm)

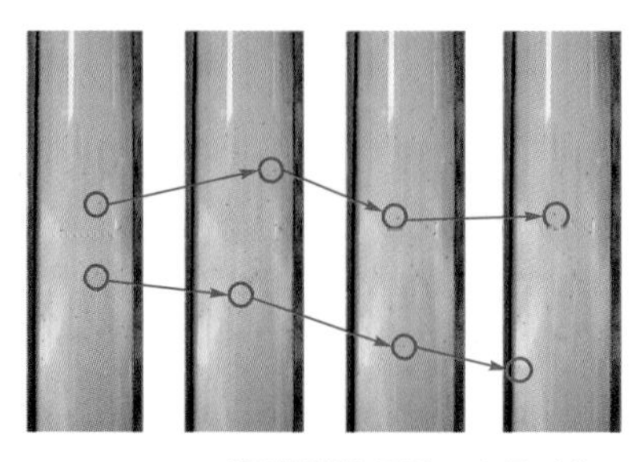

(g) 0.864L/s下部分颗粒悬浮、少量下移
(粒径为2mm)

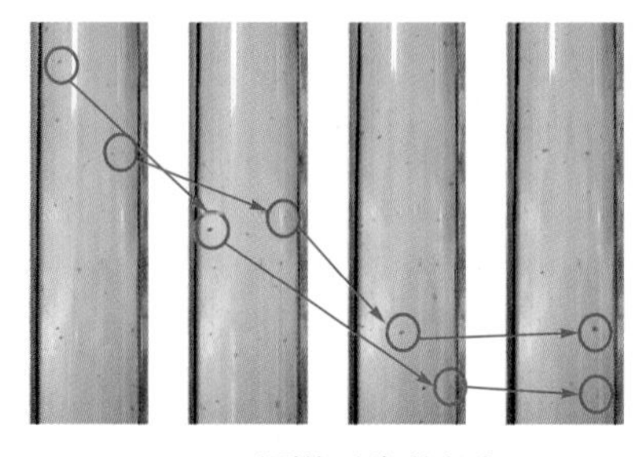

(h) 0.864L/s下颗粒下移(粒径为5mm)

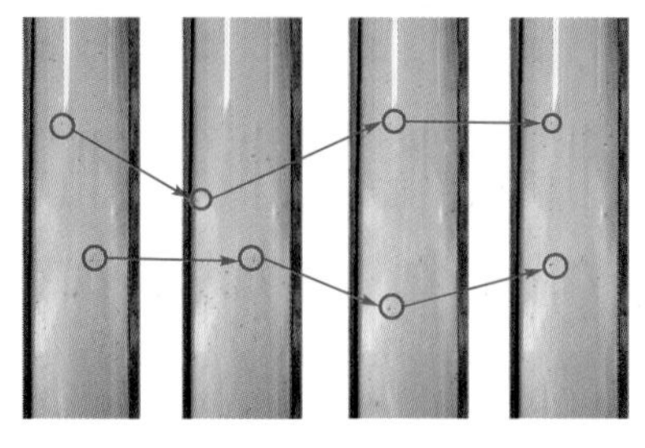

(i) 0.912L/s下颗粒悬浮(粒径为2mm)

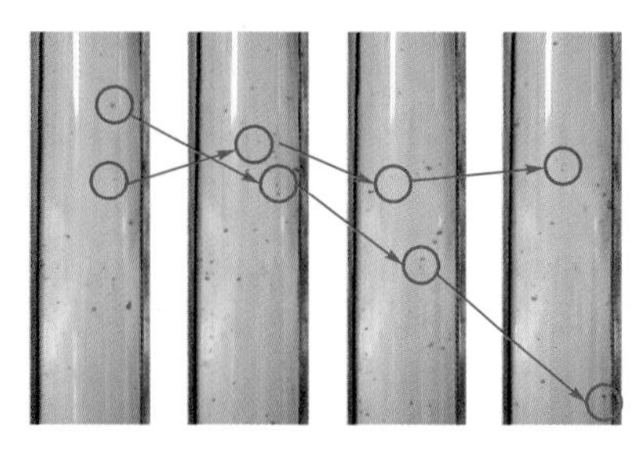

(j) 0.912L/s下部分颗粒悬浮、部分下移
(粒径为5mm)

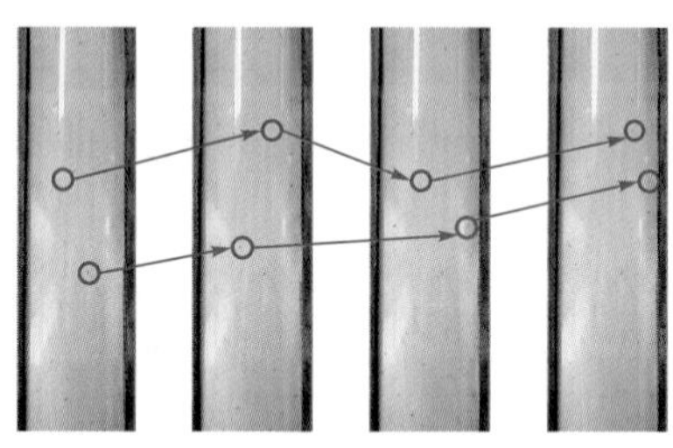

(k) 0.960L/s下颗粒悬浮、少量上移
(粒径为2mm)

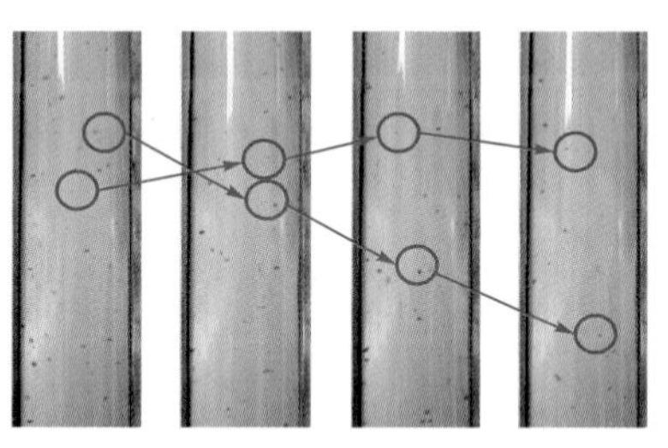

(l) 0.960L/s下部分颗粒悬浮、少量下移
(粒径为5mm)

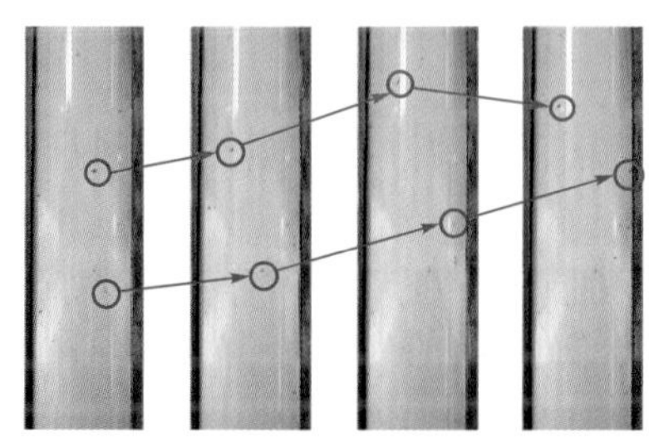

(m) 1.440L/s下颗粒上移(粒径为2mm)

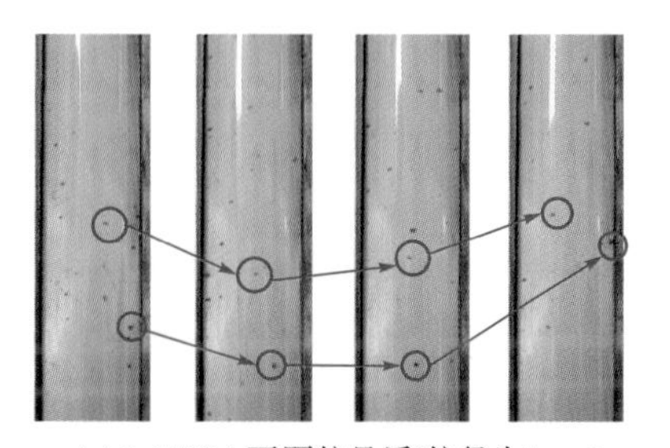

(n) 1.440L/s下颗粒悬浮(粒径为5mm)

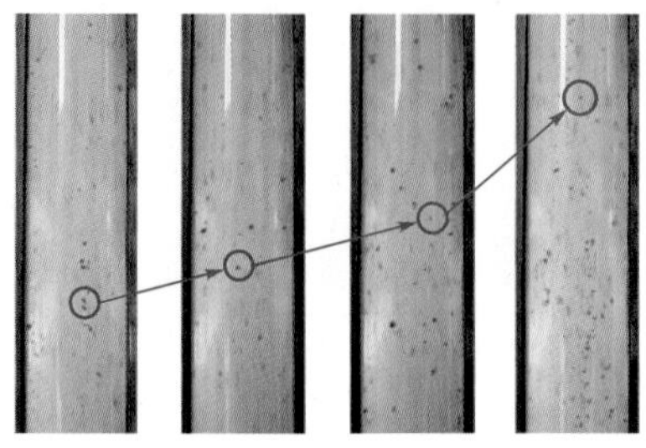

(o) 1.920L/s下大量颗粒上移(粒径为2mm)

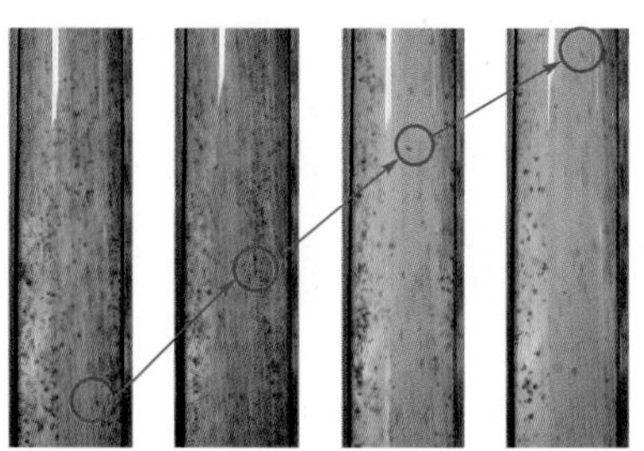

(p) 1.920L/s下颗粒上移(粒径为5mm)

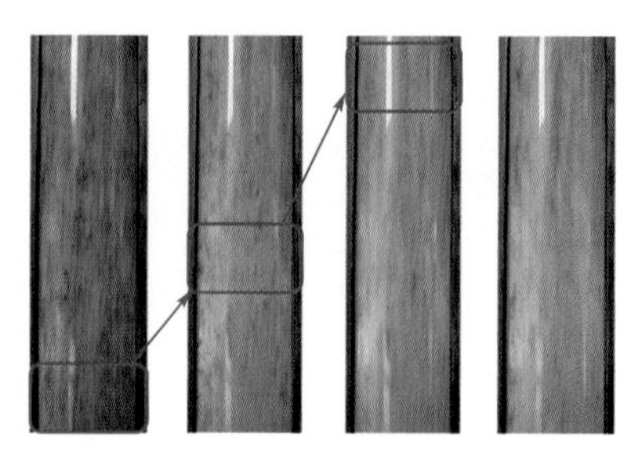

(q)2.400L/s下大量颗粒上移(粒径为2mm)

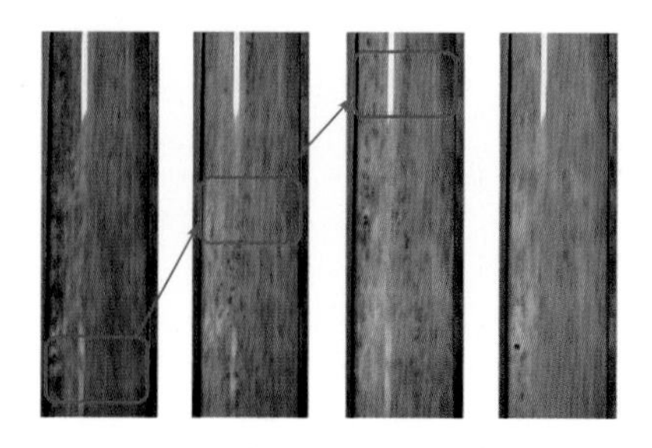

(r) 2.400L/s下大量颗粒上移(粒径为5mm)

图 4-28　垂直循环管输实验中不同粒径固相颗粒在不同液相排量下的实验现象

从表 4-24 和图 4-28 中可以看出，随着排量的增大，固相颗粒在垂直管线中依次经历了下移→部分悬浮→悬浮→部分上移→上移→大量上移几种运动状态；粒径 2mm 的固相颗粒在临界排量为 0.912L/s 时发生悬浮，粒径 5mm 的固相颗粒则需要在临界排量为 1.440L/s 时才能发生悬浮，说明垂直管循环输过程中，固相颗粒粒径越小，越容易输送。

2. 垂直循环管输实验中水合物分解前后不同液相排量下的实验现象

垂直循环管输实验中，得到了粒径 5mm 的固相颗粒在不同液相排量下水合物分解前后的实验现象，见表 4-25、图 4-29。

表 4-25　垂直循环管输实验中不同液相排量下水合物分解前后的实验现象记录表

排量(L/s)	对应液相流速(m/s)	粒径 5mm 的实验现象	
		水合物未分解	水合物分解后
0.864	0.189	颗粒下移	颗粒下移
0.960	0.211	部分颗粒悬浮、少量下移	颗粒悬浮
1.056	0.232	—	颗粒部分悬浮、部分上移
1.152	0.253	—	颗粒上移
1.440	0.316	颗粒悬浮	大量颗粒上移

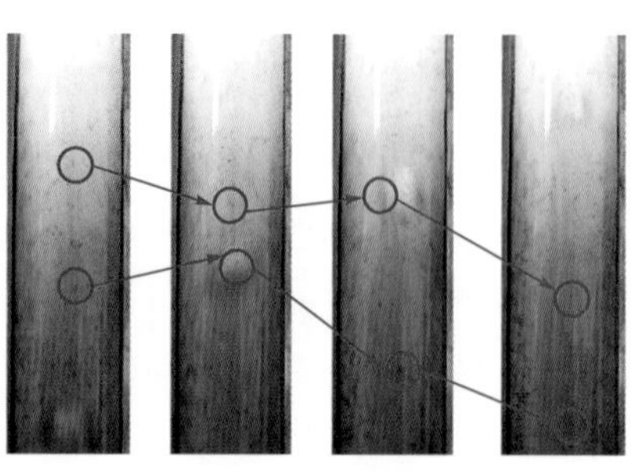

(a) 0.864L/s下颗粒下移(粒径为5mm)

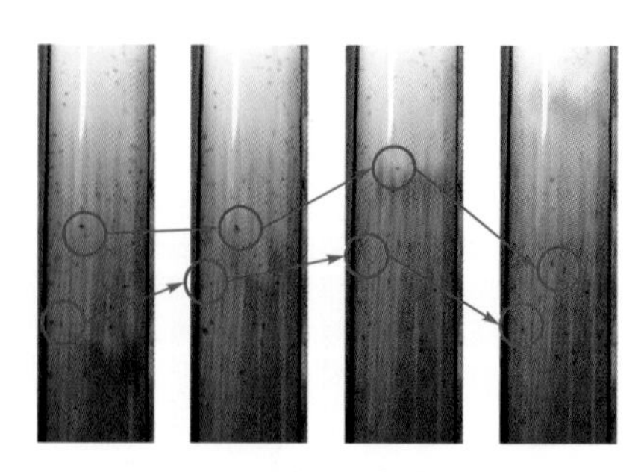

(b) 0.960L/s下颗粒悬浮(粒径为5mm)

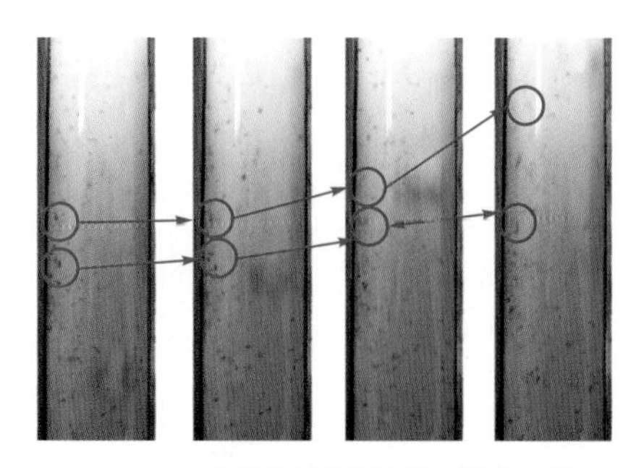

(c) 1.056L/s下颗粒部分悬浮、部分上移(粒径为5mm)

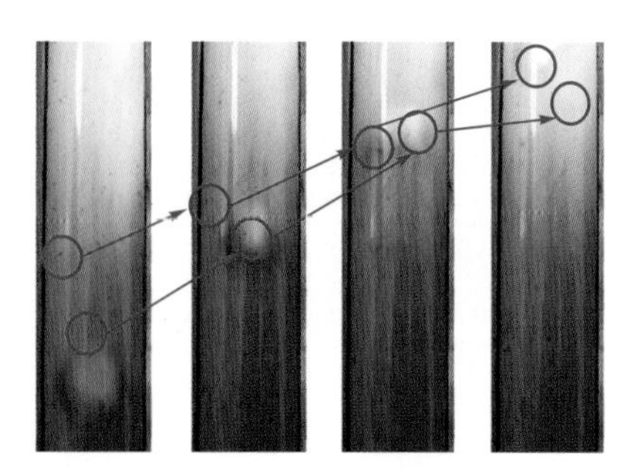

(d) 1.152L/s下颗粒上移(粒径为5mm)

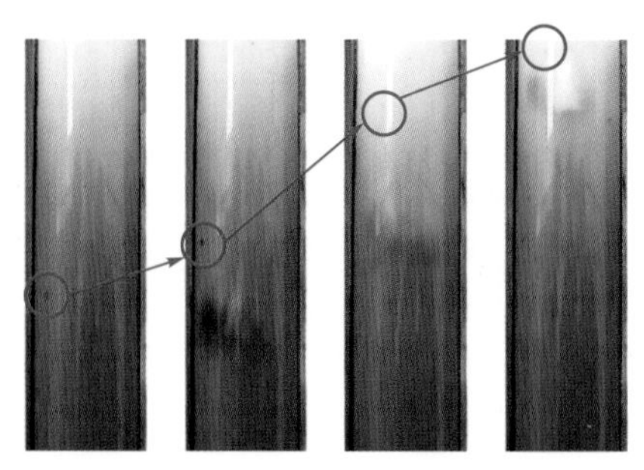

(e) 1.440L/s下大量颗粒上移(粒径为5mm)

图 4-29　垂直循环管输实验中不同液相排量下水合物分解后的实验现象

从表 4-25 和图 4-29 中可以看出，针对粒径 5mm 的固相颗粒，随着排量的增大，固相颗粒在垂直管线中同样依次经历了下移→部分悬浮→悬浮→部分上移→上移→大量上移几种运动状态，并且在水合物分解后，由于气相上升的携带作用，固相颗粒在气相通过时会发生上移，在气相通过后又下移；整体上，固相颗粒悬浮所需的临界排量较井筒中无气相时的 1.440L/s 更小，为 0.960L/s。

3. 水平循环管输实验中不同液相排量下的实验现象

水平循环管输实验中，泵的排量逐渐增大过程中得到了不同粒径的固相颗粒在不同液相排量下的实验现象，见表 4-26、图 4-30。

表 4-26　水平循环管输实验中不同液相排量下固相颗粒运移实验现象记录表

排量(L/s)	对应液相流速(m/s)	实验现象
0.720	0.158	固相颗粒未运移
0.960	0.211	小颗粒临界起动(2mm)、大颗粒不动(5mm)
1.200	0.263	小颗粒运移(2mm)、大颗粒临界起动(5mm)
1.440	0.316	大、小颗粒均运移
1.680	0.368	大量颗粒快速运移

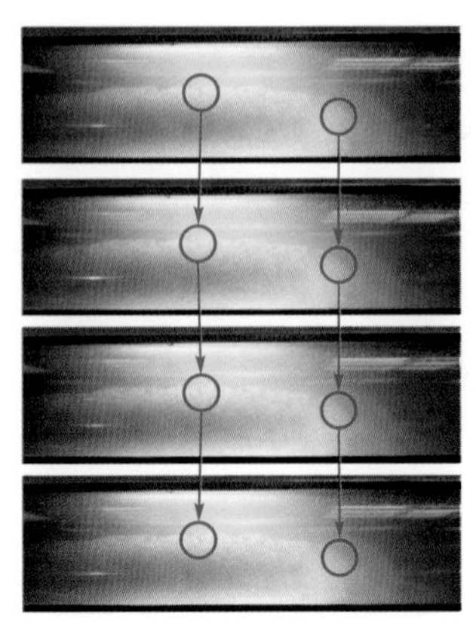

(a) 0.720L/s固相颗粒未运移

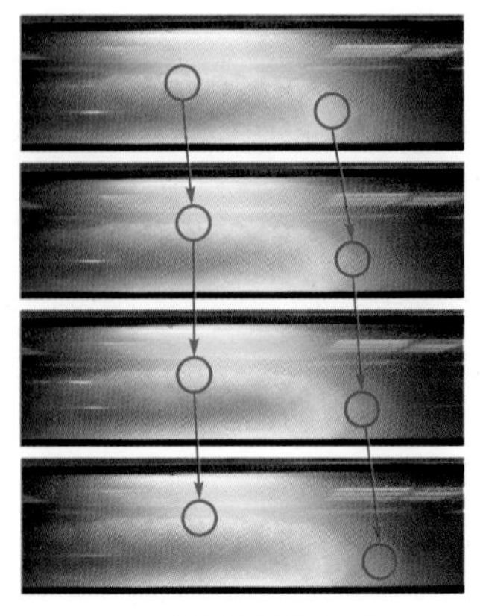

(b) 0.960L/s小颗粒临界起动(2mm)、大颗粒不动(5mm)

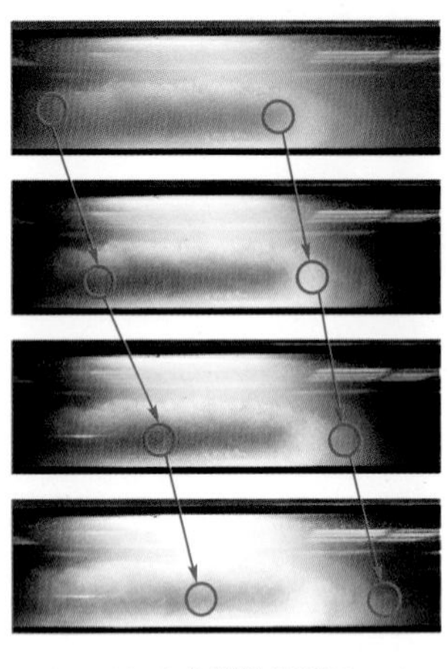

(c) 1.200L/s小颗粒运移(2mm)、大颗粒临界起动(5mm)

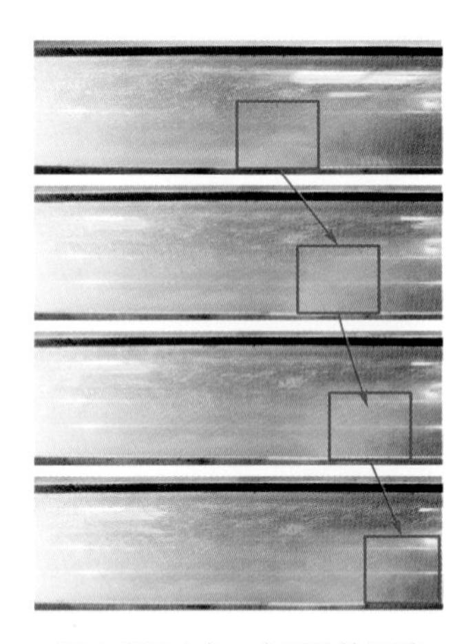

(d) 1.440L/s大、小颗粒均运移

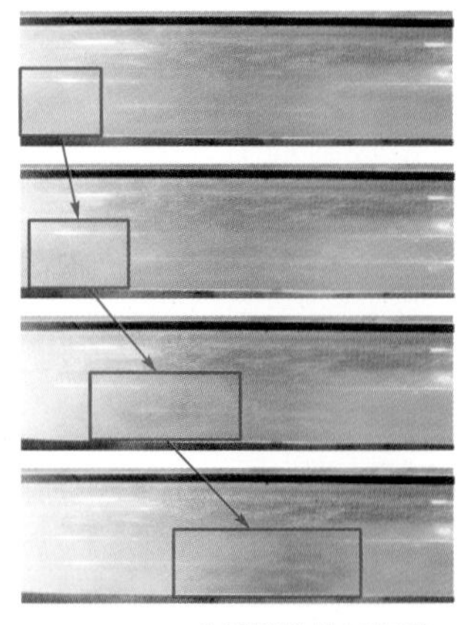

(e) 1.680L/s大量颗粒快速运移

图 4-30　水平循环管输实验中不同液相排量下固相颗粒运移实验现象

从表 4-26 和图 4-30 中可以看出，随着排量的增大，固相颗粒在水平管线中依次经历

了沉积→小颗粒起动→大颗粒起动→大、小颗粒均运移→大量颗粒快速运移几种运动状态；粒径 2mm 的固相颗粒在排量为 0.960L/s 时临界起动，粒径 5mm 的固相颗粒则需要在排量为 1.200L/s 时才能临界起动，说明水平管输过程中，固相颗粒粒径越小，越容易输送。

同时，水平循环管输实验中，开展了水合物发生分解气化后的水平管输实验模拟，调节泵的排量逐渐增大的过程中，得到了不同粒径的固相颗粒在不同液相排量下的实验现象，见表 4-27、图 4-31。

表 4-27　水平循环管输实验中不同液相排量下水合物分解后的实验现象记录表

排量(L/s)	对应液相流速(m/s)	实验现象
0.960	0.211	固相颗粒未运移
1.104	0.242	小颗粒临界起动(2mm)、大颗粒不动(5mm)
1.200	0.263	小颗粒运移(2mm)、大颗粒不动(5mm)
1.440	0.316	大、小颗粒均运移
1.680	0.368	大量颗粒快速运移

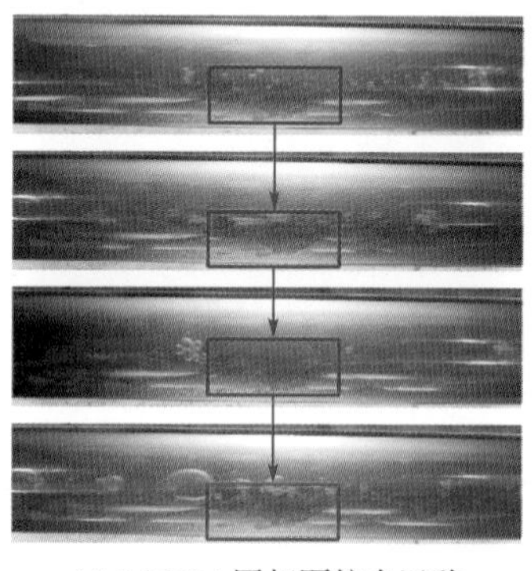

(a) 0.960L/s固相颗粒未运移

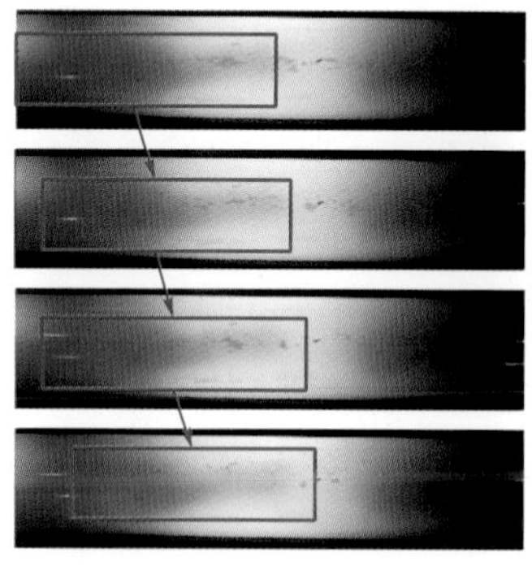

(b) 1.104L/s小颗粒临界起动(2mm)、大颗粒不动(5mm)

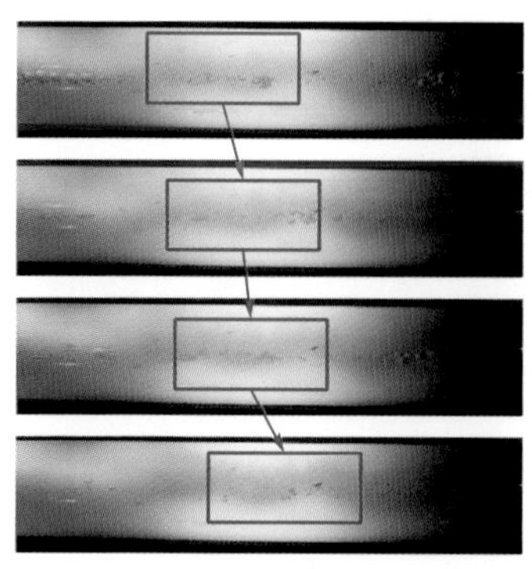

(c) 1.200L/s小颗粒运移(2mm)、大颗粒不动(5mm)

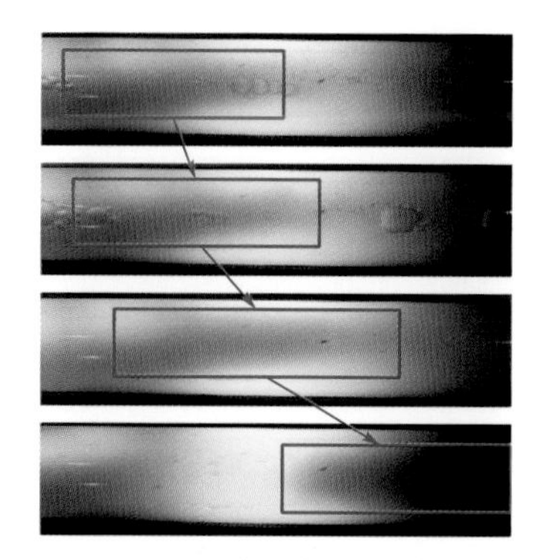

(d) 1.440L/s大、小颗粒均运移

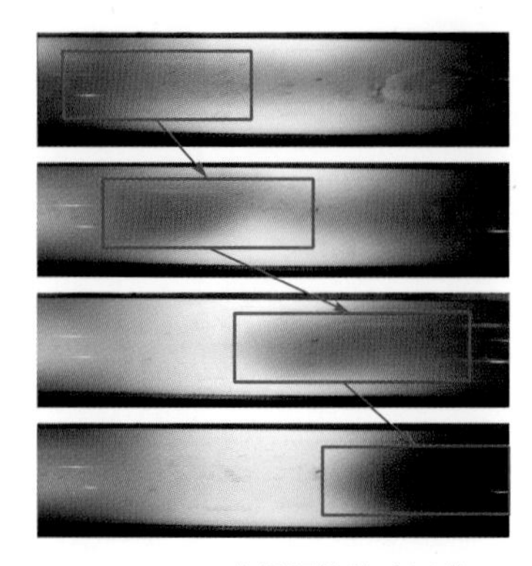

(e) 1.680L/s大量颗粒快速运移

图 4-31　水平循环管输实验中不同液相排量下水合物分解后的实验现象

从表 4-27 和图 4-31 中可以看出，随着排量的增大，固相颗粒在水平管线中依次经历了沉积→小颗粒起动→大颗粒起动→大、小颗粒均运移→大量颗粒快速运移几种运动状态；由于水合物分解产气的影响，水平管线中混合流体密度降低，粒径 2mm 的固相颗粒临界起动所需的排量为 1.104L/s，粒径 5mm 的固相颗粒则需要增大到排量为 1.200~1.440L/s 时才能临界起动。

4.4.2.4　实验数据及分析

1. 不同液相排量下的水合物浆体垂直循环管输实验

不同液相排量下的水合物浆体垂直循环管输实验中，单次循环模拟垂直管流上升 30m 高度，以实验过程中所监测的垂直管路最高点处为记录点，记录温度、压力、各相含量、各相速度等参数，得到了液相排量分别为 6L/s、12L/s、18L/s、24L/s 条件下的实验数据，见表 4-28~表 4-31。

表 4-28　实验数据监测记录表(液相排量 6L/s)

实验模拟井深(m)	模拟海水温度(K)	井筒温度(K)	井筒压力(MPa)	单次循环调节压力大小(MPa)	累计分解产气量(m^3/s)	持气率(%)	持液率(%)	固相含量(%)	气相速度(m/s)	液相速度(m/s)	固相速度(m/s)
0	312.868	294.926	0.214	0.224	1.471	49.676	60.099	1.825	5.000	2.865	0.400
30	308.920	293.571	1.076	0.298	1.525	38.453	58.690	1.558	3.500	2.166	0.800
60	304.972	288.107	0.901	0.276	1.459	22.246	88.929	0.925	3.000	1.401	0.958
90	301.024	288.092	1.706	0.277	1.593	3.061	70.142	0.797	2.900	1.561	0.969
120	297.076	287.603	2.025	0.292	1.523	8.701	93.519	0.780	2.600	1.369	0.985
150	293.128	285.320	2.108	0.331	1.372	1.207	85.022	0.570	2.500	1.057	0.985
180	289.180	281.909	0.504	0.288	0.961	5.586	99.045	0.669	2.200	1.566	0.990
210	286.436	281.879	1.818	0.303	1.183	1.848	80.776	0.776	2.000	1.003	1.036
240	285.865	283.449	2.407	0.329	1.007	2.290	89.320	0.890	1.700	1.346	1.527
270	285.311	286.598	4.584	0.313	0.436	4.654	97.734	0.882	1.750	1.540	1.015
300	284.777	282.465	4.291	0.298	0.273	0.805	88.057	0.868	2.100	1.124	1.228

续表

实验模拟井深(m)	模拟海水温度(K)	井筒温度(K)	井筒压力(MPa)	单次循环调节压力大小(MPa)	累计分解产气量(m^3/s)	持气率(%)	持液率(%)	固相含量(%)	气相速度(m/s)	液相速度(m/s)	固相速度(m/s)
330	284.261	280.927	4.529	0.335	0.580	1.819	99.314	0.967	1.890	1.690	1.322
360	283.765	279.992	2.497	0.295	0.016	0.581	98.126	0.793	1.780	1.226	1.424
390	283.288	283.580	5.068	0.328	0.018	1.381	99.705	0.814	1.800	1.322	1.028
420	282.832	281.003	6.127	0.316	0.065	0.010	96.863	0.958	1.600	1.640	1.028
450	282.395	280.110	6.650	0.303	0.189	1.012	99.004	0.984	1.680	1.025	1.229
480	281.977	279.007	3.638	0.333	0.000	0.000	91.065	0.725	0.000	1.699	1.030
510	281.580	279.999	3.408	0.292	0.000	0.000	99.165	1.135	0.000	1.214	1.315
540	281.201	280.914	7.253	0.319	0.000	0.000	99.865	0.635	0.000	1.569	1.130
570	280.841	280.989	4.855	0.302	0.000	0.000	99.065	0.995	0.000	1.790	1.005
600	280.499	278.997	3.058	0.326	0.000	0.000	97.065	0.916	0.000	1.336	1.330
630	280.175	277.894	7.175	0.300	0.000	0.000	99.665	1.235	0.000	1.230	1.230
660	279.869	279.025	7.480	0.322	0.000	0.000	98.065	0.935	0.000	1.316	1.258
690	279.579	276.056	8.251	0.317	0.000	0.000	99.065	0.985	0.000	1.036	1.230
720	279.306	278.199	9.110	0.301	0.000	0.000	99.065	0.855	0.000	1.316	1.030
750	279.047	278.710	5.685	0.331	0.000	0.000	96.065	0.935	0.000	1.457	1.290
780	278.804	279.055	8.063	0.317	0.000	0.000	99.065	0.975	0.000	1.216	1.030
810	278.575	276.590	9.442	0.299	0.000	0.000	99.065	1.185	0.000	1.686	1.010
840	278.360	276.927	7.466	0.313	0.000	0.000	98.065	0.835	0.000	1.316	1.231
870	278.158	277.942	7.057	0.303	0.000	0.000	98.065	0.985	0.000	1.216	1.025
900	277.968	278.002	7.404	0.338	0.000	0.000	99.565	0.735	0.000	1.416	1.030
930	277.790	277.109	11.397	0.339	0.000	0.000	99.365	0.995	0.000	1.416	1.248
960	277.623	277.018	12.184	0.318	0.000	0.000	99.065	0.805	0.000	1.216	0.931
990	277.466	277.107	9.014	0.313	0.000	0.000	97.065	0.955	0.000	1.416	1.430
1020	277.319	275.629	8.395	0.324	0.000	0.000	99.065	1.145	0.000	1.000	1.328
1050	277.182	277.249	12.845	0.300	0.000	0.000	98.065	0.995	0.000	1.216	1.230
1080	277.054	275.950	9.888	0.328	0.000	0.000	99.065	0.945	0.000	1.416	1.230
1110	276.934	275.994	10.209	0.341	0.000	0.000	96.065	0.905	0.000	1.216	1.330
1140	276.822	276.948	12.492	0.302	0.000	0.000	97.065	0.885	0.000	1.880	1.359
1170	276.717	276.094	10.046	0.302	0.000	0.000	99.865	0.935	0.000	1.116	1.330
1200	276.620	275.992	12.719	0.313	0.000	0.000	99.765	0.735	0.000	1.316	1.246

表 4-29　实验数据监测记录表(液相排量 12L/s)

实验模拟井深(m)	模拟海水温度(K)	井筒温度(K)	井筒压力(MPa)	单次循环调节压力大小(MPa)	累计分解产气量(m^3/s)	持气率(%)	持液率(%)	固相含量(%)	气相速度(m/s)	液相速度(m/s)	固相速度(m/s)
0	312.868	289.391	1.056	0.307	1.470	28.057	65.545	0.497	5.000	3.690	1.988
30	308.920	287.673	0.034	0.343	1.320	16.521	91.115	0.464	4.250	3.651	2.000
60	304.972	283.944	2.520	0.309	0.860	0.483	82.160	0.456	4.120	3.457	2.249

续表

实验模拟井深(m)	模拟海水温度(K)	井筒温度(K)	井筒压力(MPa)	单次循环调节压力大小(MPa)	累计分解产气量(m^3/s)	持气率(%)	持液率(%)	固相含量(%)	气相速度(m/s)	液相速度(m/s)	固相速度(m/s)
90	301.024	285.319	0.345	0.308	0.682	4.225	90.415	0.420	3.800	3.143	2.293
120	297.076	283.992	2.648	0.344	0.674	8.542	99.089	0.369	3.980	3.257	2.275
150	293.128	281.017	3.654	0.335	0.619	0.115	99.505	0.380	3.870	2.790	2.320
180	289.180	281.056	3.293	0.324	0.433	4.824	99.185	0.421	3.800	2.796	2.327
210	286.436	282.167	0.575	0.351	0.175	0.613	98.986	0.421	3.790	2.537	2.358
240	285.865	279.883	3.676	0.351	0.143	2.453	91.137	0.470	3.790	2.547	2.336
270	285.311	281.857	1.941	0.328	0.044	0.328	99.254	0.497	3.400	2.547	2.339
300	284.777	280.904	4.647	0.310	0.140	0.228	88.349	0.453	3.600	2.790	2.341
330	284.261	280.119	3.709	0.341	0.085	4.146	90.427	0.418	3.600	2.436	2.313
360	283.765	278.900	1.781	0.327	0.113	0.077	99.493	0.380	3.500	2.321	2.413
390	283.288	278.194	5.288	0.349	0.092	2.019	97.549	0.392	3.400	2.432	2.346
420	282.832	279.429	5.930	0.356	0.000	0.000	99.968	0.432	2.000	2.531	2.445
450	282.395	279.909	5.822	0.330	0.000	0.000	95.568	0.411	0.000	2.731	2.649
480	281.977	279.674	2.199	0.329	0.000	0.000	97.568	0.432	0.000	2.831	2.345
510	281.580	278.865	4.828	0.319	0.000	0.000	94.568	0.452	0.000	2.997	2.245
540	281.201	278.068	7.775	0.332	0.000	0.000	98.568	0.432	0.000	2.931	2.259
570	280.841	277.083	5.281	0.351	0.000	0.000	99.968	0.492	0.000	2.931	2.345
600	280.499	276.909	3.831	0.330	0.000	0.000	99.968	0.462	0.000	2.831	2.968
630	280.175	279.375	6.011	0.330	0.000	0.000	99.168	0.532	0.000	2.890	2.745
660	279.869	280.593	8.343	0.323	0.000	0.000	92.568	0.472	0.000	2.731	2.859
690	279.579	279.450	6.725	0.351	0.000	0.000	97.568	0.472	0.000	2.731	2.758
720	279.306	278.132	6.280	0.324	0.000	0.000	96.568	0.462	0.000	2.731	2.645
750	279.047	277.391	5.411	0.338	0.000	0.000	98.568	0.402	0.000	2.458	2.613
780	278.804	276.507	10.677	0.330	0.000	0.000	91.568	0.382	0.000	2.331	2.445
810	278.575	275.966	11.725	0.341	0.000	0.000	98.568	0.532	0.000	2.531	2.360
840	278.360	275.865	11.995	0.325	0.000	0.000	96.568	0.432	0.000	2.631	2.145
870	278.158	277.771	13.352	0.330	0.000	0.000	99.968	0.410	0.000	2.790	2.145
900	277.968	277.384	10.869	0.327	0.000	0.000	99.968	0.432	0.000	2.631	2.247
930	277.790	275.604	8.229	0.358	0.000	0.000	98.568	0.462	0.000	2.124	2.359
960	277.623	278.530	8.879	0.321	0.000	0.000	91.568	0.432	0.000	2.731	2.445
990	277.466	278.462	8.802	0.309	0.000	0.000	94.568	0.450	0.000	2.236	2.645
1020	277.319	277.400	12.052	0.330	0.000	0.000	98.568	0.492	0.000	2.862	2.245
1050	277.182	276.942	9.527	0.335	0.000	0.000	99.568	0.452	0.000	2.731	2.751
1080	277.054	276.090	11.064	0.356	0.000	0.000	99.568	0.432	0.000	2.531	2.469
1110	276.934	275.624	14.014	0.329	0.000	0.000	99.568	0.432	0.000	2.731	2.345
1140	276.822	276.600	14.383	0.330	0.000	0.000	99.968	0.420	0.000	2.831	2.155
1170	276.717	275.662	13.704	0.355	0.000	0.000	92.968	0.382	0.000	2.897	2.545
1200	276.620	276.428	13.651	0.321	0.000	0.000	99.568	0.432	0.000	2.531	2.588

表 4-30　实验数据监测记录表(液相排量 18L/s)

实验模拟井深(m)	模拟海水温度(K)	井筒温度(K)	井筒压力(MPa)	单次循环调节压力大小(MPa)	累计分解产气量(m^3/s)	持气率(%)	持液率(%)	固相含量(%)	气相速度(m/s)	液相速度(m/s)	固相速度(m/s)
0	312.868	286.151	1.404	0.354	0.731	22.580	75.162	0.258	8.000	5.000	3.615
30	308.920	285.025	2.618	0.341	0.514	16.912	85.846	0.278	6.546	4.856	3.845
60	304.972	282.019	0.090	0.353	0.279	10.035	96.719	0.243	6.045	4.569	3.888
90	301.024	280.008	0.382	0.352	0.295	0.177	99.471	0.301	5.684	4.478	3.896
120	297.076	280.505	2.575	0.344	0.470	8.867	99.873	0.279	5.452	4.468	3.909
150	293.128	282.883	0.099	0.361	0.329	0.612	99.123	0.227	5.348	4.258	3.959
180	289.180	281.414	4.666	0.376	0.269	2.438	99.292	0.312	5.149	4.174	3.947
210	286.436	280.995	4.635	0.358	0.251	0.112	92.415	0.305	4.895	4.051	3.851
240	285.865	279.018	3.964	0.363	0.097	2.216	99.507	0.258	4.687	3.978	3.854
270	285.311	279.056	1.984	0.374	0.091	0.141	97.580	0.266	4.698	3.686	3.857
300	284.777	278.305	0.529	0.347	0.001	5.081	99.639	0.245	4.985	3.785	3.645
330	284.261	277.967	3.266	0.339	0.001	1.032	99.687	0.280	5.426	3.869	3.660
360	283.765	279.084	5.941	0.347	0.000	0.000	91.719	0.314	0.000	3.874	3.680
390	283.288	279.963	7.097	0.357	0.000	0.000	99.719	0.266	0.000	4.205	3.661
420	282.832	278.826	6.530	0.343	0.000	0.000	95.719	0.295	0.000	4.147	3.561
450	282.395	278.035	3.240	0.377	0.000	0.000	99.719	0.320	0.000	4.071	3.661
480	281.977	277.105	4.088	0.359	0.000	0.000	99.719	0.316	0.000	3.747	3.685
510	281.580	277.089	5.164	0.367	0.000	0.000	99.719	0.239	0.000	3.847	3.856
540	281.201	278.273	7.929	0.366	0.000	0.000	98.719	0.242	0.000	3.847	3.861
570	280.841	277.975	4.377	0.342	0.000	0.000	96.719	0.310	0.000	3.888	3.802
600	280.499	277.043	4.443	0.354	0.000	0.000	97.719	0.237	0.000	3.968	3.799
630	280.175	277.030	5.095	0.378	0.000	0.000	92.719	0.283	0.000	3.947	3.890
660	279.869	278.178	5.494	0.347	0.000	0.000	98.719	0.248	0.000	4.352	3.986
690	279.579	278.462	6.113	0.371	0.000	0.000	99.719	0.311	0.000	3.847	3.877
720	279.306	277.954	10.994	0.375	0.000	0.000	99.719	0.239	0.000	3.747	3.961
750	279.047	277.452	10.871	0.372	0.000	0.000	95.719	0.320	0.000	3.625	3.861
780	278.804	276.996	11.929	0.363	0.000	0.000	99.719	0.294	0.000	3.447	3.961
810	278.575	276.007	12.019	0.363	0.000	0.000	99.719	0.320	0.000	3.679	3.804
840	278.360	276.020	9.402	0.369	0.000	0.000	96.719	0.299	0.000	3.647	3.661
870	278.158	275.512	8.262	0.341	0.000	0.000	98.719	0.233	0.000	3.747	3.561
900	277.968	276.141	7.680	0.365	0.000	0.000	99.019	0.274	0.000	3.879	3.698
930	277.790	279.376	12.777	0.336	0.000	0.000	97.719	0.283	0.000	3.747	3.561
960	277.623	276.915	12.457	0.337	0.000	0.000	99.719	0.251	0.000	3.947	3.661
990	277.466	277.026	13.860	0.358	0.000	0.000	99.719	0.290	0.000	4.212	3.913
1020	277.319	277.208	10.830	0.342	0.000	0.000	91.719	0.293	0.000	4.047	4.061
1050	277.182	275.616	11.557	0.357	0.000	0.000	99.719	0.249	0.000	4.147	4.152
1080	277.054	277.012	10.816	0.369	0.000	0.000	99.719	0.329	0.000	4.089	4.061
1110	276.934	276.177	9.779	0.343	0.000	0.000	99.719	0.273	0.000	4.147	3.688
1140	276.822	276.640	13.157	0.362	0.000	0.000	99.019	0.268	0.000	4.247	3.561
1170	276.717	275.669	14.434	0.343	0.000	0.000	92.719	0.307	0.000	3.647	3.461
1200	276.620	275.377	14.717	0.339	0.000	0.000	99.719	0.266	0.000	4.125	3.355

表 4-31　实验数据监测记录表(液相排量 24L/s)

实验模拟井深(m)	模拟海水温度(K)	井筒温度(K)	井筒压力(MPa)	单次循环调节压力大小(MPa)	累计分解产气量(m^3/s)	持气率(%)	持液率(%)	固相含量(%)	气相速度(m/s)	液相速度(m/s)	固相速度(m/s)
0	312.868	284.806	1.020	0.409	0.528	18.668	80.135	0.224	8.000	6.459	4.100
30	308.920	284.774	0.076	0.398	0.274	10.578	92.233	0.207	6.612	5.896	4.392
60	304.972	279.926	0.070	0.378	0.190	8.307	90.500	0.198	6.506	5.837	4.585
90	301.024	278.193	2.757	0.378	0.097	0.102	99.901	0.198	6.664	5.810	4.795
120	297.076	279.074	3.608	0.395	0.200	5.532	95.268	0.224	6.441	5.795	4.945
150	293.128	282.007	4.816	0.412	0.179	0.363	99.434	0.230	6.527	5.685	5.149
180	289.180	278.069	1.194	0.399	0.158	3.248	99.547	0.222	6.317	5.578	5.359
210	286.436	278.523	0.810	0.375	0.192	5.165	96.629	0.218	6.109	5.473	5.358
240	285.865	277.691	2.512	0.386	0.131	1.102	97.691	0.229	6.003	5.327	5.307
270	285.311	279.497	1.535	0.414	0.063	0.053	91.739	0.193	6.798	5.134	5.246
300	284.777	279.960	2.106	0.406	0.000	2.014	95.778	0.206	6.694	5.364	5.107
330	284.261	278.962	1.683	0.400	0.000	0.000	94.792	0.235	0.000	5.363	5.175
360	283.765	277.574	6.180	0.418	0.000	0.000	99.892	0.196	0.000	5.363	5.182
390	283.288	277.196	7.896	0.386	0.000	0.000	96.792	0.215	0.000	5.463	5.207
420	282.832	275.998	8.630	0.418	0.000	0.000	99.592	0.224	0.000	5.363	5.217
450	282.395	278.519	5.169	0.415	0.000	0.000	99.492	0.184	0.000	5.263	5.200
480	281.977	279.017	4.578	0.407	0.000	0.000	99.592	0.189	0.000	5.012	4.913
510	281.580	279.598	5.450	0.386	0.000	0.000	98.792	0.205	0.000	5.558	5.127
540	281.201	278.449	9.382	0.414	0.000	0.000	98.792	0.232	0.000	5.463	5.220
570	280.841	277.926	10.793	0.371	0.000	0.000	92.092	0.215	0.000	5.363	5.290
600	280.499	276.991	10.179	0.419	0.000	0.000	94.192	0.194	0.000	5.348	5.312
630	280.175	276.030	9.279	0.408	0.000	0.000	93.792	0.183	0.000	5.479	5.110
660	279.869	276.002	11.046	0.395	0.000	0.000	97.792	0.203	0.000	5.163	5.099
690	279.579	277.018	10.074	0.374	0.000	0.000	99.992	0.203	0.000	5.148	5.246
720	279.306	275.501	7.120	0.396	0.000	0.000	99.792	0.233	0.000	5.048	5.246
750	279.047	277.740	6.131	0.398	0.000	0.000	98.792	0.189	0.000	4.963	4.850
780	278.804	278.014	9.202	0.395	0.000	0.000	97.792	0.198	0.000	4.863	4.766
810	278.575	276.195	9.947	0.385	0.000	0.000	99.792	0.213	0.000	4.763	4.877
840	278.360	276.030	12.314	0.417	0.000	0.000	99.792	0.185	0.000	4.757	5.369
870	278.158	277.170	9.243	0.398	0.000	0.000	96.792	0.184	0.000	4.874	5.341
900	277.968	279.842	8.883	0.406	0.000	0.000	97.792	0.194	0.000	4.963	5.277
930	277.790	277.365	8.443	0.399	0.000	0.000	99.792	0.235	0.000	5.049	5.177
960	277.623	277.019	14.434	0.373	0.000	0.000	99.792	0.221	0.000	5.525	5.270
990	277.466	276.026	13.485	0.408	0.000	0.000	99.792	0.232	0.000	5.430	5.277
1020	277.319	275.945	14.716	0.409	0.000	0.000	99.792	0.235	0.000	5.430	4.777
1050	277.182	275.620	14.390	0.409	0.000	0.000	94.992	0.209	0.000	5.163	4.801
1080	277.054	275.271	13.222	0.386	0.000	0.000	99.792	0.231	0.000	5.487	4.857
1110	276.934	277.043	11.230	0.405	0.000	0.000	92.792	0.207	0.000	5.349	4.986
1140	276.822	277.002	12.933	0.375	0.000	0.000	99.792	0.232	0.000	4.963	5.126
1170	276.717	276.395	12.293	0.417	0.000	0.000	99.792	0.234	0.000	5.346	5.103
1200	276.620	275.676	15.081	0.411	0.000	0.000	99.792	0.202	0.000	5.163	5.201

采用所建立的气-液-固多相非平衡管流系统数学理论模型及数值计算方法，基于实验模拟参数，通过理论计算得到了对应排量下的井筒温度、井筒压力、各相含量、各相速度。同时，根据实验监测记录数据对比理论计算值，得到不同排量下井筒流动参数实验与理论对比曲线，如图 4-32~图 4-35 所示。

(1) 排量为 6L/s 条件下井筒流动参数实验值与理论值对比(图 4-32)。

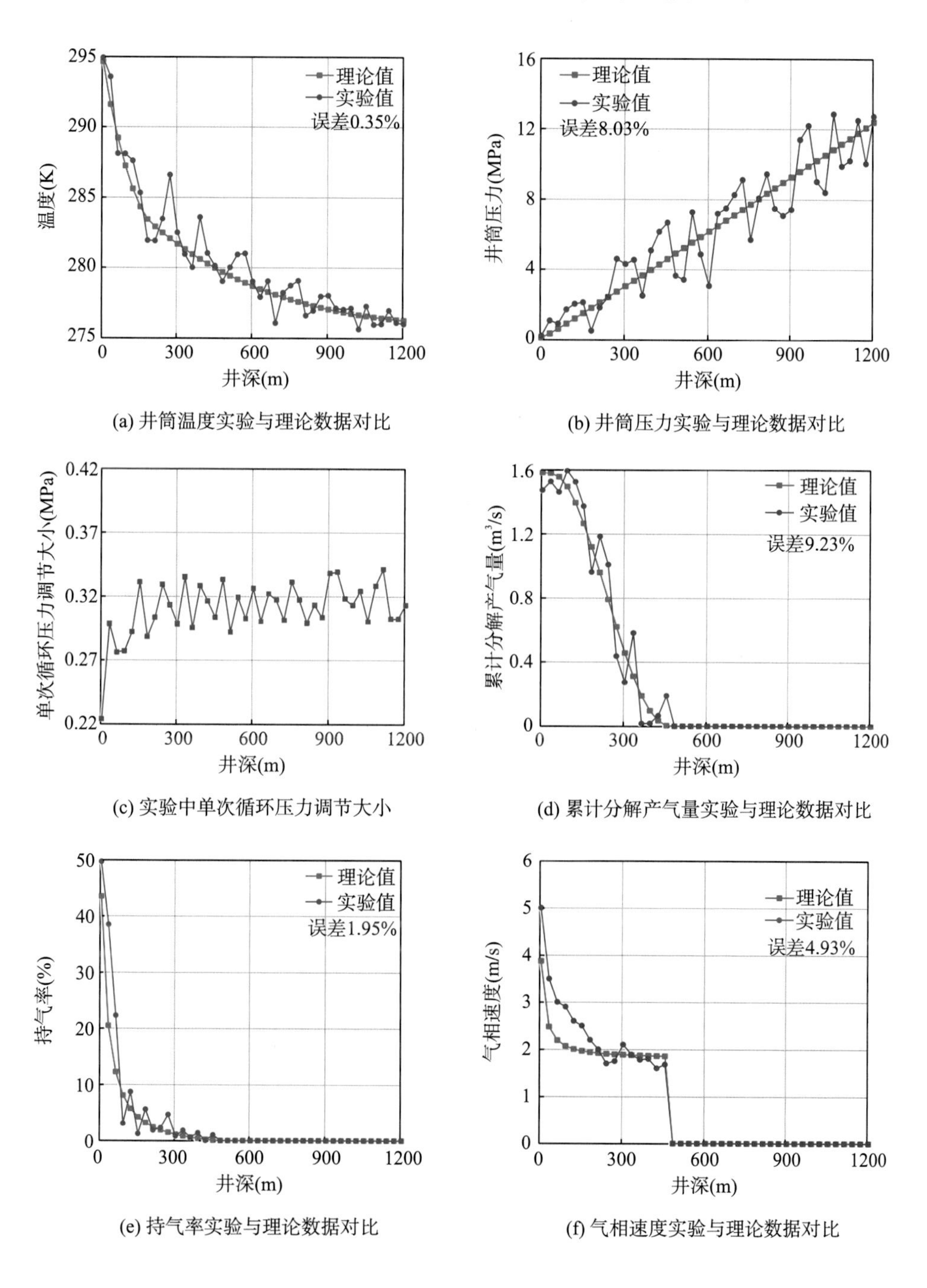

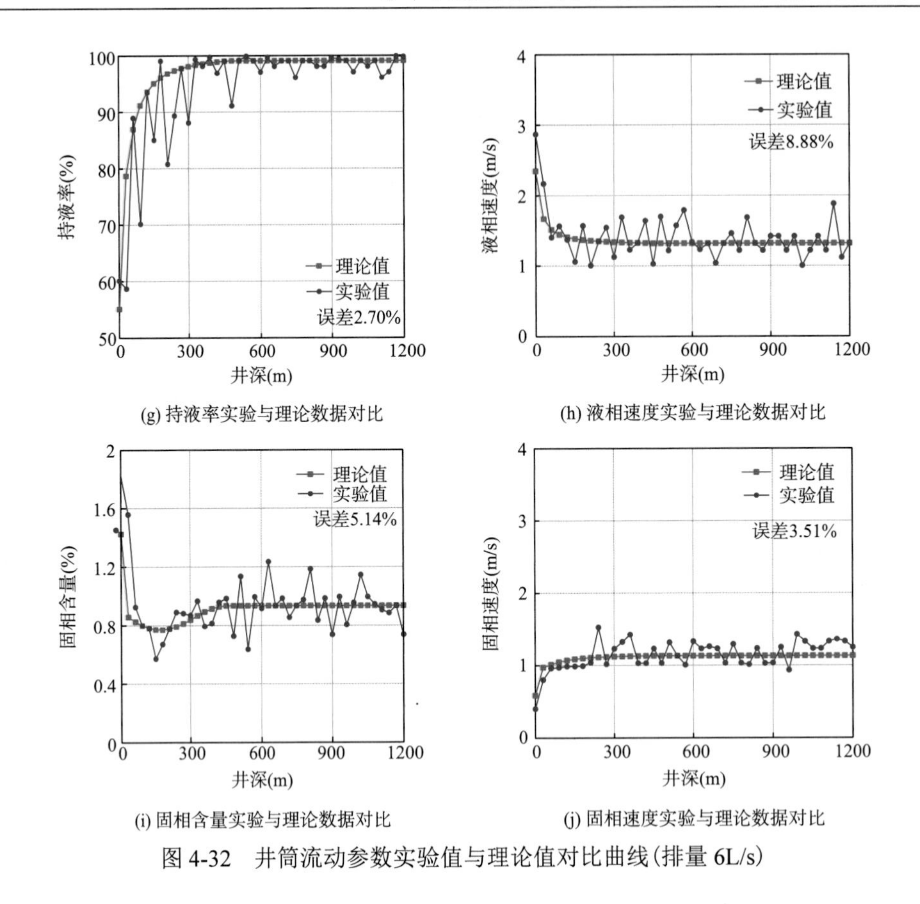

(g) 持液率实验与理论数据对比　　(h) 液相速度实验与理论数据对比

(i) 固相含量实验与理论数据对比　　(j) 固相速度实验与理论数据对比

图 4-32　井筒流动参数实验值与理论值对比曲线(排量 6L/s)

(2) 排量为 12L/s 条件下井筒流动参数实验值与理论值对比(图 4-33)。

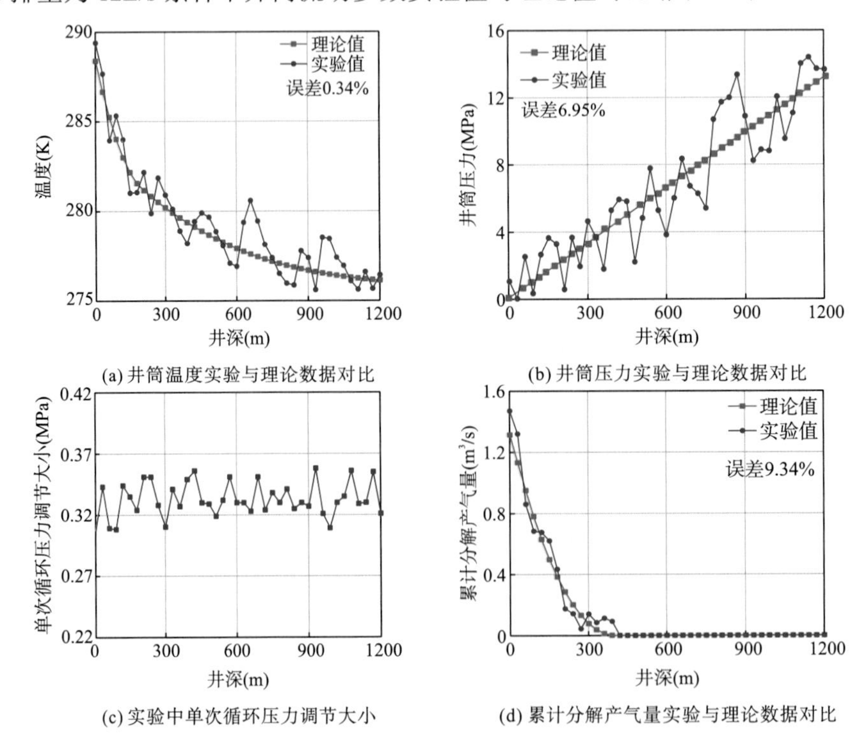

(a) 井筒温度实验与理论数据对比　　(b) 井筒压力实验与理论数据对比

(c) 实验中单次循环压力调节大小　　(d) 累计分解产气量实验与理论数据对比

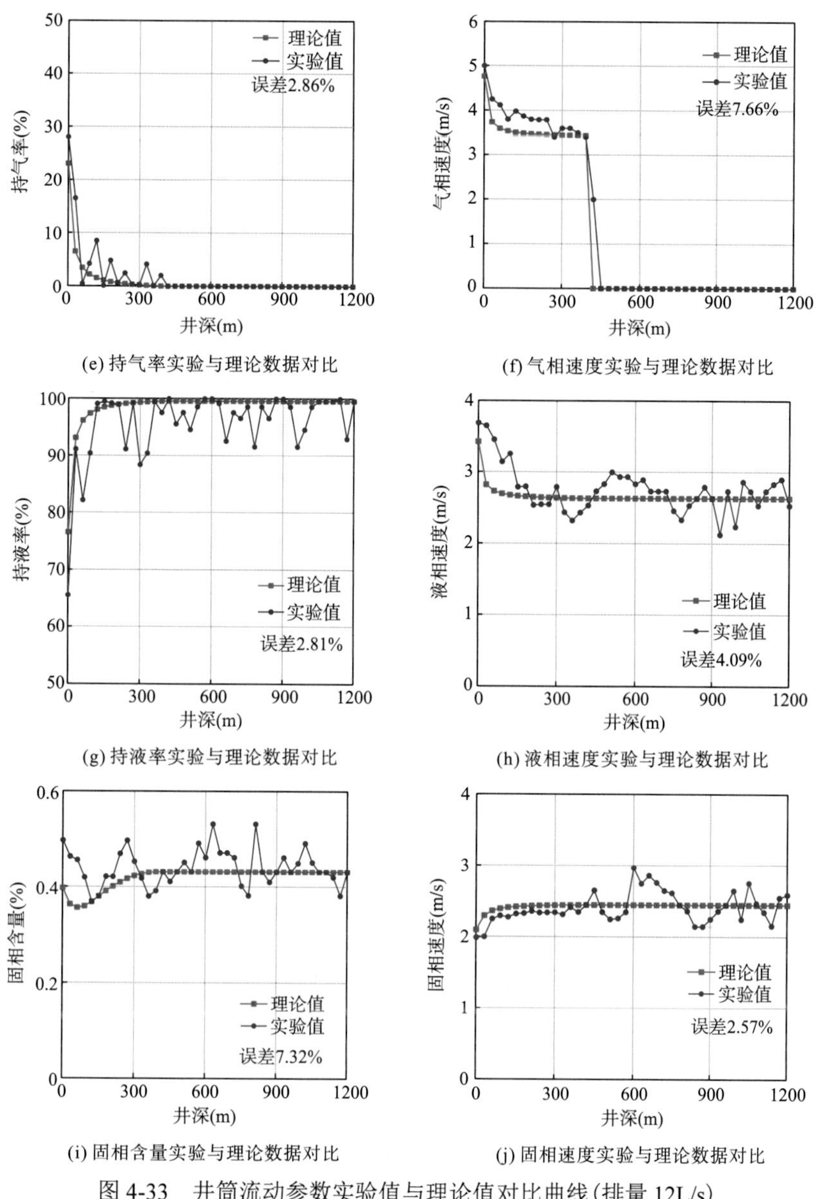

(e) 持气率实验与理论数据对比　(f) 气相速度实验与理论数据对比

(g) 持液率实验与理论数据对比　(h) 液相速度实验与理论数据对比

(i) 固相含量实验与理论数据对比　(j) 固相速度实验与理论数据对比

图 4-33　井筒流动参数实验值与理论值对比曲线(排量 12L/s)

(3) 排量为 18L/s 条件下井筒流动参数实验值与理论值对比(图 4-34)。

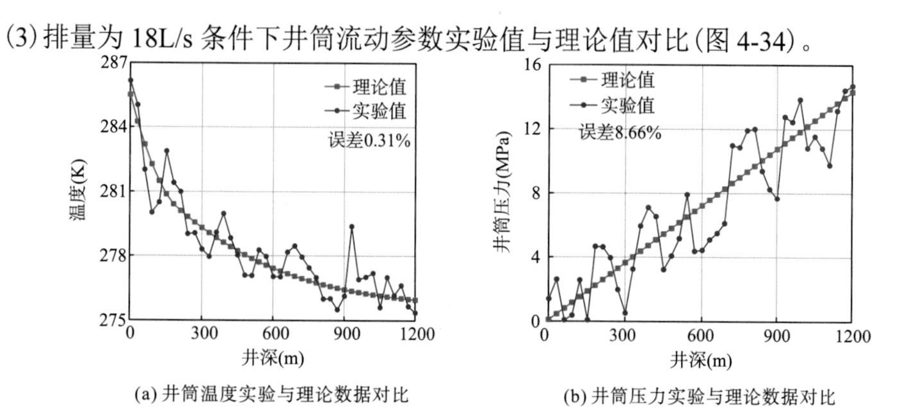

(a) 井筒温度实验与理论数据对比　(b) 井筒压力实验与理论数据对比

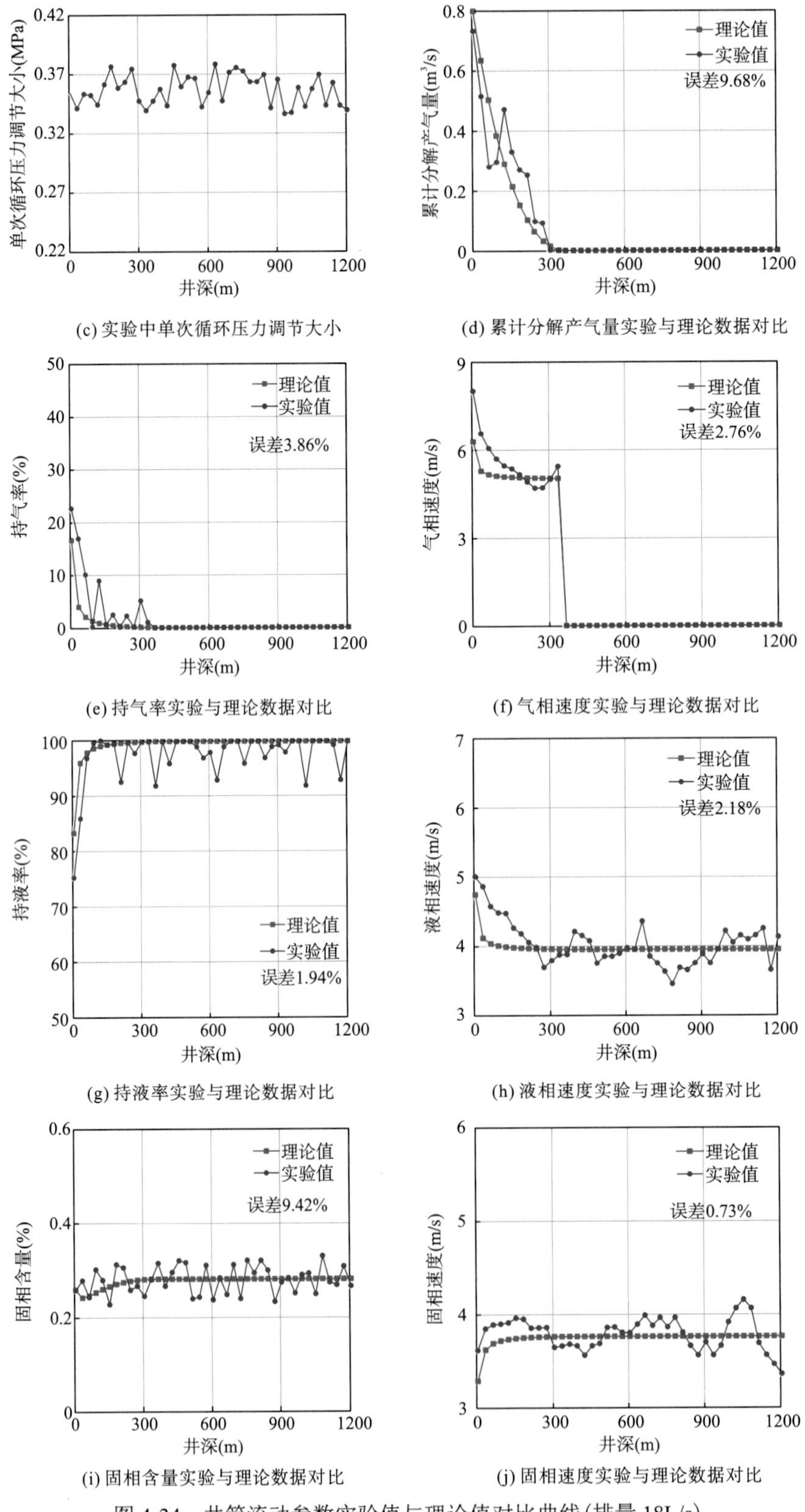

图 4-34　井筒流动参数实验值与理论值对比曲线(排量 18L/s)

(4)排量为24L/s条件下井筒流动参数实验值与理论值对比(图4-35)。

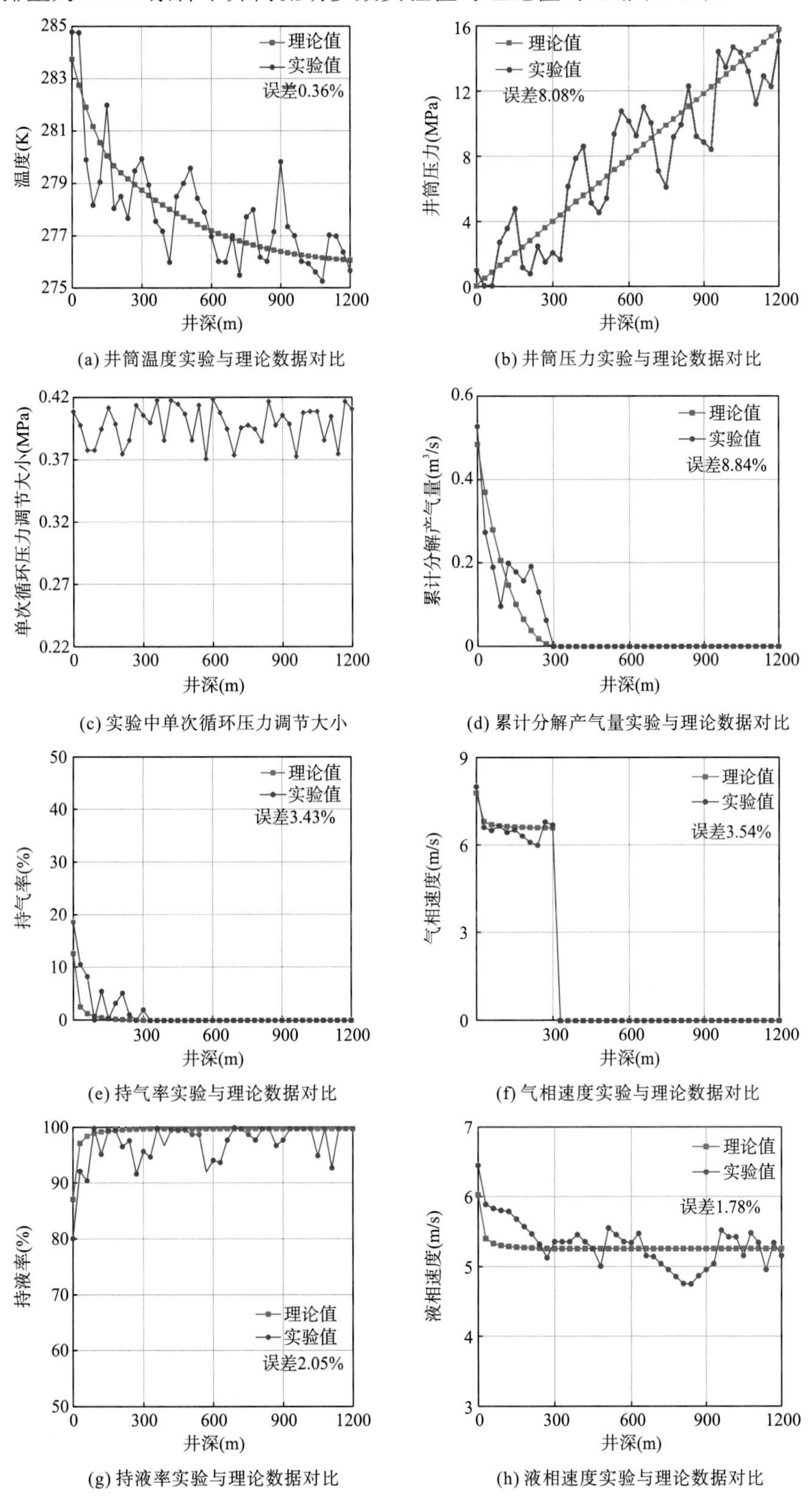

(a) 井筒温度实验与理论数据对比

(b) 井筒压力实验与理论数据对比

(c) 实验中单次循环压力调节大小

(d) 累计分解产气量实验与理论数据对比

(e) 持气率实验与理论数据对比

(f) 气相速度实验与理论数据对比

(g) 持液率实验与理论数据对比

(h) 液相速度实验与理论数据对比

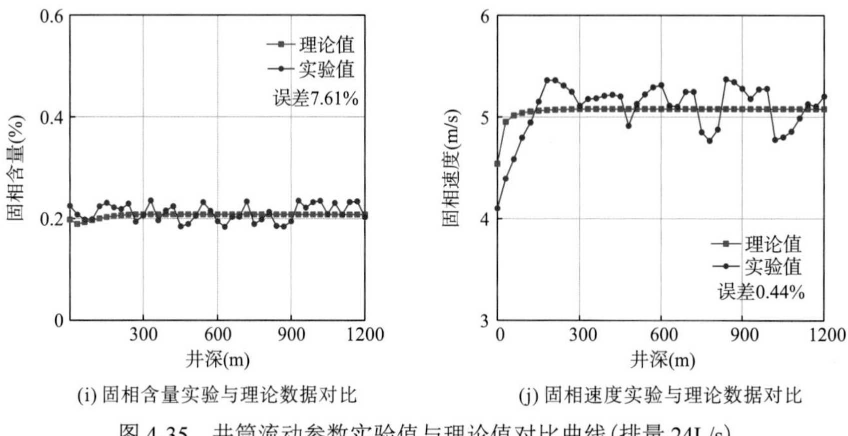

(i) 固相含量实验与理论数据对比　(j) 固相速度实验与理论数据对比

图 4-35　井筒流动参数实验值与理论值对比曲线(排量 24L/s)

对比实验与理论曲线可以看出，理论计算值与实验值变化趋势一致且误差均在 10%以内，验证了所建立的海洋天然气水合物固态流化开采水下输送气-液-固多相非平衡管流系统数学理论模型及数值求解方法的准确性。

为了深入研究海洋天然气水合物固态流化开采中不同液相排量对井筒流动参数的影响规律，基于理论计算分析得到不同液相排量对井筒温度、井筒压力、各相含量、各相速度的影响关系曲线，如图 4-36 所示。

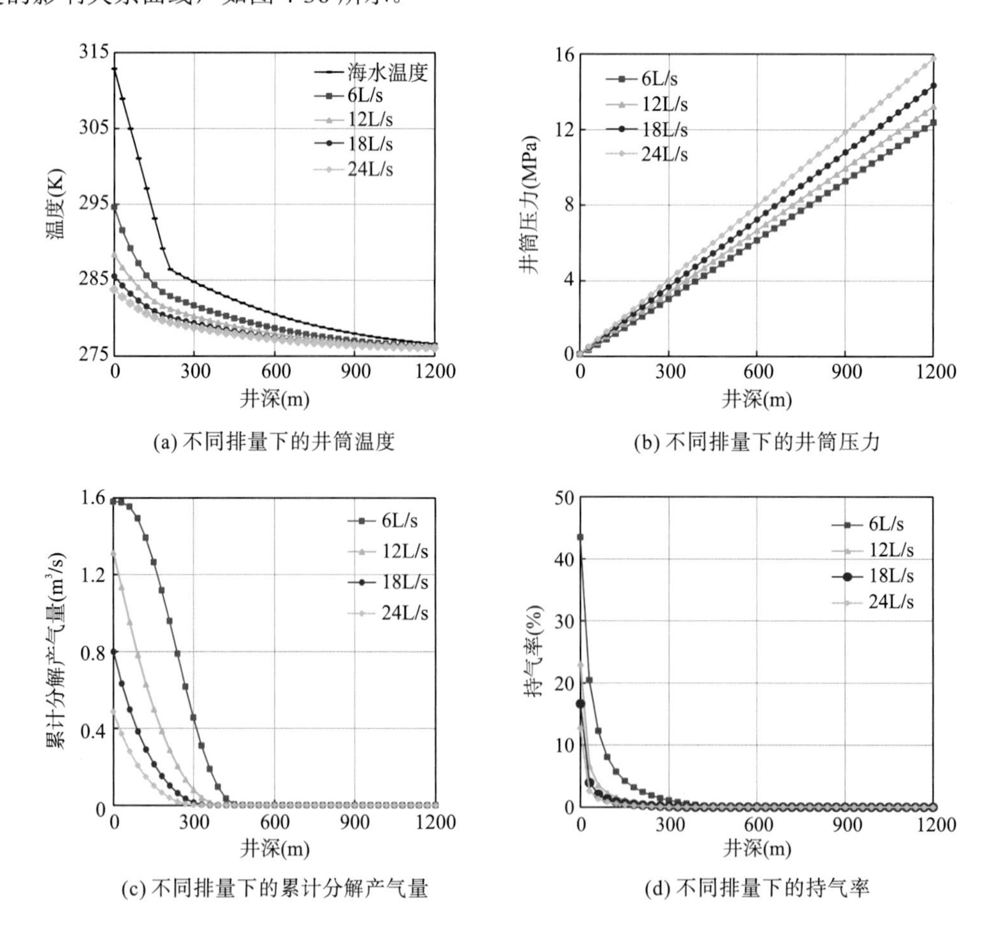

(a) 不同排量下的井筒温度　(b) 不同排量下的井筒压力

(c) 不同排量下的累计分解产气量　(d) 不同排量下的持气率

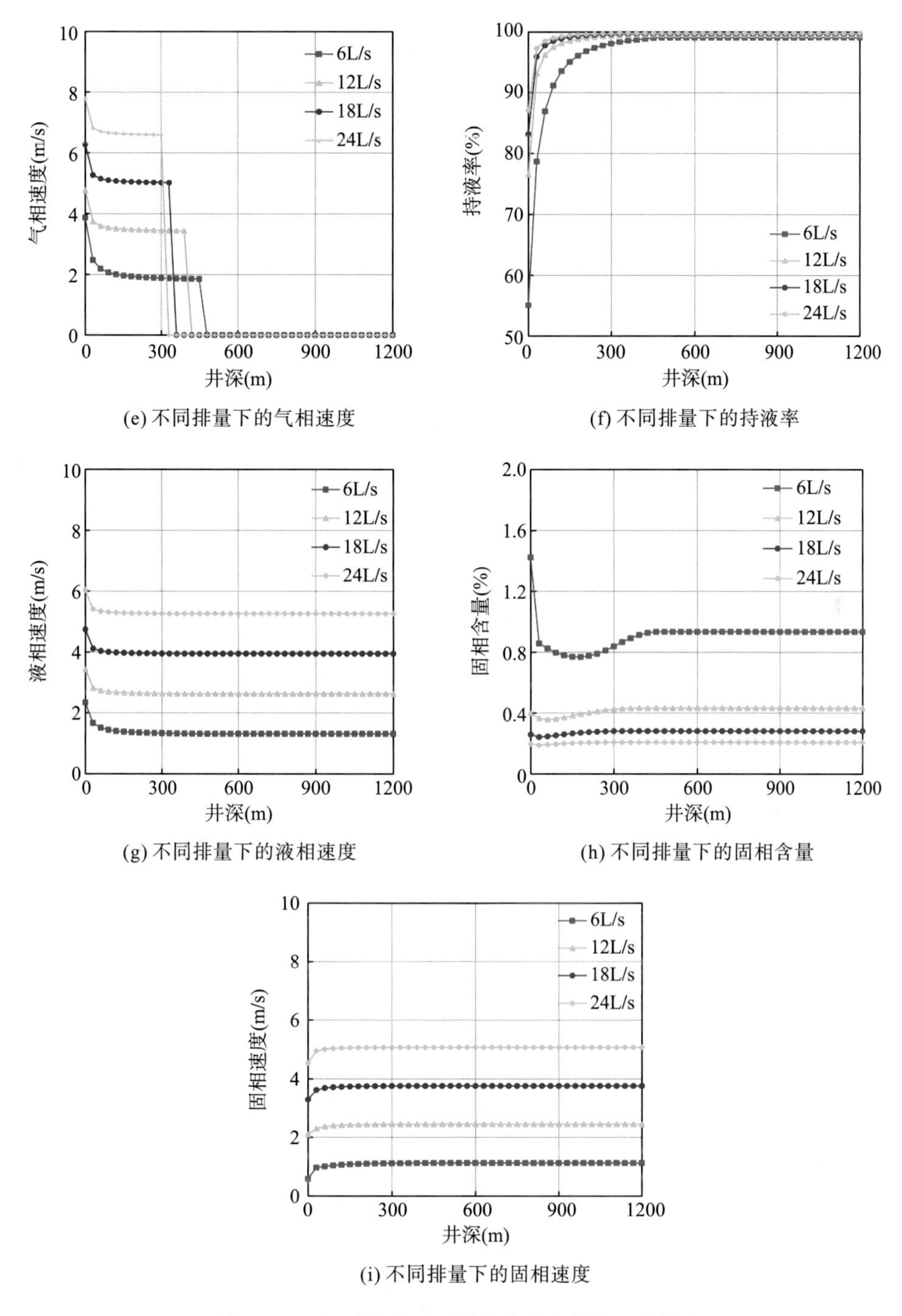

(e) 不同排量下的气相速度

(f) 不同排量下的持液率

(g) 不同排量下的液相速度

(h) 不同排量下的固相含量

(i) 不同排量下的固相速度

图 4-36　不同液相排量对井筒流动参数的影响曲线

从图 4-36 中可以看出，随着液相排量的增大，井筒温度降低、井筒压力升高，水合物分解起始位置上移，持气率降低、持液率增大、固相含量减少，气、液、固相速度均增大；由于排量较高的条件下，各相流速均较大，井筒中的水合物颗粒未分解完全，因此井口处对应的累计分解产气量减少。

2. 不同固相输送量下的水合物浆体垂直循环管输实验

不同固相输送量下的水合物浆体垂直循环管输实验中，单次循环模拟垂直管流上升30m 高度，以实验过程中所监测的垂直管路最高点处为记录点，记录温度、压力、各相含量、各相速度等参数。由于实验采用的液相排量均为 12L/s，因此固相输送量为 0.147m^3/min 时的实验方案参数与不同液相排量下的水合物浆体垂直循环管输实验的第 2 组相同，故采用相对应的实验数据。同时，得到了固相输送量分别为 0.206m^3/min、0.265m^3/min、0.324m^3/min 条件下的实验数据，见表 4-32~表 4-34。

表 4-32　实验数据监测记录表(固相输送量 0.206m^3/min)

实验模拟井深(m)	模拟海水温度(K)	井筒温度(K)	井筒压力(MPa)	单次循环调节压力大小(MPa)	累计分解产气量(m^3/s)	持气率(%)	持液率(%)	固相含量(%)	气相速度(m/s)	液相速度(m/s)	固相速度(m/s)
0	312.868	289.188	0.979	0.334	2.413	45.742	55.628	0.866	7.925	4.495	2.297
30	308.920	285.409	0.389	0.308	2.130	30.781	70.007	0.737	5.641	3.086	2.187
60	304.972	287.200	0.454	0.344	2.398	15.944	82.548	0.681	4.499	2.763	2.187
90	301.024	283.199	0.872	0.341	1.201	3.075	92.861	0.626	3.957	3.155	2.443
120	297.076	280.915	1.734	0.324	1.588	7.326	85.812	0.661	3.767	2.539	2.398
150	293.128	281.284	2.323	0.356	0.745	0.136	98.165	0.827	3.375	2.710	2.274
180	289.180	279.892	2.013	0.324	0.539	6.427	97.222	0.684	3.108	2.767	2.551
210	286.436	278.249	2.631	0.350	0.818	0.503	94.120	0.865	3.845	2.398	2.536
240	285.865	280.474	2.426	0.357	0.967	5.182	98.917	0.838	3.972	2.568	2.635
270	285.311	280.486	3.461	0.329	0.464	0.202	94.994	0.731	3.099	2.685	2.255
300	284.777	283.006	3.256	0.352	0.020	0.122	98.590	0.956	3.746	2.938	2.244
330	284.261	277.631	3.038	0.323	0.272	2.628	94.476	0.988	3.015	2.562	2.242
360	283.765	282.075	3.285	0.341	0.163	2.807	98.997	0.966	3.718	2.791	2.446
390	283.288	278.739	4.121	0.342	0.127	3.501	94.669	0.912	3.636	2.597	2.162
420	282.832	278.526	4.673	0.315	0.000	0.000	97.902	0.779	0.000	2.853	2.438
450	282.395	281.438	5.657	0.326	0.000	0.000	99.142	0.956	0.000	2.277	2.360
480	281.977	278.426	5.676	0.331	0.000	0.000	95.470	0.954	0.000	3.016	2.285
510	281.580	277.809	6.145	0.335	0.000	0.000	95.071	0.818	0.000	2.890	2.618
540	281.201	276.834	5.031	0.321	0.000	0.000	96.452	1.018	0.000	2.329	2.499
570	280.841	278.222	6.249	0.318	0.000	0.000	98.443	0.741	0.000	2.874	2.350
600	280.499	279.494	7.154	0.311	0.000	0.000	95.071	0.908	0.000	3.018	2.392
630	280.175	279.741	6.528	0.346	0.000	0.000	99.086	0.845	0.000	2.885	2.647
660	279.869	276.071	7.185	0.311	0.000	0.000	97.542	0.902	0.000	2.965	2.547
690	279.579	276.471	8.140	0.350	0.000	0.000	98.946	0.961	0.000	2.334	2.377
720	279.306	275.476	8.622	0.311	0.000	0.000	99.135	0.951	0.000	2.828	2.661
750	279.047	277.163	7.579	0.312	0.000	0.000	96.567	1.025	0.000	2.780	2.628
780	278.804	279.206	8.256	0.332	0.000	0.000	97.070	0.799	0.000	2.512	2.678
810	278.575	277.827	9.600	0.333	0.000	0.000	97.307	0.977	0.000	2.836	2.304
840	278.360	279.255	8.425	0.315	0.000	0.000	95.996	0.807	0.000	2.700	2.486
870	278.158	278.990	9.670	0.320	0.000	0.000	94.145	0.935	0.000	2.870	2.629
900	277.968	275.526	9.889	0.333	0.000	0.000	96.862	0.959	0.000	2.572	2.625
930	277.790	275.821	10.665	0.337	0.000	0.000	94.836	0.881	0.000	2.496	2.640
960	277.623	275.750	10.087	0.319	0.000	0.000	98.587	0.943	0.000	2.278	2.214
990	277.466	275.771	10.422	0.352	0.000	0.000	95.521	0.857	0.000	2.785	2.376

续表

实验模拟井深(m)	模拟海水温度(K)	井筒温度(K)	井筒压力(MPa)	单次循环调节压力大小(MPa)	累计分解产气量(m^3/s)	持气率(%)	持液率(%)	固相含量(%)	气相速度(m/s)	液相速度(m/s)	固相速度(m/s)
1020	277.319	275.181	10.538	0.336	0.000	0.000	98.119	0.990	0.000	2.753	2.443
1050	277.182	276.967	11.300	0.346	0.000	0.000	98.373	0.930	0.000	2.627	2.368
1080	277.054	277.609	12.401	0.321	0.000	0.000	98.224	0.887	0.000	2.798	2.287
1110	276.934	276.596	12.541	0.339	0.000	0.000	95.211	0.945	0.000	2.885	2.242
1140	276.822	277.417	13.551	0.360	0.000	0.000	94.916	0.796	0.000	2.436	2.309
1170	276.717	277.115	13.137	0.321	0.000	0.000	99.258	0.969	0.000	2.849	2.402
1200	276.620	276.652	12.875	0.322	0.000	0.000	97.631	1.039	0.000	2.455	2.470

表 4-33　实验数据监测记录表(固相输送量 $0.265m^3/min$)

实验模拟井深(m)	模拟海水温度(K)	井筒温度(K)	井筒压力(MPa)	单次循环调节压力大小(MPa)	累计分解产气量(m^3/s)	持气率(%)	持液率(%)	固相含量(%)	气相速度(m/s)	液相速度(m/s)	固相速度(m/s)
0	312.868	289.696	0.530	0.315	3.809	48.199	51.919	0.811	8.551	5.561	3.081
30	308.920	288.829	1.414	0.338	3.851	38.987	69.167	1.209	6.503	4.590	2.804
60	304.972	283.876	0.369	0.323	3.364	15.938	79.017	1.076	5.039	3.736	2.527
90	301.024	283.113	0.294	0.338	2.018	4.598	89.108	1.193	4.784	3.170	2.539
120	297.076	280.984	0.573	0.338	1.407	6.939	91.491	1.325	4.092	2.974	2.440
150	293.128	279.296	2.665	0.335	2.094	3.978	85.378	1.330	3.988	2.446	2.651
180	289.180	283.124	3.089	0.328	1.827	7.034	94.035	1.205	3.855	2.273	2.579
210	286.436	284.120	3.111	0.339	1.589	5.914	95.323	1.322	3.753	2.476	2.595
240	285.865	282.340	1.890	0.327	0.376	0.259	98.371	1.326	3.754	2.470	2.239
270	285.311	278.283	1.767	0.341	0.191	5.405	95.987	1.212	3.872	2.524	2.479
300	284.777	279.483	2.317	0.323	0.696	0.405	93.976	1.385	3.961	2.514	2.469
330	284.261	277.198	3.073	0.353	0.197	0.318	97.249	1.191	3.536	3.035	2.640
360	283.765	277.320	5.973	0.356	0.002	2.971	94.509	1.104	2.971	2.497	2.366
390	283.288	281.859	5.353	0.315	0.240	4.959	95.128	1.370	3.063	3.013	2.742
420	282.832	276.391	6.572	0.329	0.000	0.000	97.040	1.406	0.000	2.734	2.457
450	282.395	279.935	6.011	0.322	0.000	0.000	95.406	1.326	0.000	2.986	2.270
480	281.977	280.453	5.995	0.346	0.000	0.000	98.300	1.434	0.000	2.888	2.339
510	281.580	279.169	4.725	0.360	0.000	0.000	98.401	1.344	0.000	2.378	2.586
540	281.201	280.350	7.362	0.329	0.000	0.000	94.354	1.382	0.000	2.966	2.367
570	280.841	280.032	7.579	0.334	0.000	0.000	96.481	1.267	0.000	2.410	2.302
600	280.499	279.884	5.457	0.355	0.000	0.000	98.805	1.483	0.000	2.649	2.704
630	280.175	275.634	7.738	0.327	0.000	0.000	97.016	1.244	0.000	2.815	2.667
660	279.869	276.671	6.859	0.353	0.000	0.000	98.455	1.362	0.000	2.904	2.283
690	279.579	276.439	6.445	0.337	0.000	0.000	98.547	1.280	0.000	2.935	2.662
720	279.306	279.355	6.907	0.361	0.000	0.000	98.975	1.383	0.000	2.421	2.312
750	279.047	275.716	6.395	0.358	0.000	0.000	93.820	1.357	0.000	2.712	2.684
780	278.804	275.953	9.391	0.316	0.000	0.000	94.968	1.265	0.000	2.858	2.410
810	278.575	276.241	10.123	0.350	0.000	0.000	94.176	1.191	0.000	2.635	2.528
840	278.360	276.414	9.995	0.337	0.000	0.000	94.242	1.127	0.000	2.460	2.633
870	278.158	276.222	11.151	0.311	0.000	0.000	96.121	1.492	0.000	2.328	2.441
900	277.968	277.805	8.886	0.322	0.000	0.000	95.455	1.432	0.000	2.861	2.242
930	277.790	277.787	7.994	0.323	0.000	0.000	98.729	1.292	0.000	2.353	2.346

续表

实验模拟井深(m)	模拟海水温度(K)	井筒温度(K)	井筒压力(MPa)	单次循环调节压力大小(MPa)	累计分解产气量(m^3/s)	持气率(%)	持液率(%)	固相含量(%)	气相速度(m/s)	液相速度(m/s)	固相速度(m/s)
960	277.623	276.657	9.619	0.343	0.000	0.000	98.127	1.434	0.000	2.578	2.657
990	277.466	276.376	9.222	0.345	0.000	0.000	94.527	1.223	0.000	2.913	2.550
1020	277.319	278.111	11.876	0.358	0.000	0.000	95.813	1.403	0.000	2.246	2.598
1050	277.182	276.545	12.291	0.339	0.000	0.000	96.813	1.352	0.000	2.705	2.263
1080	277.054	277.653	12.340	0.314	0.000	0.000	95.792	1.101	0.000	2.541	2.308
1110	276.934	278.247	11.293	0.343	0.000	0.000	96.293	1.247	0.000	2.806	2.273
1140	276.822	275.348	13.449	0.355	0.000	0.000	96.245	1.231	0.000	2.423	2.527
1170	276.717	275.725	14.364	0.352	0.000	0.000	97.056	1.287	0.000	2.594	2.739
1200	276.620	276.870	13.949	0.336	0.000	0.000	97.592	1.461	0.000	2.979	2.329

表 4-34　实验数据监测记录表(固相输送量 $0.324m^3/min$)

实验模拟井深(m)	模拟海水温度(K)	井筒温度(K)	井筒压力(MPa)	单次循环调节压力大小(MPa)	累计分解产气量(m^3/s)	持气率(%)	持液率(%)	固相含量(%)	气相速度(m/s)	液相速度(m/s)	固相速度(m/s)
0	312.868	289.566	0.653	0.298	5.095	55.650	44.012	0.811	7.519	4.968	2.790
30	308.920	289.073	0.577	0.323	5.365	40.234	52.205	1.572	5.146	3.426	1.747
60	304.972	283.755	0.344	0.310	3.520	25.974	74.745	1.706	4.819	2.648	1.945
90	301.024	284.728	1.157	0.319	2.109	11.556	77.959	1.320	3.574	3.090	2.475
120	297.076	280.507	0.729	0.332	2.993	9.430	95.525	1.454	3.331	2.831	2.077
150	293.128	282.555	2.692	0.356	2.701	0.181	91.420	1.443	4.143	2.559	2.440
180	289.180	282.829	1.950	0.310	2.598	4.721	90.648	1.583	3.547	2.346	2.396
210	286.436	283.395	3.048	0.340	2.113	0.246	95.361	1.487	3.308	2.612	2.401
240	285.865	280.313	3.671	0.312	0.390	5.850	92.066	1.659	3.214	2.523	2.542
270	285.311	278.350	3.526	0.326	0.164	0.114	95.353	1.787	3.851	2.729	2.211
300	284.777	282.656	2.914	0.325	0.154	3.659	93.517	1.510	3.161	2.399	2.484
330	284.261	277.295	3.455	0.344	0.034	5.151	97.464	1.797	3.380	2.472	2.417
360	283.765	278.279	4.989	0.336	0.085	3.561	95.076	1.640	3.248	2.246	2.372
390	283.288	276.563	3.786	0.350	0.175	0.298	94.208	1.759	3.769	2.967	2.325
420	282.832	277.761	3.985	0.331	0.000	0.000	96.257	1.754	0.000	2.873	2.343
450	282.395	277.255	5.130	0.339	0.000	0.000	97.555	1.643	0.000	2.650	2.343
480	281.977	277.126	5.209	0.322	0.000	0.000	93.627	1.672	0.000	2.418	2.148
510	281.580	278.324	6.408	0.360	0.000	0.000	96.103	1.556	0.000	2.296	2.631
540	281.201	278.737	5.147	0.326	0.000	0.000	97.204	1.529	0.000	2.543	2.334
570	280.841	277.554	5.688	0.326	0.000	0.000	98.298	1.676	0.000	2.941	2.546
600	280.499	277.113	7.344	0.343	0.000	0.000	93.955	1.701	0.000	2.458	2.495
630	280.175	280.127	7.181	0.342	0.000	0.000	95.738	1.820	0.000	2.326	2.448
660	279.869	279.800	7.188	0.347	0.000	0.000	96.969	1.603	0.000	2.956	2.378
690	279.579	280.342	7.404	0.316	0.000	0.000	96.471	1.894	0.000	2.578	2.208
720	279.306	279.713	7.234	0.353	0.000	0.000	97.107	1.835	0.000	2.828	2.347
750	279.047	278.365	9.319	0.344	0.000	0.000	93.798	1.626	0.000	2.647	2.774
780	278.804	276.762	8.614	0.338	0.000	0.000	97.648	1.539	0.000	2.863	2.272
810	278.575	277.273	8.732	0.356	0.000	0.000	95.665	1.552	0.000	2.747	2.177
840	278.360	276.807	9.174	0.360	0.000	0.000	95.576	1.585	0.000	2.609	2.685
870	278.158	275.505	9.760	0.337	0.000	0.000	93.970	1.619	0.000	2.683	2.358
900	277.968	275.887	10.180	0.331	0.000	0.000	97.302	1.560	0.000	3.023	2.468

续表

实验模拟井深(m)	模拟海水温度(K)	井筒温度(K)	井筒压力(MPa)	单次循环调节压力大小(MPa)	累计分解产气量(m^3/s)	持气率(%)	持液率(%)	固相含量(%)	气相速度(m/s)	液相速度(m/s)	固相速度(m/s)
930	277.790	275.845	10.770	0.326	0.000	0.000	94.324	1.746	0.000	2.893	2.679
960	277.623	277.620	11.048	0.347	0.000	0.000	97.500	1.923	0.000	2.837	2.178
990	277.466	275.999	10.276	0.323	0.000	0.000	96.424	1.808	0.000	2.422	2.732
1020	277.319	275.949	10.815	0.341	0.000	0.000	94.244	1.752	0.000	2.360	2.468
1050	277.182	276.023	12.237	0.330	0.000	0.000	95.983	1.850	0.000	2.396	2.103
1080	277.054	277.182	11.647	0.328	0.000	0.000	93.526	1.647	0.000	2.571	2.380
1110	276.934	275.255	11.838	0.362	0.000	0.000	97.512	1.646	0.000	2.300	2.492
1140	276.822	275.219	12.085	0.331	0.000	0.000	94.760	1.625	0.000	2.815	2.793
1170	276.717	275.276	12.037	0.315	0.000	0.000	97.612	1.923	0.000	2.326	2.075
1200	276.620	277.011	12.721	0.354	0.000	0.000	95.282	1.811	0.000	2.559	2.648

采用所建立的气-液-固多相非平衡管流系统数学理论模型及数值计算方法，基于实验模拟参数，通过理论计算得到了对应固相输送量下的井筒温度、井筒压力、各相含量、各相速度。同时，根据实验监测记录数据对比理论计算值，得到不同固相输送量下井筒流动参数实验与理论对比曲线，如图4-37~图4-39所示。

(1) 固相输送量为0.206m^3/min条件下井筒流动参数实验值与理论值对比(图4-37)。

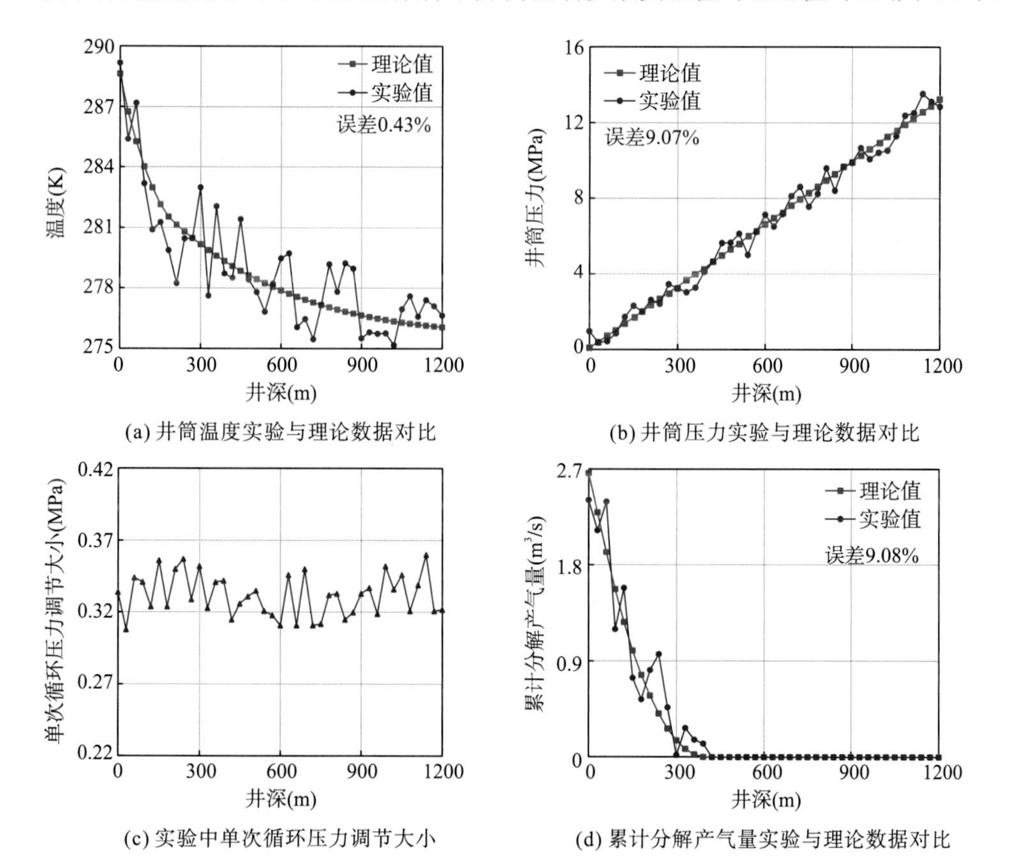

(a) 井筒温度实验与理论数据对比　(b) 井筒压力实验与理论数据对比

(c) 实验中单次循环压力调节大小　(d) 累计分解产气量实验与理论数据对比

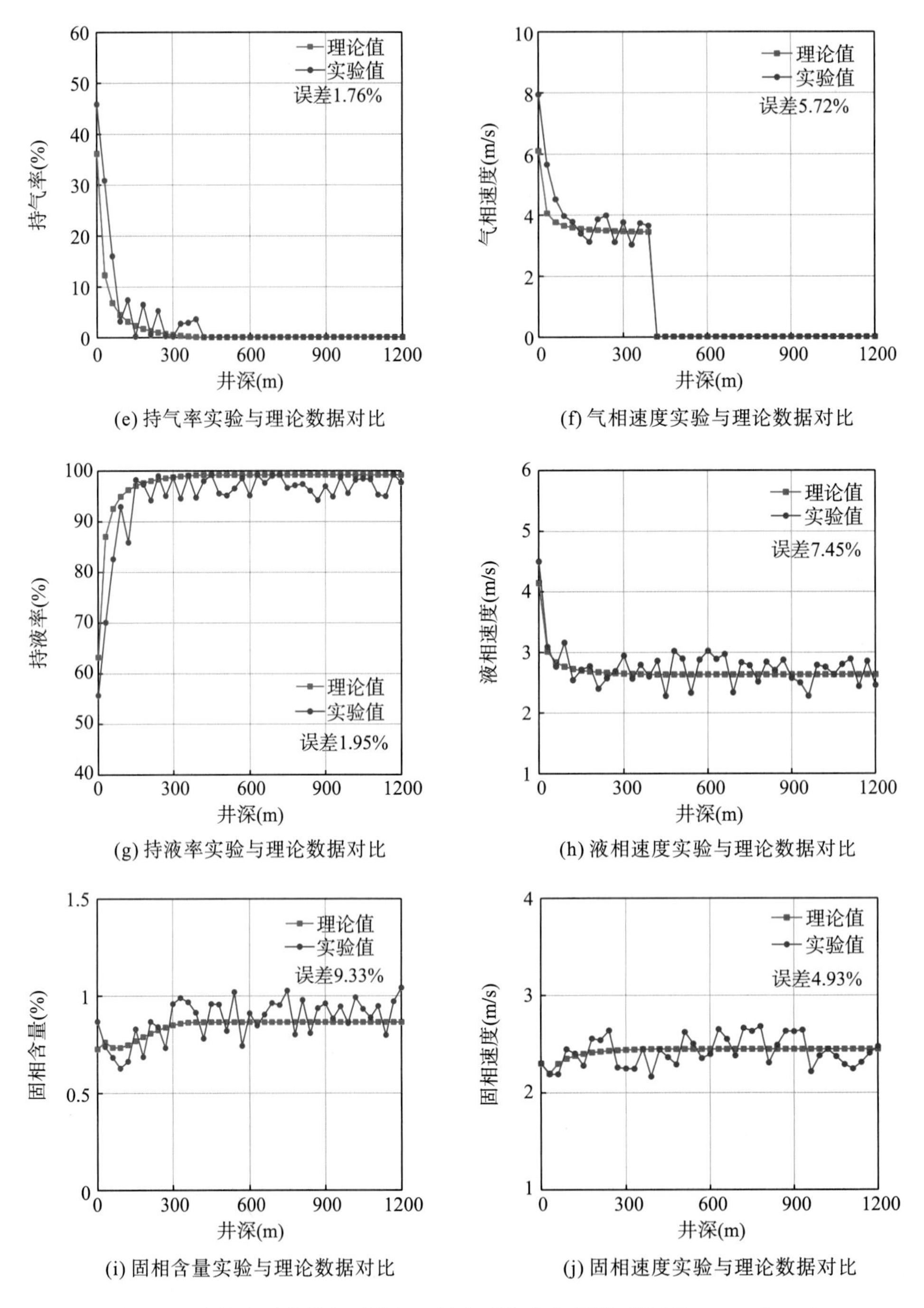

(e) 持气率实验与理论数据对比

(f) 气相速度实验与理论数据对比

(g) 持液率实验与理论数据对比

(h) 液相速度实验与理论数据对比

(i) 固相含量实验与理论数据对比

(j) 固相速度实验与理论数据对比

图 4-37　井筒流动参数实验值与理论值对比曲线(固相输送量 0.206m^3/min)

(2)固相输送量为 0.265m^3/min 条件下井筒流动参数实验值与理论值对比(图 4-38)。

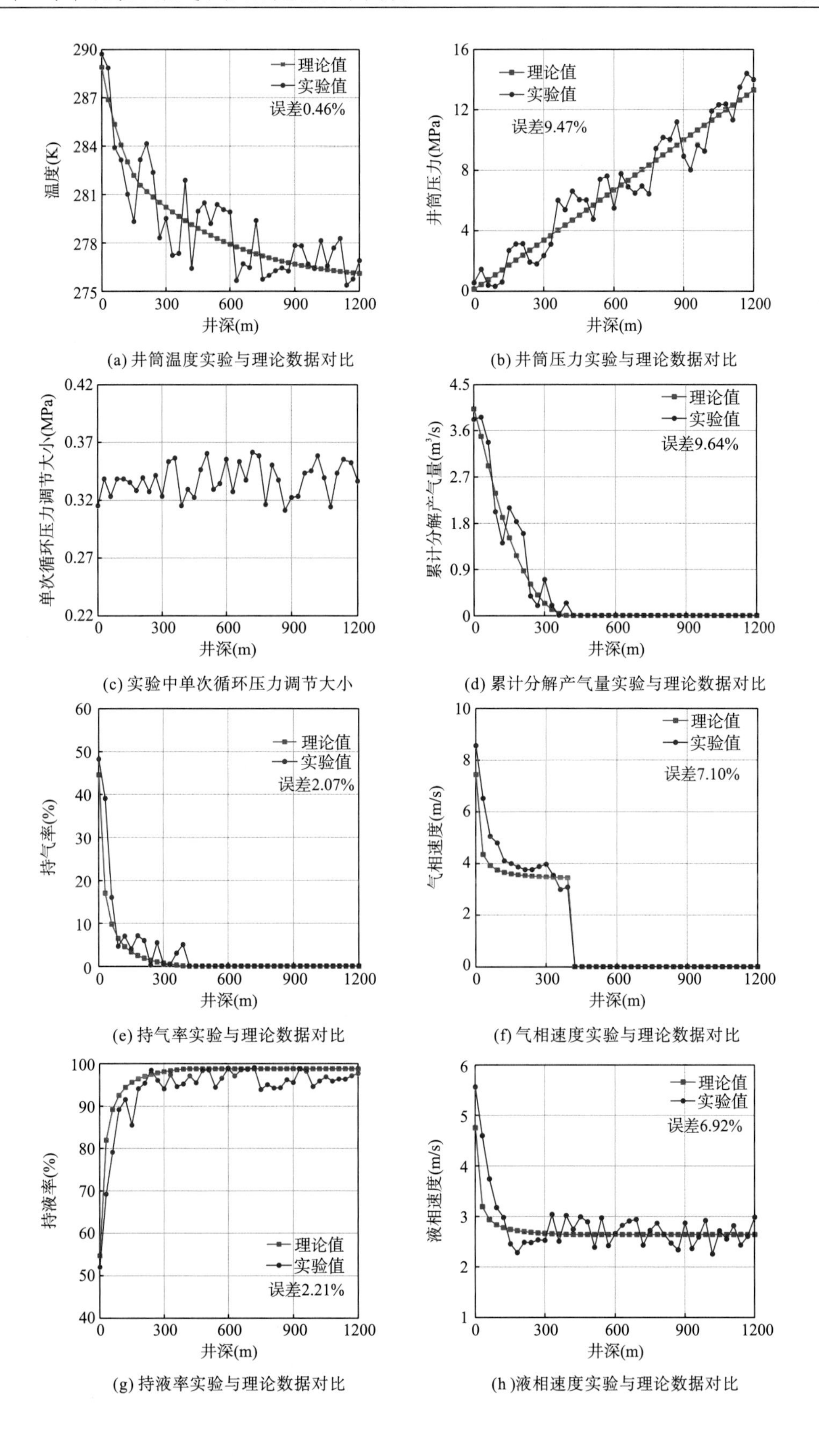

(a) 井筒温度实验与理论数据对比

(b) 井筒压力实验与理论数据对比

(c) 实验中单次循环压力调节大小

(d) 累计分解产气量实验与理论数据对比

(e) 持气率实验与理论数据对比

(f) 气相速度实验与理论数据对比

(g) 持液率实验与理论数据对比

(h)液相速度实验与理论数据对比

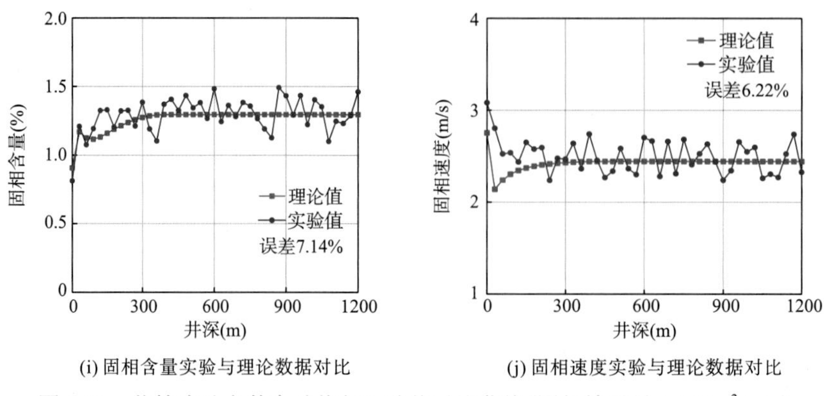

(i) 固相含量实验与理论数据对比　　(j) 固相速度实验与理论数据对比

图 4-38　井筒流动参数实验值与理论值对比曲线(固相输送量 $0.265m^3/min$)

(3) 固相输送量为 $0.324m^3/min$ 条件下井筒流动参数实验值与理论值对比(图 4-39)。

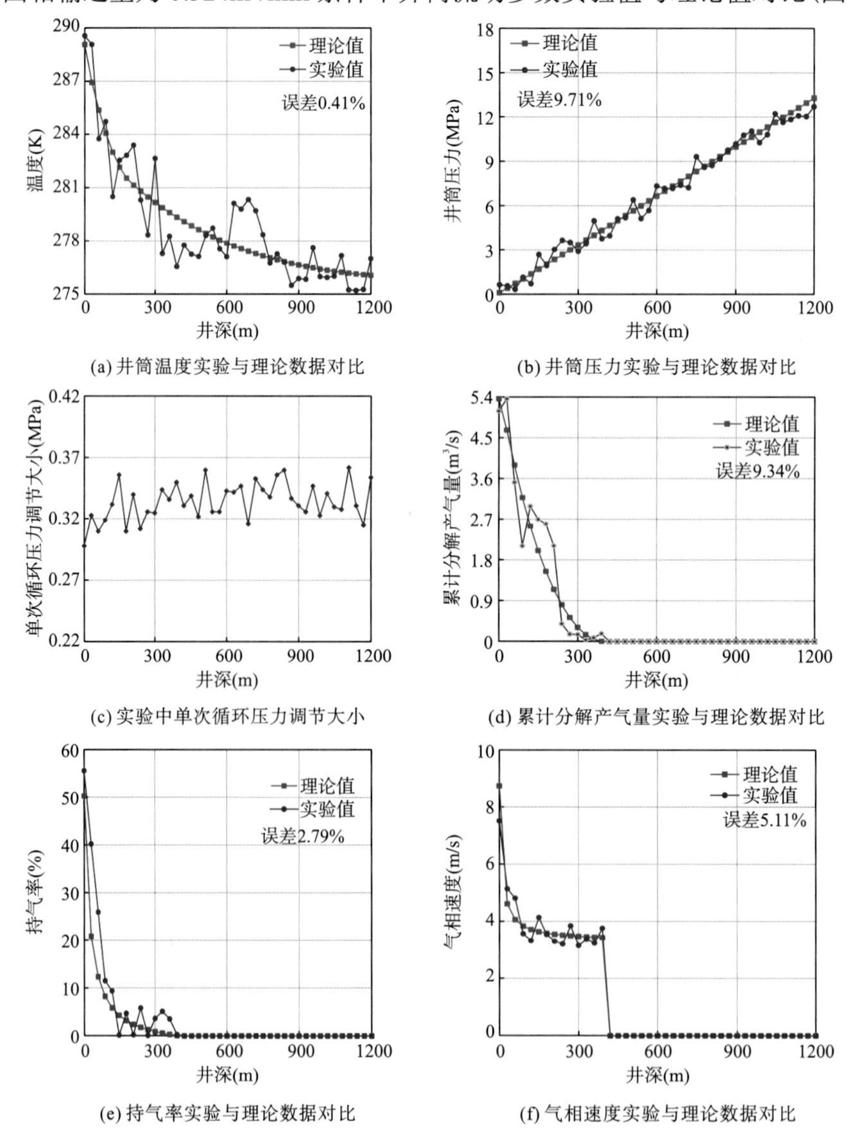

(a) 井筒温度实验与理论数据对比　　(b) 井筒压力实验与理论数据对比

(c) 实验中单次循环压力调节大小　　(d) 累计分解产气量实验与理论数据对比

(e) 持气率实验与理论数据对比　　(f) 气相速度实验与理论数据对比

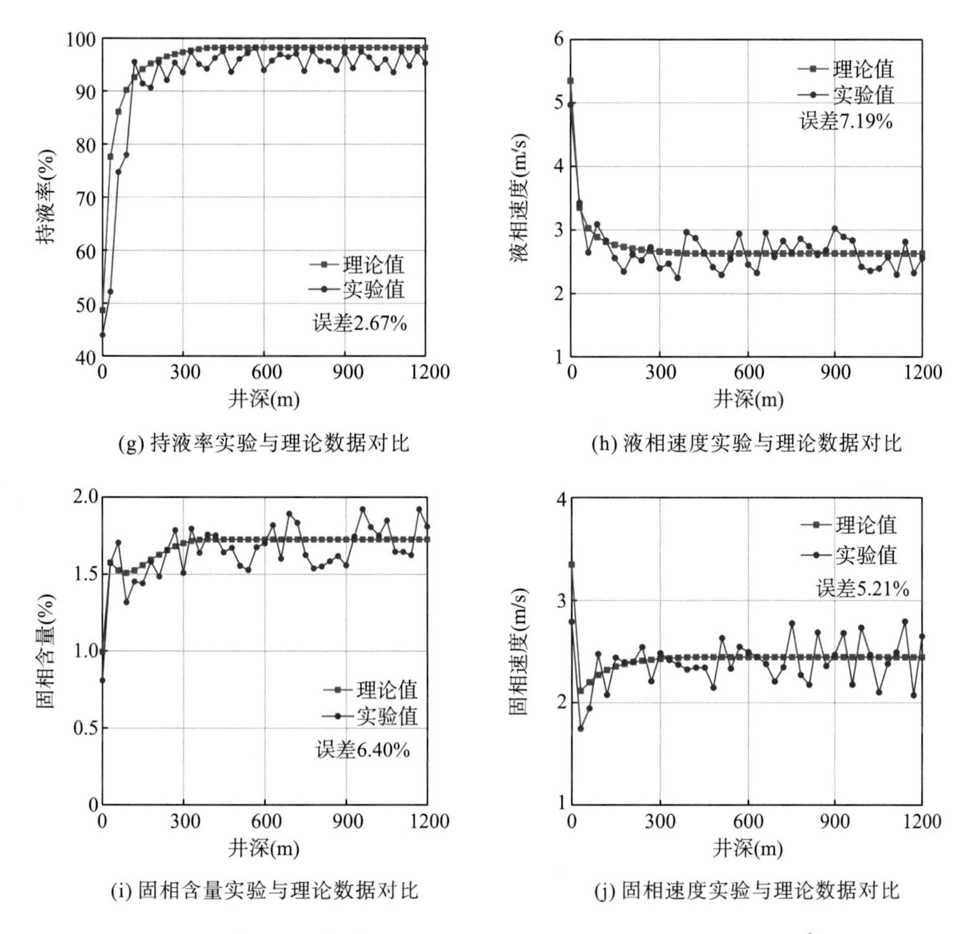

(g) 持液率实验与理论数据对比　　(h) 液相速度实验与理论数据对比

(i) 固相含量实验与理论数据对比　　(j) 固相速度实验与理论数据对比

图 4-39　井筒流动参数实验值与理论值对比曲线(固相输送量 0.324m³/min)

为了深入研究海洋天然气水合物固态流化开采中不同固相输送量对井筒流动参数的影响规律，基于理论计算，分析得到了不同固相输送量对井筒温度、井筒压力、各相含量、各相速度的影响关系曲线，如图 4-40 所示。

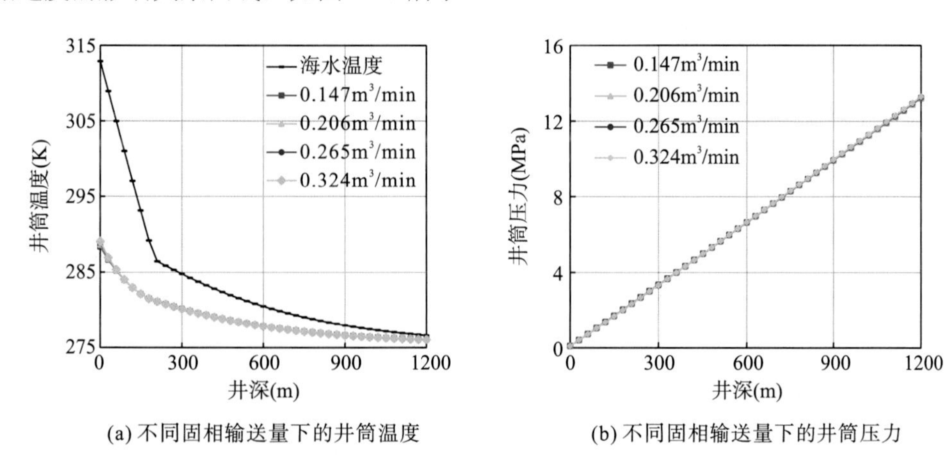

(a) 不同固相输送量下的井筒温度　　(b) 不同固相输送量下的井筒压力

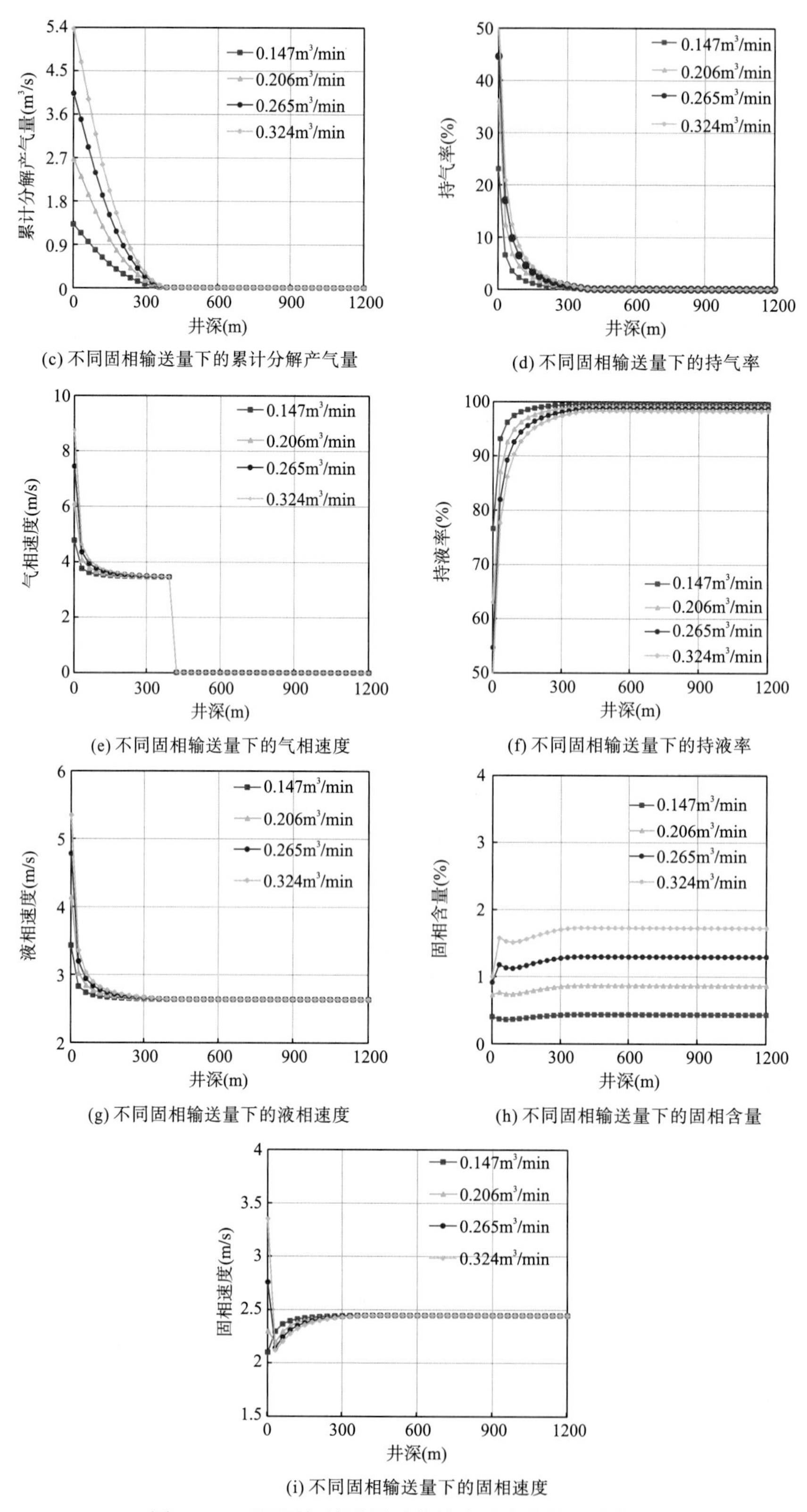

(c) 不同固相输送量下的累计分解产气量

(d) 不同固相输送量下的持气率

(e) 不同固相输送量下的气相速度

(f) 不同固相输送量下的持液率

(g) 不同固相输送量下的液相速度

(h) 不同固相输送量下的固相含量

(i) 不同固相输送量下的固相速度

图 4-40　不同固相输送量对井筒流动参数的影响曲线

从图 4-40 中可以看出，随着固相输送量的增大，井筒温度、压力、水合物分解起始位置变化不大，持气率增大、持液率降低、固相含量增大，气、液相速度增大，固相速度减小；在固相输送量较大条件下，井筒中的水合物颗粒较多，因此井口处对应的累计分解产气量增大。

3. 不同固相粒径下的水合物浆体垂直循环管输实验

不同固相粒径下的水合物浆体垂直循环管输实验中，单次循环模拟垂直管流上升 30m 高度，以实验过程中所监测的垂直管路最高点处为记录点，记录温度、压力、各相含量、各相速度等参数。由于实验采用的液相排量均为 12L/s，因此固相粒径为 5mm 时的实验方案参数与不同液相排量下的水合物浆体垂直循环管输实验第 2 组相同，故采用相对应的实验数据。同时，得到了固相粒径分别为 2mm、8mm、10mm 条件下的实验数据，见表 4-35~表 4-37。

表 4-35　实验数据监测记录表(固相粒径 2mm)

实验模拟井深(m)	模拟海水温度(K)	井筒温度(K)	井筒压力(MPa)	单次循环调节压力大小(MPa)	累计分解产气量(m^3/s)	持气率(%)	持液率(%)	固相含量(%)	气相速度(m/s)	液相速度(m/s)	固相速度(m/s)
0	312.868	289.139	0.783	0.321	1.448	29.508	72.174	0.378	5.000	3.946	2.289
30	308.920	287.673	0.023	0.310	1.320	20.952	90.629	0.358	4.790	3.525	2.495
60	304.972	283.944	1.351	0.354	0.860	15.557	93.141	0.363	3.716	2.887	2.421
90	301.024	285.319	1.943	0.322	0.682	1.174	95.929	0.369	3.592	2.512	2.300
120	297.076	283.992	0.522	0.314	0.674	0.987	97.174	0.367	3.235	2.856	2.359
150	293.128	281.017	2.568	0.315	0.619	3.804	94.985	0.359	3.739	2.511	2.454
180	289.180	281.056	3.434	0.338	0.433	0.196	93.864	0.384	3.431	2.799	2.542
210	286.436	282.167	3.280	0.320	0.175	2.130	99.084	0.379	3.272	2.660	2.428
240	285.865	279.883	3.188	0.357	0.143	0.266	95.723	0.415	3.303	2.509	2.502
270	285.311	281.857	2.227	0.312	0.044	3.229	96.484	0.388	3.664	2.465	2.637
300	284.777	280.904	4.048	0.342	0.140	1.230	97.385	0.395	3.309	2.807	2.639
330	284.261	280.119	4.247	0.348	0.085	1.765	95.643	0.425	3.620	2.489	2.526
360	283.765	278.900	4.753	0.354	0.113	0.966	99.345	0.433	3.770	2.628	2.621
390	283.288	278.194	4.733	0.326	0.092	2.827	95.205	0.405	3.274	2.797	2.700
420	282.832	279.429	3.802	0.317	0.000	0.307	99.269	0.418	0.000	2.751	2.493
450	282.395	279.909	4.327	0.354	0.000	0.000	98.868	0.401	0.000	2.684	2.620
480	281.977	279.674	4.236	0.311	0.000	0.000	95.504	0.433	0.000	2.482	2.461
510	281.580	278.865	5.020	0.322	0.000	0.000	96.431	0.436	0.000	2.453	2.344
540	281.201	278.068	8.303	0.310	0.000	0.000	97.368	0.415	0.000	2.546	2.594
570	280.841	277.083	5.151	0.327	0.000	0.000	97.469	0.417	0.000	2.446	2.581
600	280.499	276.909	7.639	0.333	0.000	0.000	99.817	0.418	0.000	2.615	2.332
630	280.175	276.375	7.799	0.315	0.000	0.000	97.524	0.428	0.000	2.706	2.455
660	279.869	278.593	7.655	0.319	0.000	0.000	95.413	0.426	0.000	2.613	2.400
690	279.579	279.450	6.127	0.354	0.000	0.000	98.545	0.417	0.000	2.527	2.514

续表

实验模拟井深(m)	模拟海水温度(K)	井筒温度(K)	井筒压力(MPa)	单次循环调节压力大小(MPa)	累计分解产气量(m^3/s)	持气率(%)	持液率(%)	固相含量(%)	气相速度(m/s)	液相速度(m/s)	固相速度(m/s)
720	279.306	278.132	8.591	0.351	0.000	0.000	99.428	0.405	0.000	2.688	2.482
750	279.047	277.391	9.208	0.355	0.000	0.000	99.111	0.418	0.000	2.509	2.441
780	278.804	276.507	10.300	0.310	0.000	0.000	97.262	0.405	0.000	2.362	2.515
810	278.575	275.966	9.965	0.340	0.000	0.000	97.280	0.425	0.000	2.706	2.556
840	278.360	275.865	8.448	0.319	0.000	0.000	99.925	0.413	0.000	2.787	2.523
870	278.158	277.771	8.741	0.315	0.000	0.000	99.575	0.415	0.000	2.765	2.481
900	277.968	277.384	10.605	0.338	0.000	0.000	94.658	0.406	0.000	2.807	2.701
930	277.790	275.604	11.543	0.329	0.000	0.000	98.020	0.415	0.000	2.680	2.519
960	277.623	276.530	12.392	0.331	0.000	0.000	99.116	0.422	0.000	2.500	2.548
990	277.466	278.462	12.543	0.356	0.000	0.000	98.356	0.415	0.000	2.679	2.559
1020	277.319	277.400	11.950	0.328	0.000	0.000	98.043	0.405	0.000	2.750	2.709
1050	277.182	276.942	10.431	0.359	0.000	0.000	96.542	0.418	0.000	2.555	2.618
1080	277.054	276.090	10.180	0.321	0.000	0.000	96.300	0.404	0.000	2.486	2.528
1110	276.934	275.624	10.769	0.351	0.000	0.000	98.523	0.434	0.000	2.643	2.548
1140	276.822	276.600	13.966	0.313	0.000	0.000	99.038	0.404	0.000	2.708	2.706
1170	276.717	275.662	14.453	0.320	0.000	0.000	97.844	0.434	0.000	2.783	2.525
1200	276.620	276.828	13.812	0.342	0.000	0.000	97.328	0.438	0.000	2.578	2.385

表 4-36　实验数据监测记录表(固相粒径 8mm)

实验模拟井深(m)	模拟海水温度(K)	井筒温度(K)	井筒压力(MPa)	单次循环调节压力大小(MPa)	累计分解产气量(m^3/s)	持气率(%)	持液率(%)	固相含量(%)	气相速度(m/s)	液相速度(m/s)	固相速度(m/s)
0	312.868	288.932	0.077	0.320	1.187	30.977	70.178	0.408	4.985	3.909	1.945
30	308.920	285.241	0.003	0.343	1.055	20.442	82.984	0.356	4.626	3.480	2.377
60	304.972	285.927	1.613	0.344	0.778	14.599	89.494	0.346	3.979	2.906	2.402
90	301.024	283.355	1.871	0.339	0.701	4.406	95.755	0.372	3.891	2.872	2.418
120	297.076	283.457	2.553	0.352	0.787	1.127	96.439	0.384	3.611	2.473	2.362
150	293.128	281.832	0.442	0.320	0.375	5.235	98.901	0.368	3.275	2.757	2.292
180	289.180	282.283	0.703	0.320	0.452	0.243	97.180	0.406	3.313	2.512	2.481
210	286.436	282.065	1.748	0.322	0.256	1.743	97.958	0.412	3.249	2.778	2.237
240	285.865	280.828	3.684	0.309	0.158	3.255	94.794	0.435	3.275	2.793	2.285
270	285.311	280.465	3.688	0.318	0.165	3.231	96.508	0.423	3.293	2.480	2.280
300	284.777	280.412	4.234	0.344	0.003	0.325	95.877	0.433	3.719	2.731	2.499
330	284.261	279.624	5.655	0.355	0.098	0.644	97.786	0.446	3.257	2.724	2.360
360	283.765	278.703	3.191	0.318	0.016	0.281	95.644	0.434	3.563	2.588	2.195
390	283.288	278.713	2.777	0.322	0.027	0.988	96.517	0.433	3.171	2.793	2.383
420	282.832	278.641	2.387	0.319	0.000	1.727	95.230	0.447	0.000	2.610	2.197
450	282.395	278.621	4.431	0.355	0.000	0.000	95.486	0.451	0.000	2.464	2.367

续表

实验模拟井深(m)	模拟海水温度(K)	井筒温度(K)	井筒压力(MPa)	单次循环调节压力大小(MPa)	累计分解产气量(m^3/s)	持气率(%)	持液率(%)	固相含量(%)	气相速度(m/s)	液相速度(m/s)	固相速度(m/s)
480	281.977	278.634	6.314	0.354	0.000	0.000	95.800	0.431	0.000	2.458	2.306
510	281.580	279.291	7.106	0.330	0.000	0.000	98.397	0.427	0.000	2.678	2.474
540	281.201	278.469	7.632	0.336	0.000	0.000	99.812	0.452	0.000	2.705	2.543
570	280.841	277.395	6.825	0.312	0.000	0.000	96.087	0.452	0.000	2.743	2.542
600	280.499	278.823	4.062	0.353	0.000	0.000	96.008	0.452	0.000	2.627	2.497
630	280.175	277.543	5.923	0.315	0.000	0.000	96.176	0.423	0.000	2.505	2.473
660	279.869	277.005	5.950	0.329	0.000	0.000	97.098	0.426	0.000	2.720	2.409
690	279.579	277.020	8.618	0.327	0.000	0.000	96.073	0.452	0.000	2.630	2.247
720	279.306	278.246	9.106	0.312	0.000	0.000	96.174	0.426	0.000	2.719	2.568
750	279.047	276.967	8.867	0.315	0.000	0.000	96.320	0.430	0.000	2.823	2.229
780	278.804	277.084	6.898	0.350	0.000	0.000	99.776	0.450	0.000	2.544	2.584
810	278.575	277.342	7.864	0.342	0.000	0.000	98.194	0.441	0.000	2.536	2.311
840	278.360	276.983	10.091	0.328	0.000	0.000	94.689	0.456	0.000	2.641	2.293
870	278.158	277.663	11.895	0.340	0.000	0.000	94.965	0.427	0.000	2.462	2.333
900	277.968	276.411	11.165	0.356	0.000	0.000	95.870	0.453	0.000	2.762	2.423
930	277.790	276.228	8.794	0.320	0.000	0.000	95.765	0.432	0.000	2.804	2.391
960	277.623	275.781	11.591	0.332	0.000	0.000	98.517	0.453	0.000	2.736	2.542
990	277.466	277.260	11.824	0.318	0.000	0.000	96.447	0.441	0.000	2.600	2.268
1020	277.319	275.413	12.267	0.348	0.000	0.000	97.682	0.445	0.000	2.824	2.371
1050	277.182	275.998	9.875	0.309	0.000	0.000	95.944	0.429	0.000	2.608	2.235
1080	277.054	277.286	13.089	0.319	0.000	0.000	99.178	0.435	0.000	2.657	2.393
1110	276.934	276.429	12.666	0.339	0.000	0.000	96.404	0.436	0.000	2.687	2.198
1140	276.822	277.125	14.308	0.318	0.000	0.000	98.658	0.433	0.000	2.582	2.263
1170	276.717	275.510	13.508	0.310	0.000	0.000	95.808	0.446	0.000	2.555	2.297
1200	276.620	276.691	13.933	0.347	0.000	0.000	97.358	0.431	0.000	2.723	2.564

表 4-37　实验数据监测记录表(固相粒径 10mm)

实验模拟井深(m)	模拟海水温度(K)	井筒温度(K)	井筒压力(MPa)	单次循环调节压力大小(MPa)	累计分解产气量(m^3/s)	持气率(%)	持液率(%)	固相含量(%)	气相速度(m/s)	液相速度(m/s)	固相速度(m/s)
0	312.868	287.396	0.018	0.338	1.461	29.285	71.168	0.406	4.974	3.989	1.880
30	308.920	287.756	1.316	0.309	1.250	19.847	85.533	0.381	4.635	3.423	2.396
60	304.972	283.972	1.746	0.354	1.145	9.198	90.783	0.349	3.206	2.881	2.309
90	301.024	286.121	0.403	0.344	0.532	0.886	95.507	0.365	3.883	2.554	2.371
120	297.076	281.735	2.398	0.339	0.788	2.970	94.931	0.365	3.342	2.982	2.508
150	293.128	281.778	2.348	0.311	0.325	0.194	99.279	0.376	3.708	2.653	2.349
180	289.180	282.004	0.990	0.356	0.318	2.264	94.714	0.389	3.361	2.545	2.400
210	286.436	281.245	3.722	0.346	0.442	1.872	96.449	0.395	3.267	2.630	2.392

续表

实验模拟井深(m)	模拟海水温度(K)	井筒温度(K)	井筒压力(MPa)	单次循环调节压力大小(MPa)	累计分解产气量(m^3/s)	持气率(%)	持液率(%)	固相含量(%)	气相速度(m/s)	液相速度(m/s)	固相速度(m/s)
240	285.865	280.668	3.082	0.332	0.303	1.070	98.077	0.436	3.578	2.805	2.187
270	285.311	281.274	4.485	0.309	0.291	3.189	96.143	0.415	3.261	2.544	2.458
300	284.777	279.522	2.684	0.341	0.002	2.661	96.640	0.438	3.486	2.688	2.437
330	284.261	279.924	2.391	0.342	0.112	0.262	98.031	0.438	3.570	2.727	2.445
360	283.765	280.100	3.257	0.310	0.147	3.023	97.704	0.464	3.181	2.460	2.541
390	283.288	279.555	5.899	0.321	0.080	0.568	94.931	0.432	3.613	2.650	2.511
420	282.832	279.165	5.160	0.334	0.000	2.307	95.508	0.449	0.000	2.737	2.517
450	282.395	278.760	5.680	0.347	0.000	0.000	99.506	0.464	0.000	2.705	2.518
480	281.977	279.625	6.674	0.311	0.000	0.000	99.482	0.452	0.000	2.755	2.479
510	281.580	277.668	3.877	0.351	0.000	0.000	96.844	0.435	0.000	2.721	2.360
540	281.201	278.763	7.184	0.353	0.000	0.000	94.741	0.445	0.000	2.443	2.486
570	280.841	277.700	8.220	0.340	0.000	0.000	95.832	0.434	0.000	2.701	2.174
600	280.499	277.786	7.150	0.352	0.000	0.000	94.964	0.447	0.000	2.667	2.415
630	280.175	278.708	6.149	0.334	0.000	0.000	95.882	0.450	0.000	2.823	2.221
660	279.869	277.496	8.165	0.330	0.000	0.000	99.740	0.455	0.000	2.658	2.368
690	279.579	277.809	8.333	0.356	0.000	0.000	99.440	0.450	0.000	2.650	2.561
720	279.306	276.399	9.857	0.341	0.000	0.000	98.375	0.443	0.000	2.505	2.524
750	279.047	277.800	9.206	0.356	0.000	0.000	99.086	0.431	0.000	2.561	2.352
780	278.804	276.248	9.387	0.329	0.000	0.000	94.908	0.435	0.000	2.786	2.519
810	278.575	276.776	8.169	0.344	0.000	0.000	99.113	0.443	0.000	2.466	2.390
840	278.360	277.184	8.019	0.331	0.000	0.000	97.538	0.433	0.000	2.851	2.442
870	278.158	276.772	10.488	0.336	0.000	0.000	99.452	0.440	0.000	2.656	2.494
900	277.968	276.011	11.121	0.340	0.000	0.000	95.340	0.449	0.000	2.691	2.433
930	277.790	277.488	8.761	0.339	0.000	0.000	99.506	0.441	0.000	2.558	2.440
960	277.623	275.643	8.366	0.331	0.000	0.000	97.984	0.455	0.000	2.484	2.331
990	277.466	277.368	11.642	0.333	0.000	0.000	98.313	0.448	0.000	2.481	2.462
1020	277.319	277.293	12.265	0.340	0.000	0.000	97.784	0.456	0.000	2.774	2.286
1050	277.182	276.828	12.915	0.318	0.000	0.000	94.971	0.445	0.000	2.762	2.350
1080	277.054	276.009	12.799	0.317	0.000	0.000	96.683	0.454	0.000	2.453	2.371
1110	276.934	275.454	11.178	0.347	0.000	0.000	96.201	0.440	0.000	2.648	2.237
1140	276.822	277.114	13.682	0.334	0.000	0.000	94.634	0.442	0.000	2.796	2.389
1170	276.717	276.428	14.573	0.344	0.000	0.000	98.844	0.447	0.000	2.656	2.265
1200	276.620	276.708	12.283	0.311	0.000	0.000	97.398	0.445	0.000	2.273	2.276

采用所建立的气-液-固多相非平衡管流系统数学理论模型及数值计算方法，基于实验模拟参数，通过理论计算得到了对应固相粒径下的井筒温度、井筒压力、各相含量、各相速度。同时，根据实验监测记录数据对比理论计算值，得到不同固相粒径下井筒流动参数实验与理论对比曲线，如图 4-41~图 4-43 所示。

(1)固相粒径为 2mm 条件下井筒流动参数实验值与理论值对比(图 4-41)。

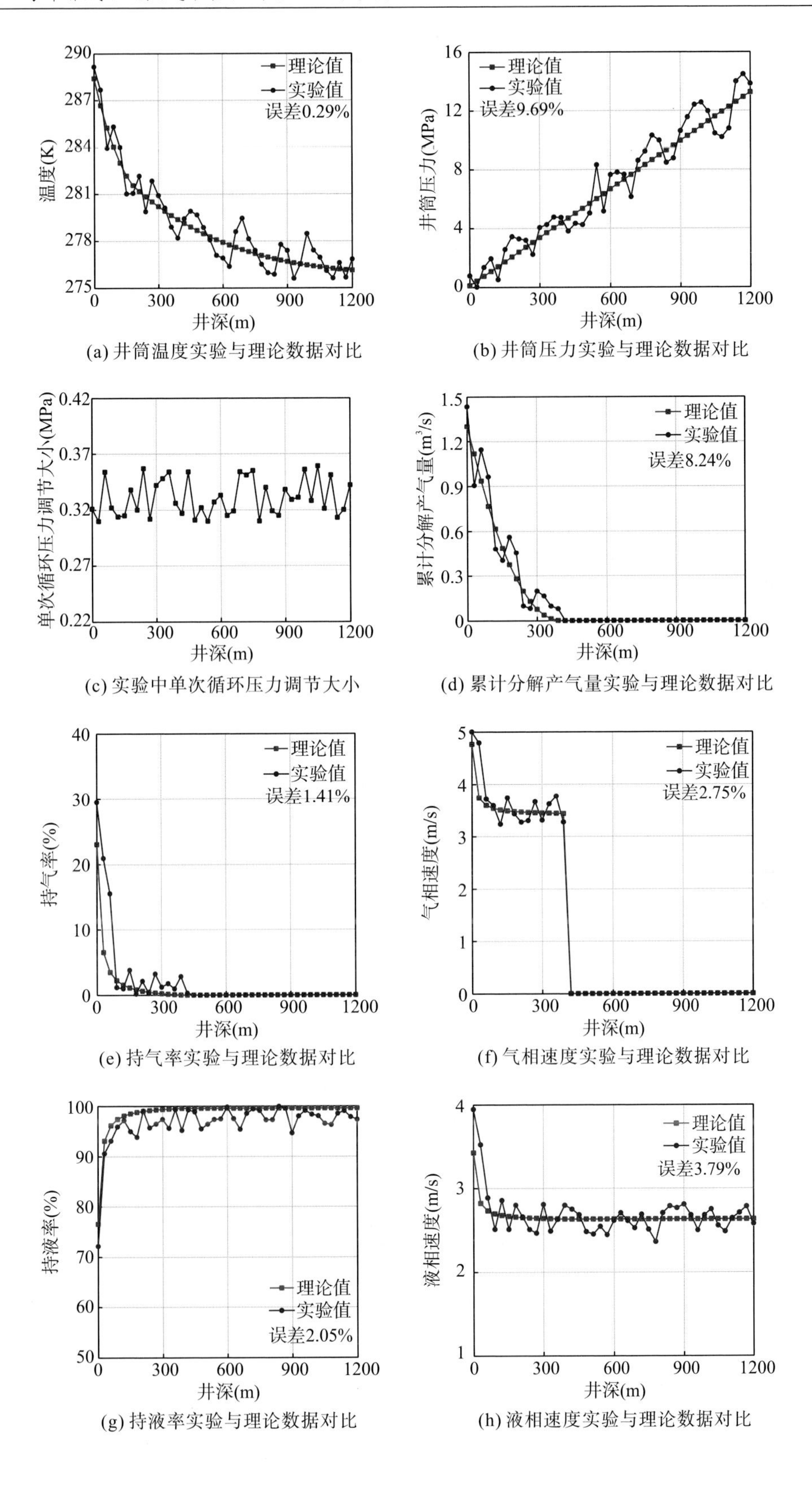

(a) 井筒温度实验与理论数据对比

(b) 井筒压力实验与理论数据对比

(c) 实验中单次循环压力调节大小

(d) 累计分解产气量实验与理论数据对比

(e) 持气率实验与理论数据对比

(f) 气相速度实验与理论数据对比

(g) 持液率实验与理论数据对比

(h) 液相速度实验与理论数据对比

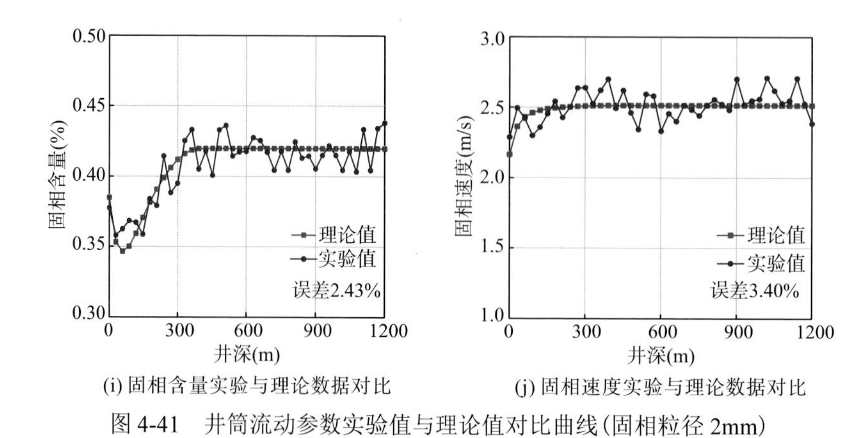

(i) 固相含量实验与理论数据对比　　(j) 固相速度实验与理论数据对比

图 4-41　井筒流动参数实验值与理论值对比曲线(固相粒径 2mm)

(2)固相粒径为 8mm 条件下井筒流动参数实验值与理论值对比(图 4-42)。

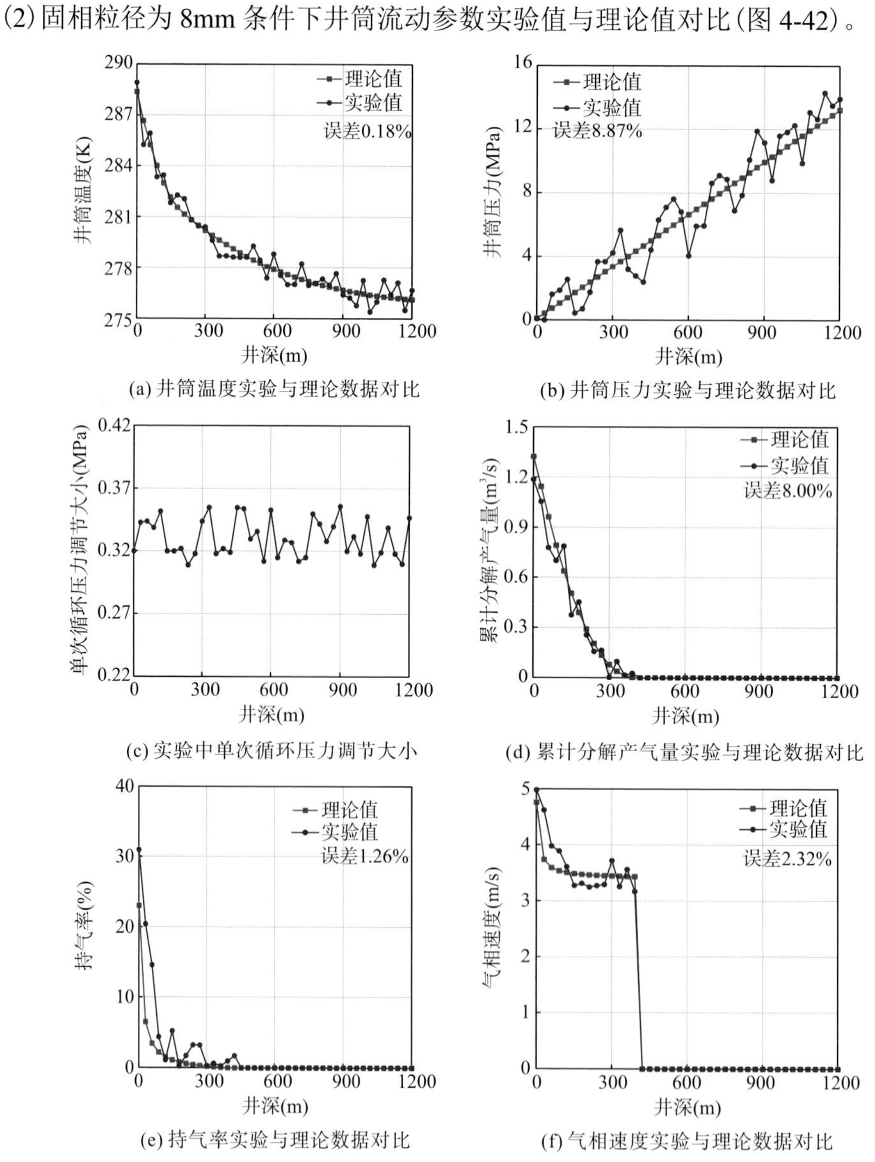

(a) 井筒温度实验与理论数据对比　　(b) 井筒压力实验与理论数据对比

(c) 实验中单次循环压力调节大小　　(d) 累计分解产气量实验与理论数据对比

(e) 持气率实验与理论数据对比　　(f) 气相速度实验与理论数据对比

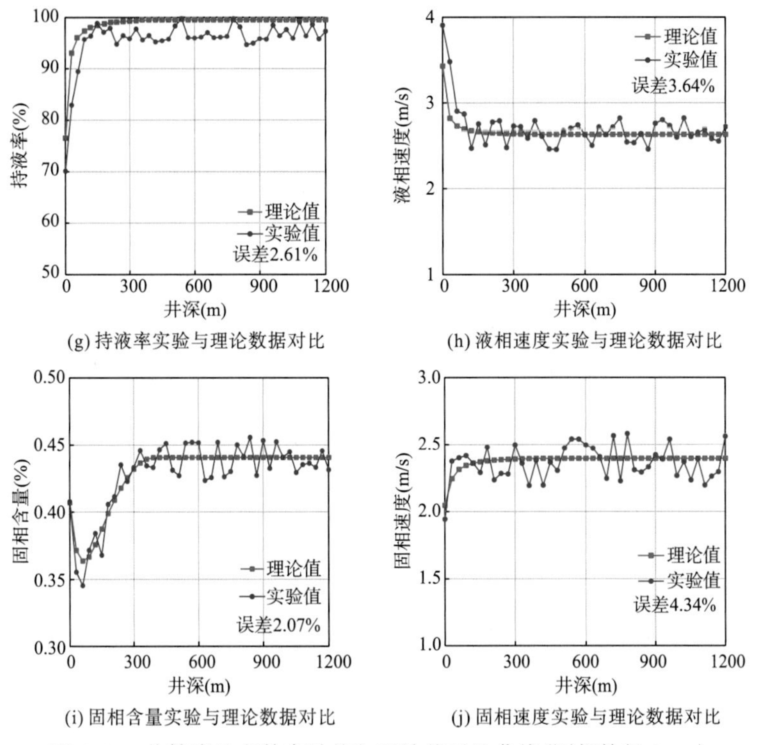

(g) 持液率实验与理论数据对比

(h) 液相速度实验与理论数据对比

(i) 固相含量实验与理论数据对比

(j) 固相速度实验与理论数据对比

图 4-42　井筒流动参数实验值与理论值对比曲线(固相粒径 8mm)

(3) 固相粒径为 10mm 条件下井筒流动参数实验值与理论值对比(图 4-43)。

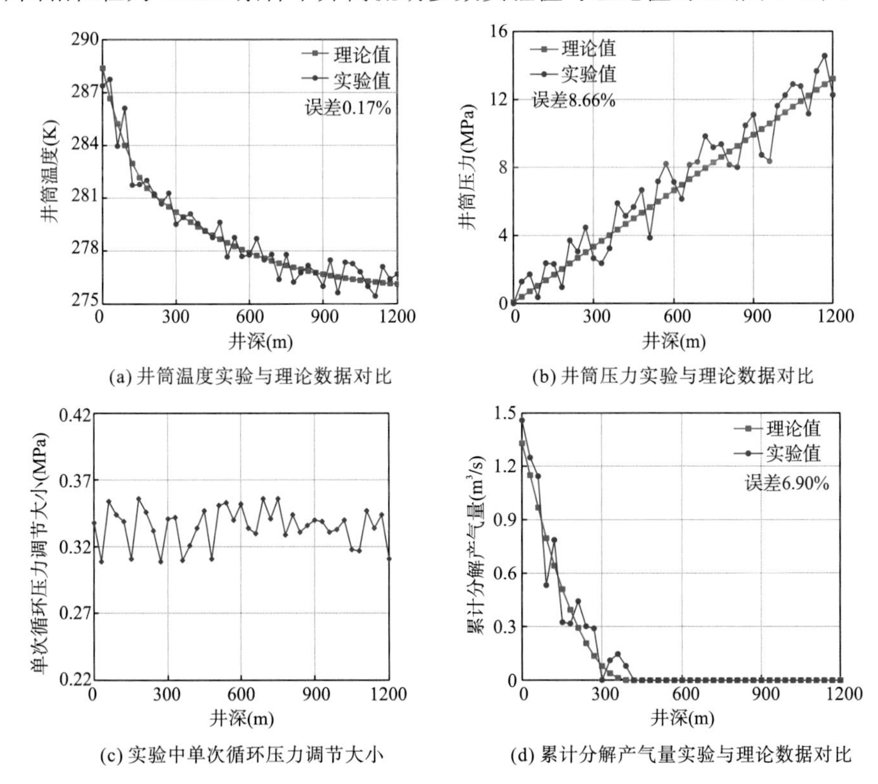

(a) 井筒温度实验与理论数据对比

(b) 井筒压力实验与理论数据对比

(c) 实验中单次循环压力调节大小

(d) 累计分解产气量实验与理论数据对比

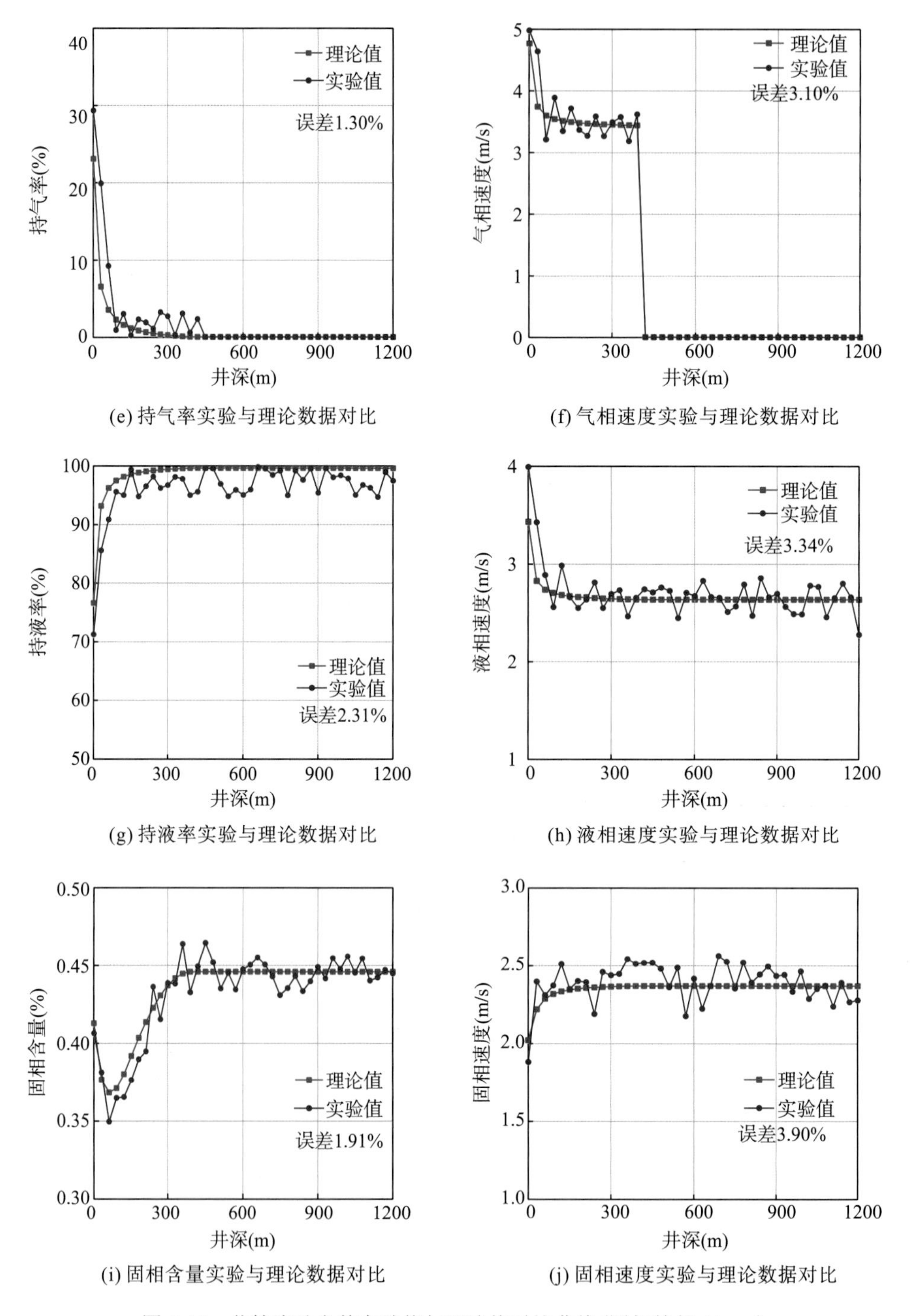

图 4-43　井筒流动参数实验值与理论值对比曲线(固相粒径 10mm)

为了深入研究海洋天然气水合物固态流化开采中不同固相粒径对井筒流动参数的影响规律，基于理论计算，分析得到了不同固相粒径对井筒温度、井筒压力、各相含量、各相速度的影响关系曲线，如图 4-44 所示。

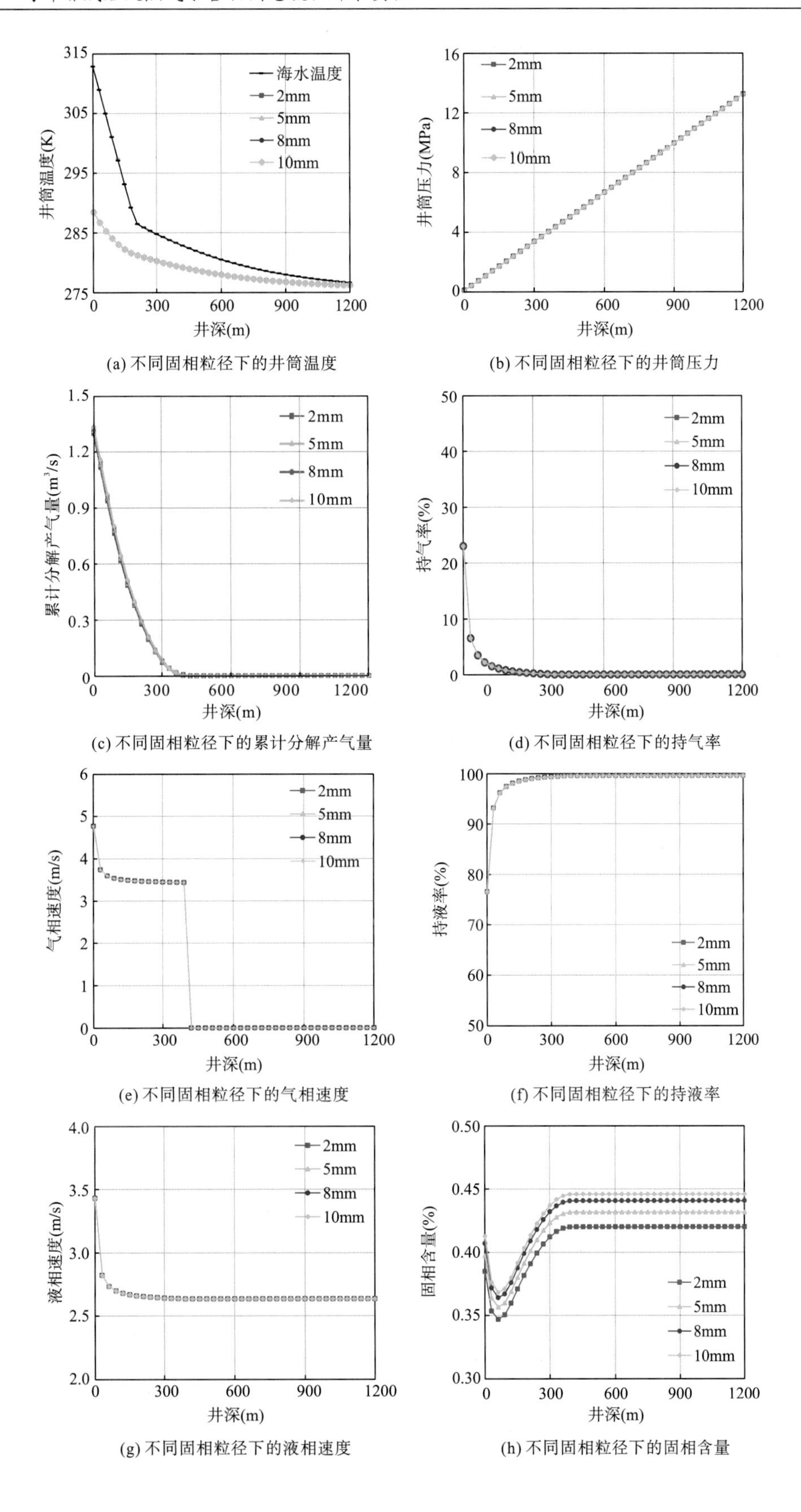

(a) 不同固相粒径下的井筒温度

(b) 不同固相粒径下的井筒压力

(c) 不同固相粒径下的累计分解产气量

(d) 不同固相粒径下的持气率

(e) 不同固相粒径下的气相速度

(f) 不同固相粒径下的持液率

(g) 不同固相粒径下的液相速度

(h) 不同固相粒径下的固相含量

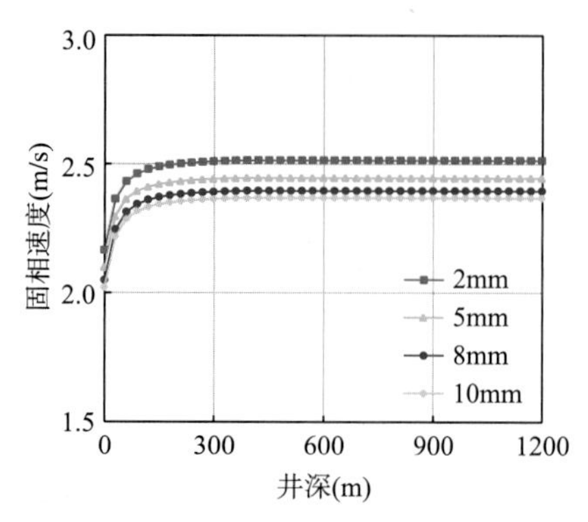

(i) 不同固相粒径下的固相速度

图 4-44　不同固相粒径对井筒流动参数的影响曲线

从图 4-44 中可以看出，随固相粒径的增大，井筒温度、井筒压力、水合物分解起始位置、井口处对应的累计分解产气量、持气率、持液率、气相速度、液相速度均变化不大，固相含量增大，固相速度减小。

4. 不同固相粒径下的水合物浆体水平循环管输实验

不同固相粒径下的水合物浆体水平循环管输实验中，调节泵的排量逐渐增大，实时监测水平管路中固相颗粒运移情况，记录固相颗粒临界起动时的排量，见表 4-38。

表 4-38　不同固相粒径下的水合物浆体水平循环管输实验参数表

组别	固相平均粒径(mm)	固相颗粒中水合物体积分数(%)	固相颗粒临界起动时的排量(L/s)	对应的固相颗粒临界起动流速(m/s)
1	2	16	0.96	0.211
2	5	16	1.20	0.263
3	8	16	1.87	0.410
4	10	16	1.94	0.425

采用所建立的固相颗粒运移模型及数值计算方法，基于实验模拟参数，通过理论计算得到了对应固相粒径下的临界起动流速。同时，根据实验监测记录数据对比理论计算值，得到不同固相粒径下颗粒临界起动流速实验与理论对比曲线，如图 4-45 所示。

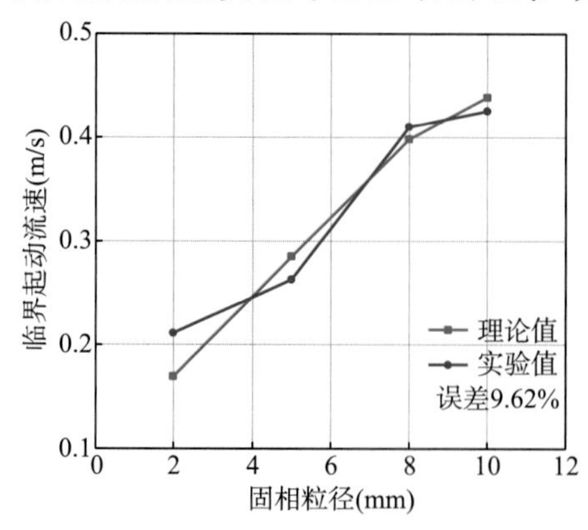

图 4-45　不同固相粒径下颗粒临界起动流速实验与理论对比曲线

从图 4-45 中可以看出，随着固相粒径的增大，所需临界起动流速增大。理论计算值与实验值变化趋势一致且误差较小，为 9.62%，验证了所建立的水平段固相颗粒运移数学理论模型及数值求解方法的准确性。

5. 不同水合物体积分数下的水合物浆体水平循环管输实验

调节泵的排量逐渐增大，实时监测水平管路中固相颗粒运移情况，记录固相颗粒临界起动时的排量，得到实验数据(表 4-39)。

表 4-39　不同固相粒径下的水合物浆体水平循环管输实验参数表

组别	固相平均粒径(mm)	固相颗粒中水合物体积分数(%)	固相颗粒临界起动时的排量(L/s)	对应的固相颗粒临界起动流速(m/s)
1	5	16	1.2	0.263
2	5	32	1.19	0.261
3	5	48	1.05	0.230
4	5	64	0.68	0.149

采用所建立的固相颗粒运移模型及数值计算方法，基于实验模拟参数，通过理论计算得到了对应水合物体积分数下的临界起动流速。根据实验监测记录数据对比理论计算值，得到不同水合物体积分数下颗粒临界起动流速实验与理论对比曲线，如图 4-46 所示。

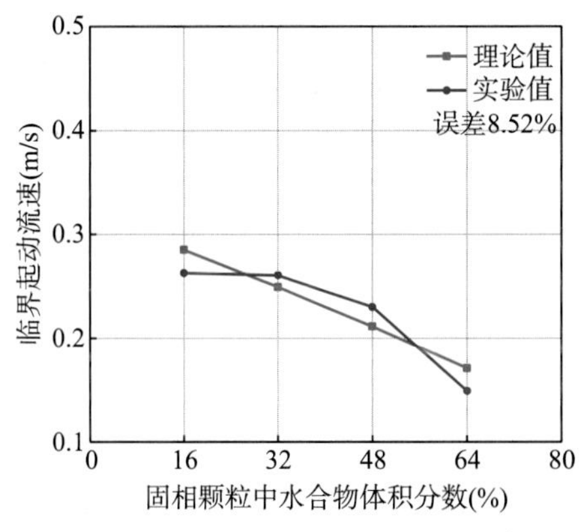

图 4-46　不同水合物体积分数下颗粒临界起动流速实验与理论对比曲线

从图 4-46 中可以看出，随着固相颗粒中水合物体积分数的增大，所需临界起动流速减小。理论计算值与实验值变化趋势一致且误差为 8.52%，验证了所建立的水平段固相颗粒运移数学理论模型及数值求解方法的准确性。

第5章　海洋非成岩天然气水合物固态流化试采技术方案

根据形成的海洋非成岩天然气水合物固态流化开采实验技术及理论，开展海洋非成岩天然气水合物固态流化试采目标井环空相态及多相流分析，研制高压射流碎化工具，优化施工关键参数，指导海洋非成岩天然气水合物固态流化试采技术方案的制定[283-290]。

全球首次海洋浅表层、弱胶结、非成岩水合物固态流化试采井井身结构如图5-1所示。

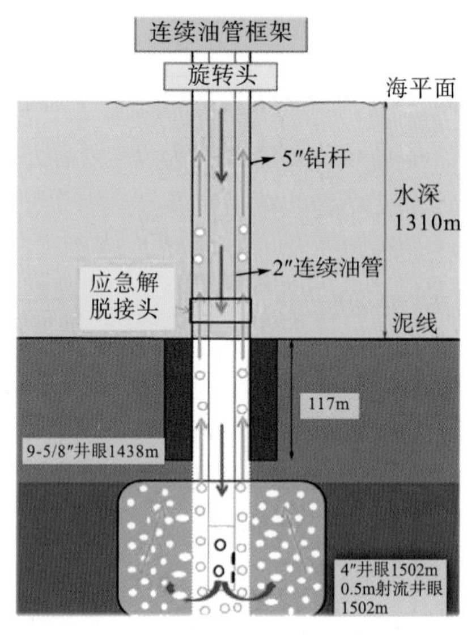

图5-1　海洋天然气水合物固态流化试采井井身结构图

5.1　固态流化试采目标井环空相态及多相流分析

结合海洋非成岩天然气水合物固态流化开采水下输送气-液-固多相非平衡管流数学理论模型及数值求解方法，开展海洋非成岩天然气水合物固态流化试采目标井环空相态及多相流分析。根据全球首次海洋浅表层、弱胶结、非成岩天然气水合物固态流化试采井地理环境、地质构造和井身结构，计算参数如下：井深1502m，套管下深1438m，海水深度1310m，海面温度308K，钻杆外径0.127m，连续油管外径0.051m。

5.1.1　不同液相排量的影响

基础参数：液相排量分别为300L/min、500L/min、700L/min、900L/min，液相密度1030kg/m^3，日产量1512m^3，射流直径0.3m。通过数值仿真计算，得到海洋天然气水合物固态流化试采不同液相排量下的环空复杂多相流动参数，如图 5-2~图 5-4 所示。

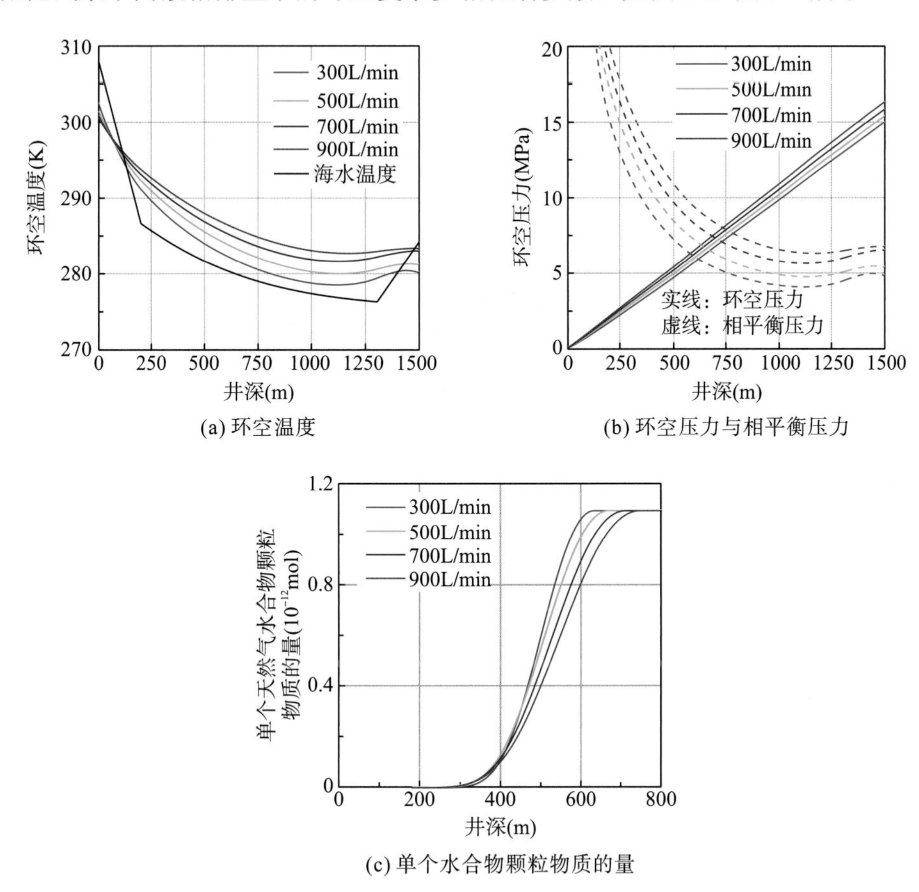

(a) 环空温度　　(b) 环空压力与相平衡压力

(c) 单个水合物颗粒物质的量

图 5-2　不同液相排量下环空温度、环空压力与相平衡压力、单个水合物颗粒物质的量随井深的分布

图 5-2 中，随着液相排量增大，环空与海水换热时间缩短，下部井段环空中流体温度升高，井口返出流体温度降低；环空压力由于摩阻压降的增大而升高；由于受环空温度升高影响作用较大，环空压力与相平衡压力曲线交点右移，即天然气水合物临界分解位置下移；由于颗粒上返速度增大，其分解结束位置上移。

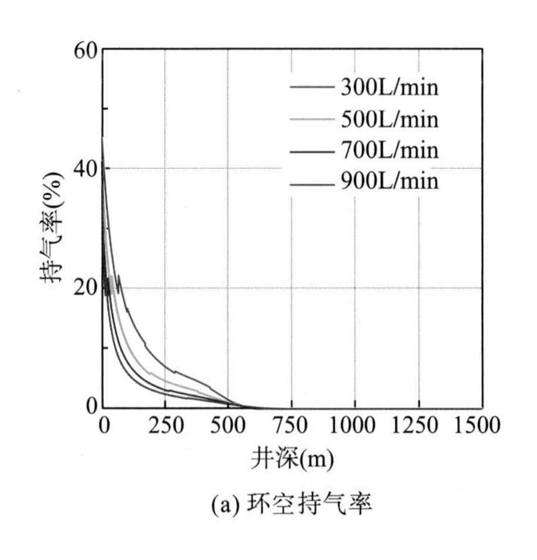

(a) 环空持气率

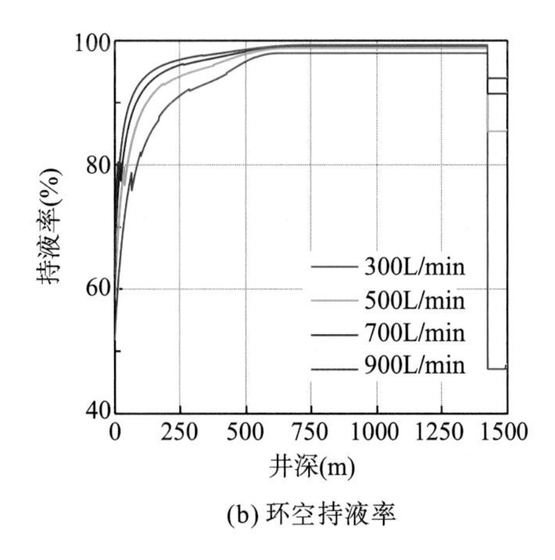

(b) 环空持液率

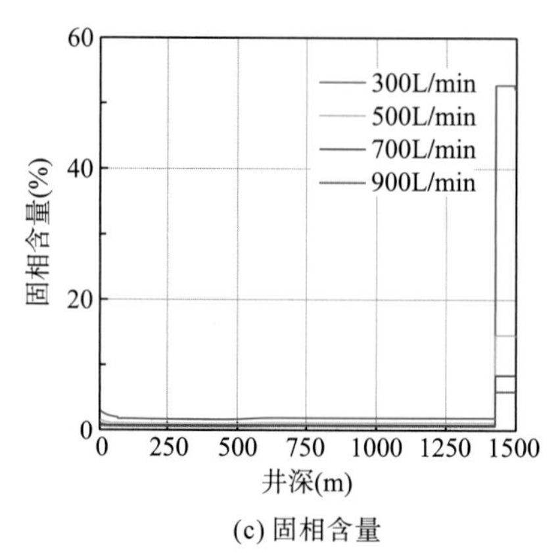

(c) 固相含量

图 5-3　不同液相排量下环空中持气率、持液率、固相含量随井深的分布

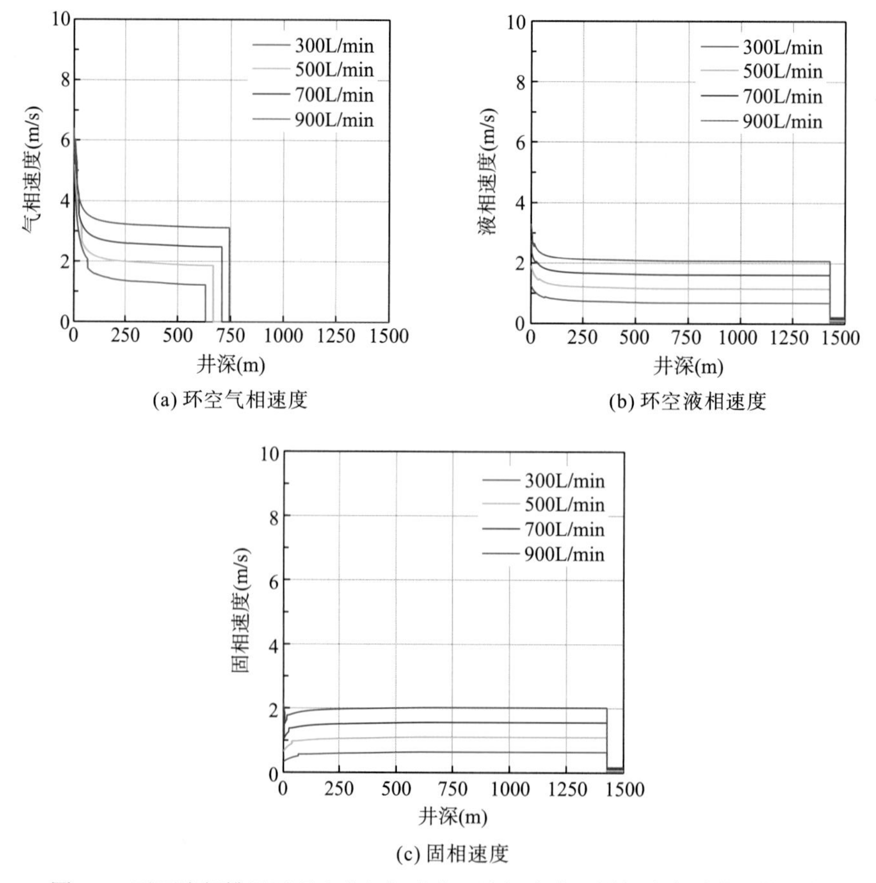

(c) 固相速度

图 5-4　不同液相排量下环空中气相速度、液相速度、固相速度随井深的分布

图 5-3 和图 5-4 中，随着液相排量增大，环空中持气率、固相含量降低，持液率升高，气、液、固相速度均升高。井底射流流化天然气水合物井段井径较大，故液、固相速度和持液率较低，固相含量较高。环空混合流体上返至天然气水合物临界分解位置，大量分解气将被释放，环空中形成气、液、固多相流动，由于上返过程中气体不断膨胀，持气率和气、液相速度不断升高，持液率降低；由于固相天然气水合物分解，环空中固相含量有所

降低。因此，海洋天然气水合物固态流化试采施工中，应适当提高液相排量，稳定环空中持气率，保障井控安全，同时达到安全携岩的目的。

5.1.2　不同液相密度的影响

基础参数：液相密度分别为 1030kg/m^3、1130kg/m^3、1230kg/m^3、1330kg/m^3，液相排量 500L/min，日产量 1512m^3，射流直径 0.3m。通过数值仿真计算，得到海洋天然气水合物固态流化试采不同液相密度下的环空复杂多相流动参数，如图 5-5~图 5-7 所示。

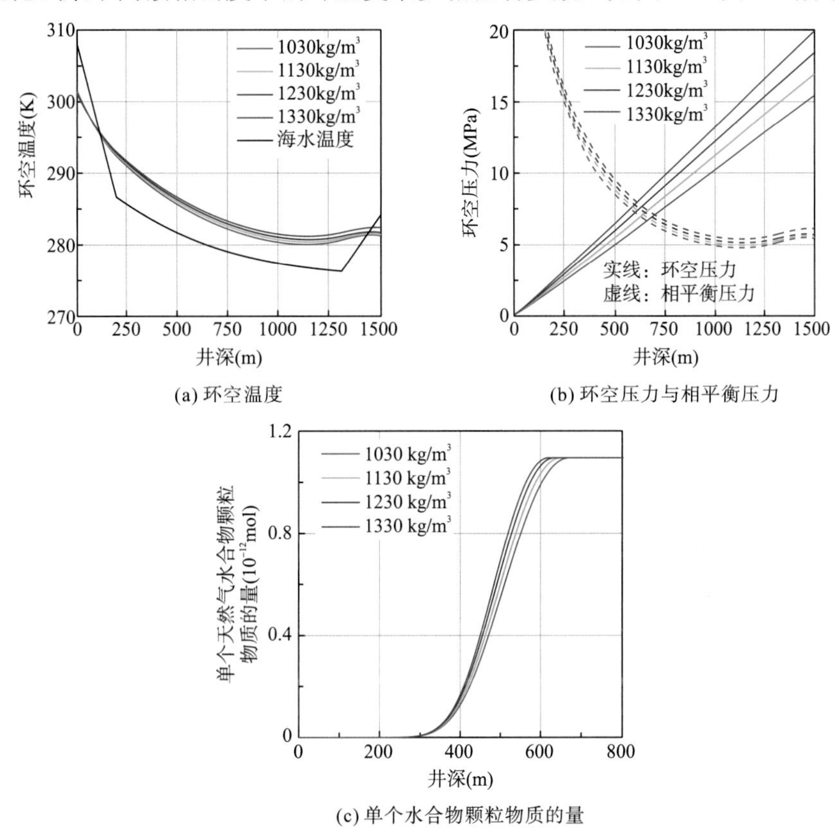

(a) 环空温度　(b) 环空压力与相平衡压力

(c) 单个水合物颗粒物质的量

图 5-5　不同液相密度下环空温度、环空压力与相平衡压力、单个水合物颗粒物质的量随井深的分布

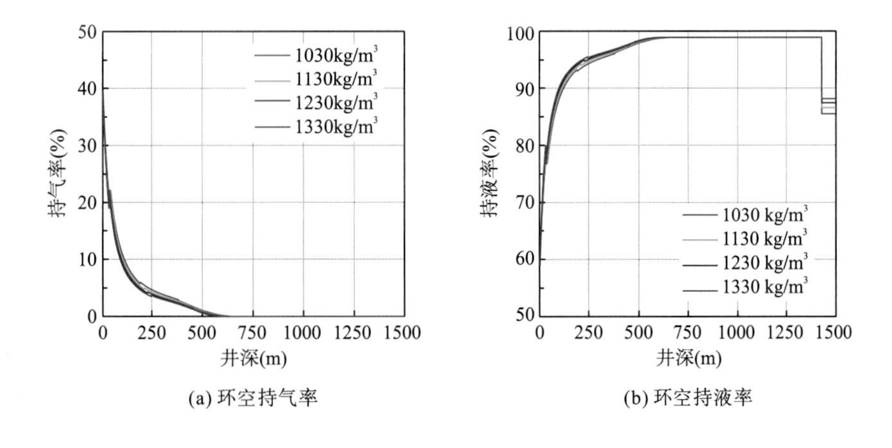

(a) 环空持气率　(b) 环空持液率

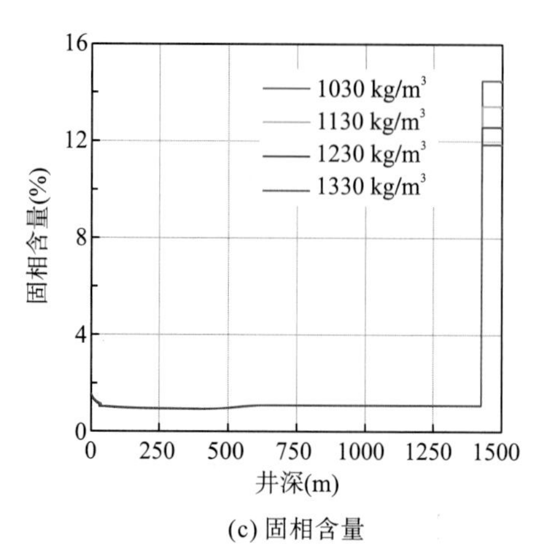

(c) 固相含量

图 5-6　不同液相密度下环空中持气率、持液率、固相含量随井深的分布

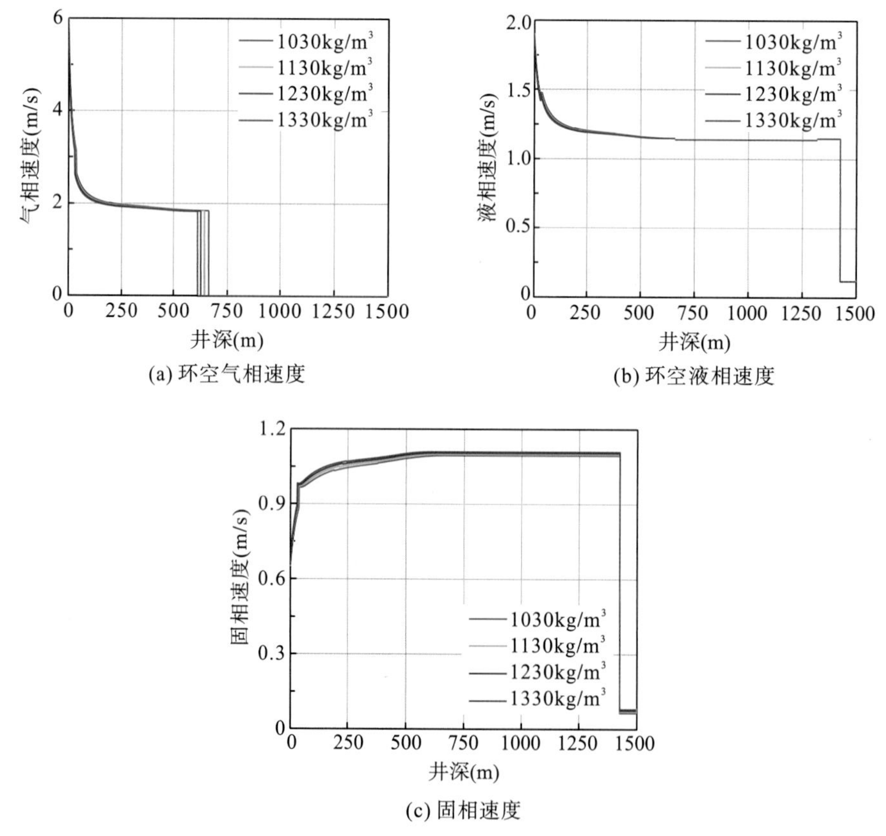

(a) 环空气相速度　　(b) 环空液相速度

(c) 固相速度

图 5-7　不同液相密度下环空中气相速度、液相速度、固相速度随井深的分布

图 5-5 中，随着液相密度增大，井筒中摩阻增大，产热量增大，环空温度有所升高；环空压力升高，天然气水合物临界分解位置上移。图 5-6 和图 5-7 中，随着液相密度增大，液相携岩能力增强，井底射流流化井段持液率升高，固相含量降低，固相速度升高；上部井段持气率和气、液相速度略有降低，持液率和固相速度略有升高。海洋天然气水合物固态流化试采施工中，应适当采取较高的液相密度以提高携岩能力、保障射流试采施工安全。

5.1.3　不同井口回压的影响

基础参数：井口回压分别为 0MPa、0.5MPa、1MPa、1.5MPa，液相排量 500L/min，液相密度 1030kg/m^3，日产量 1512m^3，射流直径 0.3m。通过数值仿真计算，得到海洋天然气水合物固态流化试采不同井口回压下的环空复杂多相流动参数，如图 5-8~图 5-10 所示。

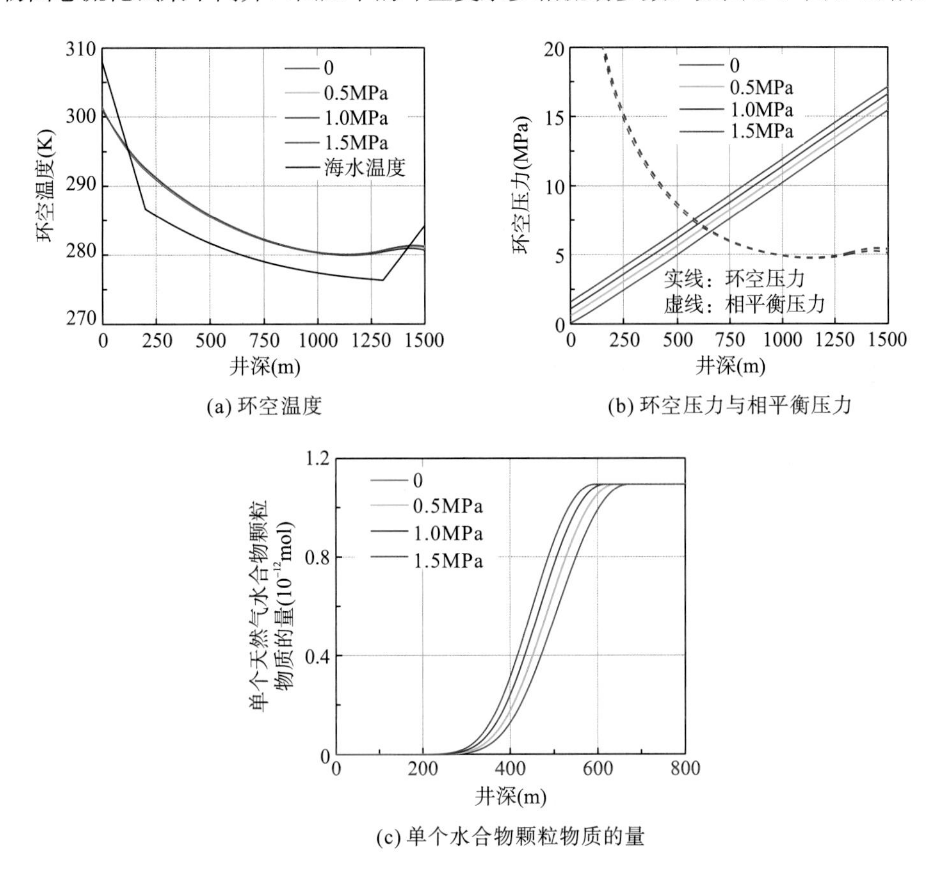

(a) 环空温度　(b) 环空压力与相平衡压力

(c) 单个水合物颗粒物质的量

图 5-8　不同井口回压下环空温度、环空压力与相平衡压力、单个水合物颗粒物质的量随井深的分布

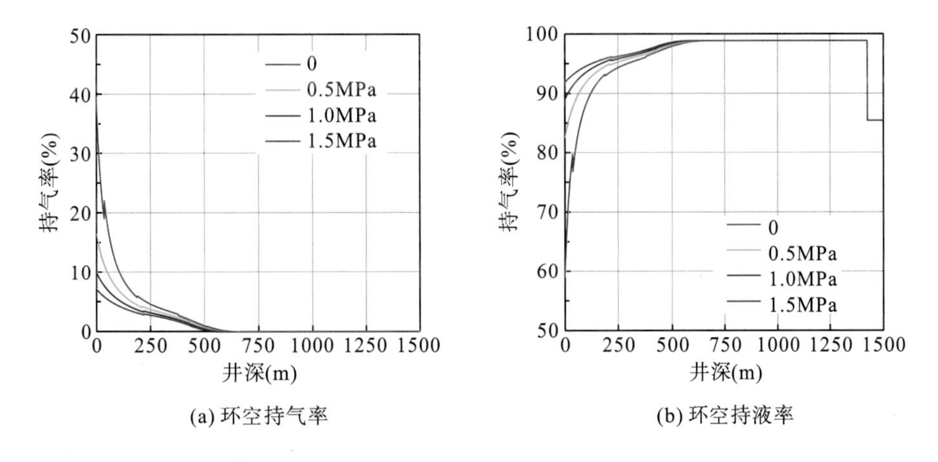

(a) 环空持气率　(b) 环空持液率

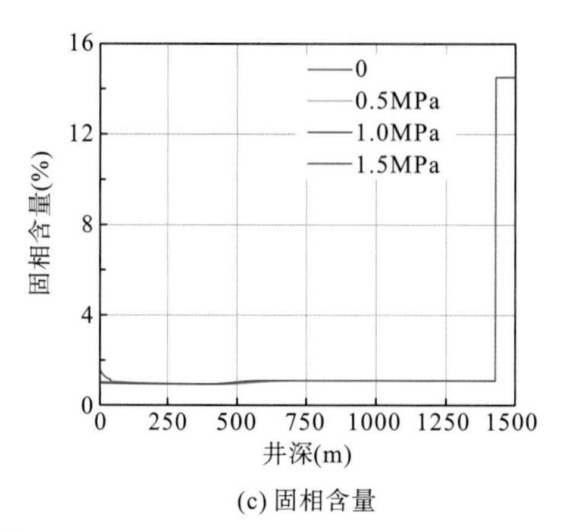

(c) 固相含量

图 5-9　不同井口回压下环空中持气率、持液率、固相含量随井深的分布

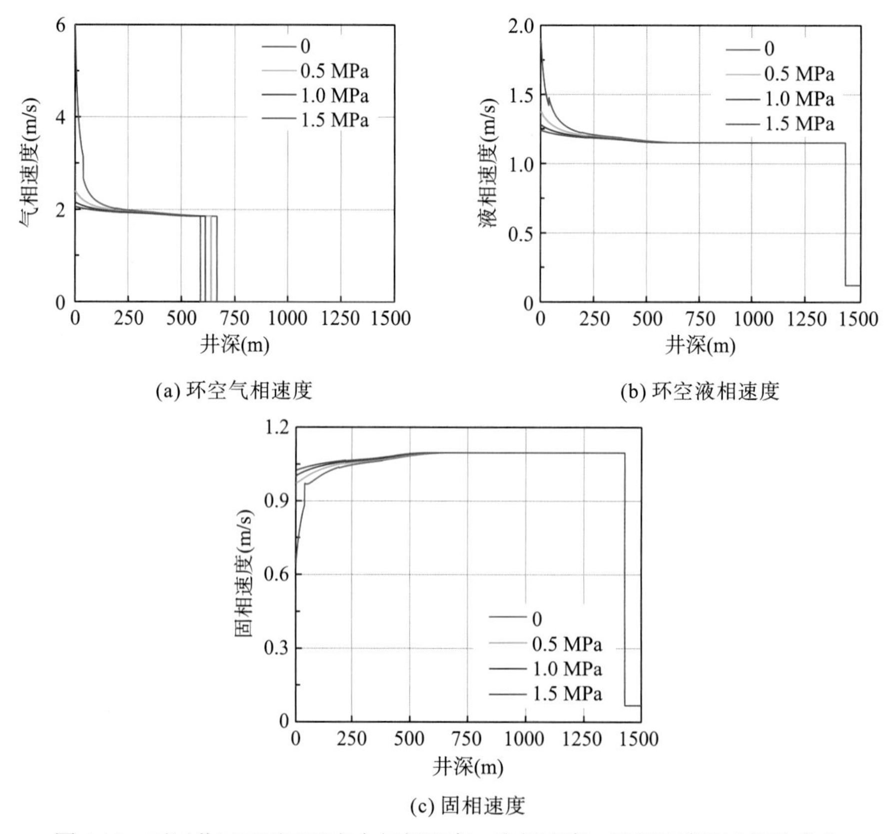

(c) 固相速度

图 5-10　不同井口回压下环空中气相速度、液相速度、固相速度随井深的分布

图 5-8 中，随着井口回压增大，环空中流体温度、相平衡压力不变，环空压力升高，天然气水合物临界分解位置上移，分解结束位置也上移。图 5-9 和图 5-10 中，随着井口回压增大，下部井段中各相含量、各相速度均保持不变；上部井段中，在井口回压的作用下，气相膨胀程度降低，持气率和气相速度明显降低，持液率升高，固相速度升高。海洋天然气水合物固态流化试采施工中，产气量较高时应适当施加井口回压，以避免环空中持气率和气相速度过高，防止出现井控安全问题。

5.1.4　不同产气量的影响

基础参数：日产量分别为 63m^3、630m^3、1008m^3、1512m^3，液相排量 500L/min，液相密度 1030kg/m^3，射流直径 0.3m。通过数值仿真计算，得到海洋天然气水合物固态流化试采不同产气量下的环空复杂多相流动参数，如图 5-11~图 5-13 所示。

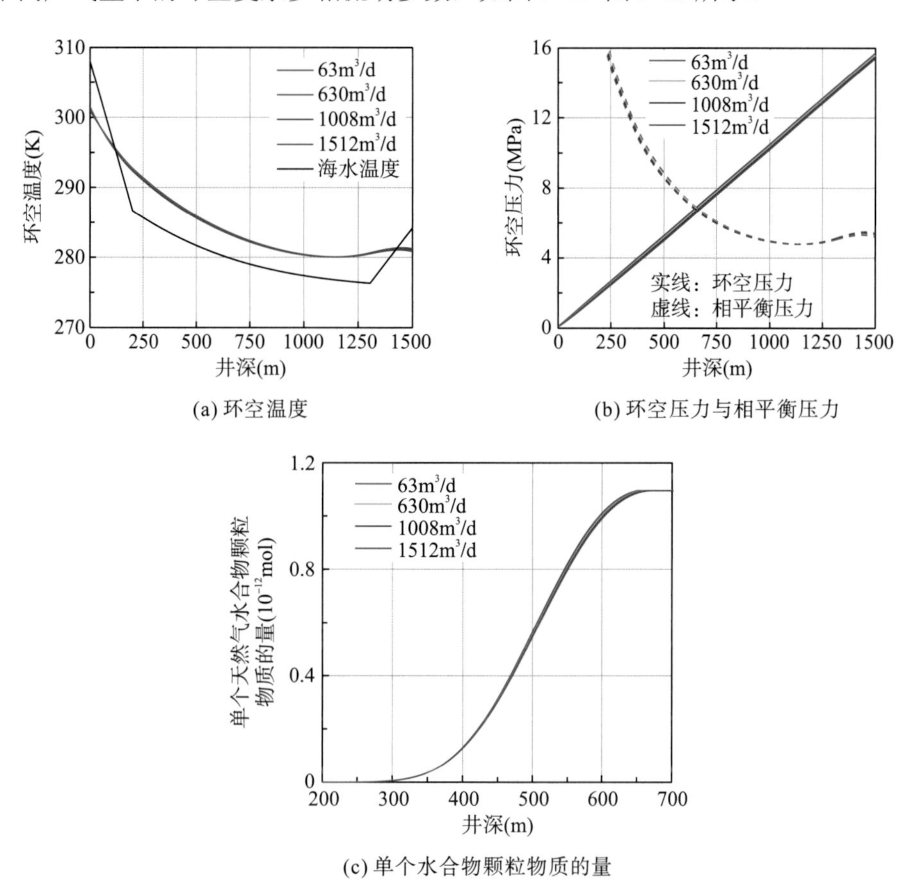

(a) 环空温度

(b) 环空压力与相平衡压力

(c) 单个水合物颗粒物质的量

图 5-11　不同产气量下环空温度、环空压力与相平衡压力、单个水合物颗粒物质的量随井深的分布

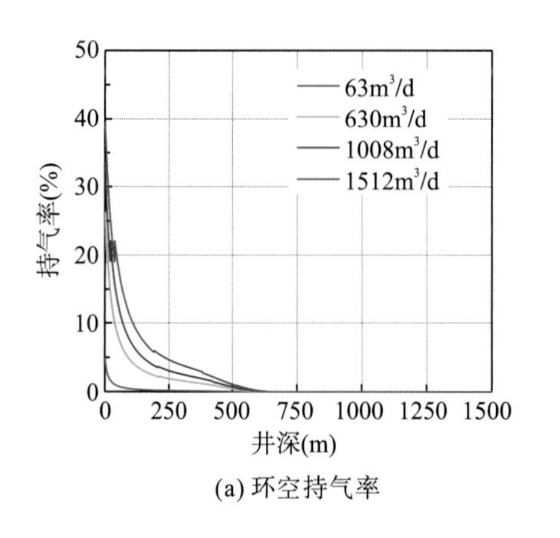

(a) 环空持气率

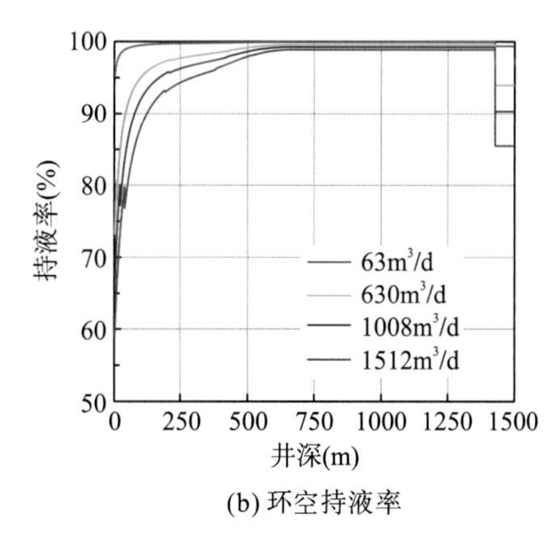

(b) 环空持液率

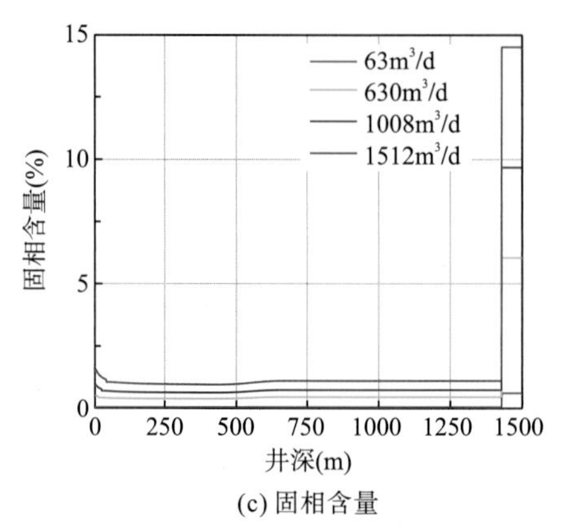

(c) 固相含量

图 5-12　不同产气量下环空中持气率、持液率、固相含量随井深的分布

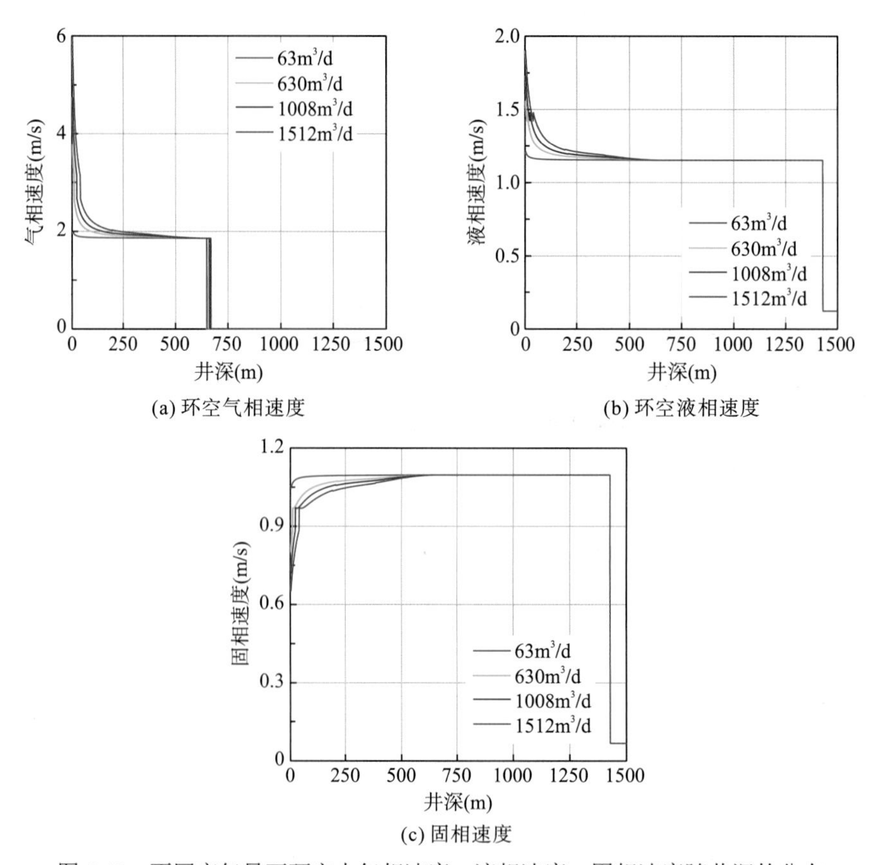

(a) 环空气相速度　　(b) 环空液相速度

(c) 固相速度

图 5-13　不同产气量下环空中气相速度、液相速度、固相速度随井深的分布

图 5-11 中，随着产气量增大，环空中流体温度、相平衡压力不变，环空中混合密度降低，导致环空压力略有降低，天然气水合物临界分解位置略有下移。图 5-12 和图 5-13 中，随着产气量增大，由于射流流化采出的天然气水合物颗粒等固相增多，下部井段的固相含量升高、持液率降低。上部井段中，由于气体膨胀作用，持气率和气、液相速度升高，持液率和固相速度降低。海洋天然气水合物流化试采施工中，较高的射流流化产气量可以提高单井产量，但应控制在安全范围内并采取提高液相排量、密度、施加井口回压等方法，以保障试采安全。

5.1.5　不同射流直径的影响

基础参数：射流直径分别为 0.2m、0.3m、0.4m、0.5m，日产量 1512m^3，液相排量 500L/min，液相密度 1030kg/m^3。由于射流直径仅对射流流化井段的液相携岩能力产生影响，因此仅对不同射流直径下的环空液、固相速度进行数值仿真及分析，如图 5-14 所示。

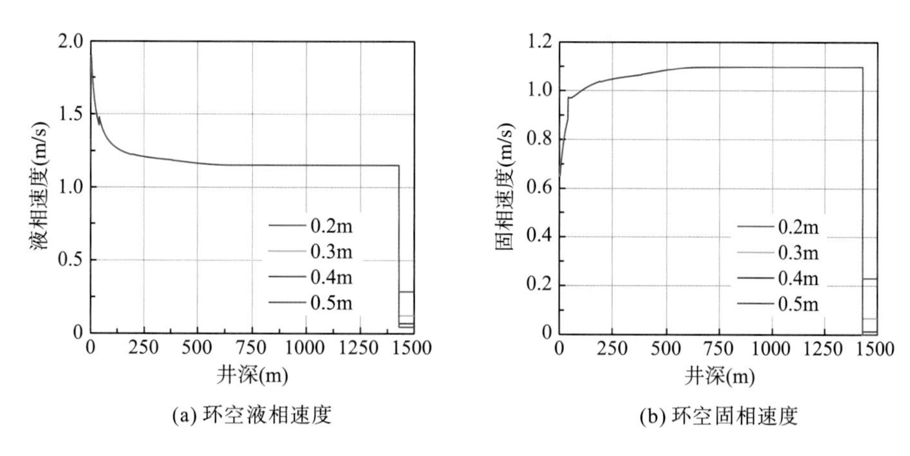

(a) 环空液相速度　　(b) 环空固相速度

图 5-14　不同射流直径下环空中液相速度、固相速度随井深分布

图 5-14 中，随着射流直径增大，射流流化井段环空中液、固相速度均降低。当射流直径为 0.5m 时，固相速度接近为 0，说明射流直径过大时，液相携岩能力降低，不能达到安全携岩的要求。海洋天然气水合物固态流化试采施工中，井底射流流化井段直径不宜过大，以防止出现携岩安全问题。

为了分析海洋天然气水合物固态流化试采中射流流化条件下的井筒岩屑运移情况，在其他参数相同的条件下对射流直径分别为 0.2m、0.3m、0.5m 的井筒岩屑分布进行 CFD 仿真，得到岩屑体积分数云图，如图 5-15 所示。

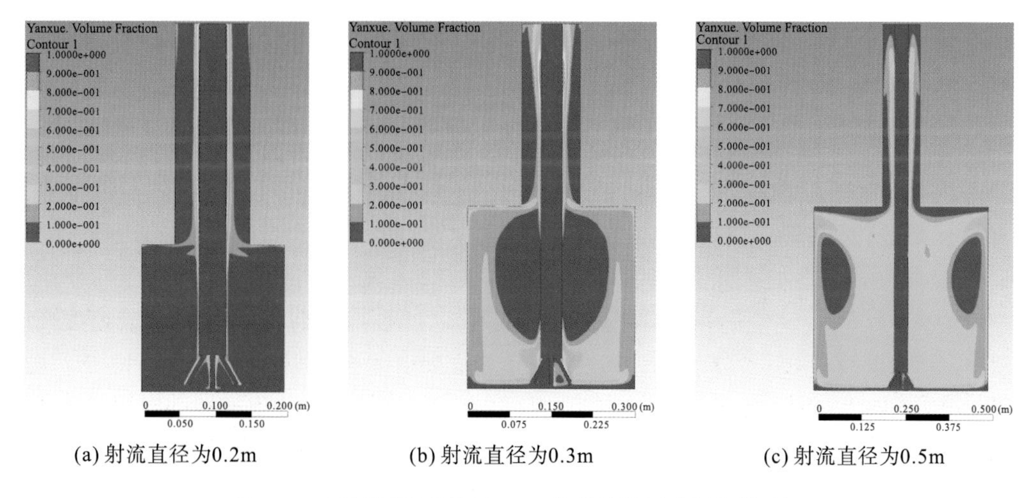

(a) 射流直径为0.2m　　(b) 射流直径为0.3m　　(c) 射流直径为0.5m

图 5-15　不同射流直径下 CFD 仿真的岩屑体积分数云图

图 5-15 中，随着射流直径增大，射流流化井段环空中固相体积分数增大，说明液相携岩能力随射流直径的增大而降低，射流流化直径最大不宜超过 0.5m。根据岩屑分布规律，在海洋天然气水合物固态流化试采施工中，应采用较小的井底射流直径以防止沉砂等问题。

5.2　固态流化试采高压射流碎化工具研制

根据海洋非成岩天然气水合物固态流化开采工艺流程，提出了海洋非成岩天然气水合物固态流化试采高压射流碎化技术思路并研发了天然气水合物高压射流碎化喷嘴工具。

如图 5-16 所示，海洋非成岩天然气水合物固态流化试采高压射流碎化技术包括海面综合处理、分解平台、高压射流碎化工具串。工具串以连续油管连接高压射流碎化工具、井下分离器、泥砂回填装置等。技术流程如下：①利用常规钻井方法打领眼；②利用与连续油管相连的水力破碎工具在不主动打破水合物储层的压力和温度平衡状态下对水合物进行碎化与流化并进行井下分离与部分泥砂回填；③通过井筒环空将水合物浆体向上输送至海面平台，进行浆体分离，水合物分解得到天然气。

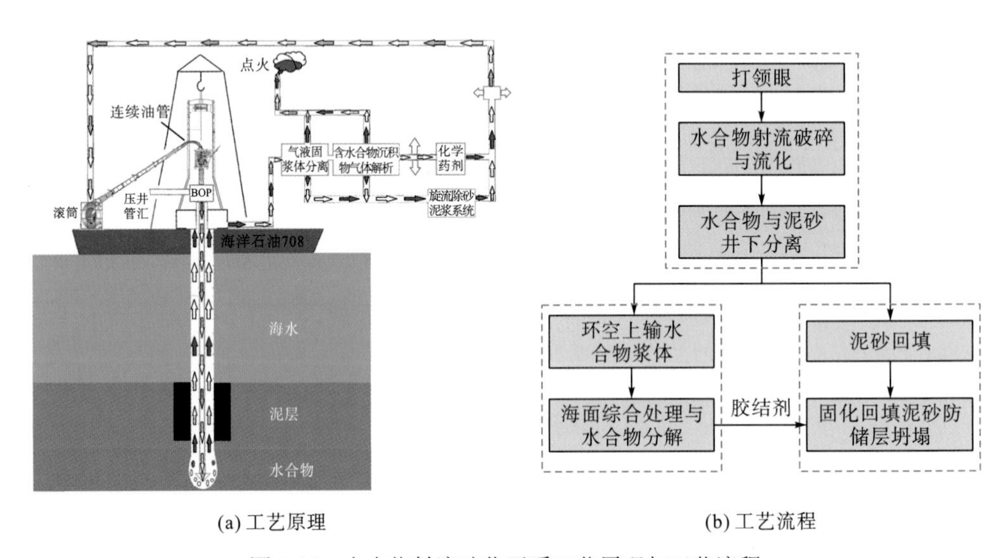

(a) 工艺原理　　(b) 工艺流程

图 5-16　水合物射流碎化开采工艺原理与工艺流程

高压射流碎化喷嘴工具研发的技术路线如图 5-17 所示。首先开展单喷嘴的结构设计，

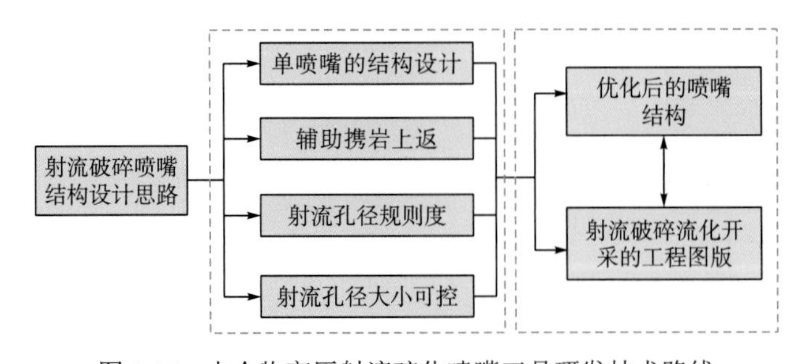

图 5-17　水合物高压射流碎化喷嘴工具研发技术路线

然后基于单喷嘴结构，考虑不同排量、压降以及上提下放速度和趟数影响，开展喷嘴孔眼排列及布置方式对射流碎化辅助携岩上返能力、射流孔径规则度和射流孔径大小的影响规律研究，最终，得到优化后的水合物高压射流碎化喷嘴工具。

5.2.1　水合物高压射流碎化单喷嘴结构设计与流场分析

图 5-18(a)、5-18(c)所示为设计的两种单喷嘴结构的二维截面示意图，一种是单喷嘴的孔眼处无倒角，另一种是单喷嘴的孔眼处有倒角。在入口压力为 4.36MPa，出口为大气压的边界条件下，两种单喷嘴结构的速度分布云图如图 5-18(b)、5-18(d)所示。其中，喷嘴参数(L/d)影响射流碎化井眼与半径，倒角参数($l\times\beta$)影响射流发散程度，喷嘴出口无倒角的流场分布集中，有利于射流碎化形成井眼以及调节射流碎化的半径，当喷嘴出口处布置倒角时，出口的流场分布区域发散，其有利于携岩上返。研究发现射流碎化孔眼倒角参数优化有利于提高破碎水合物颗粒的上返效率；射流碎化喷嘴孔眼收缩角和长径比参数的优化可调控喷嘴射流碎化水合物的孔眼半径阈值。

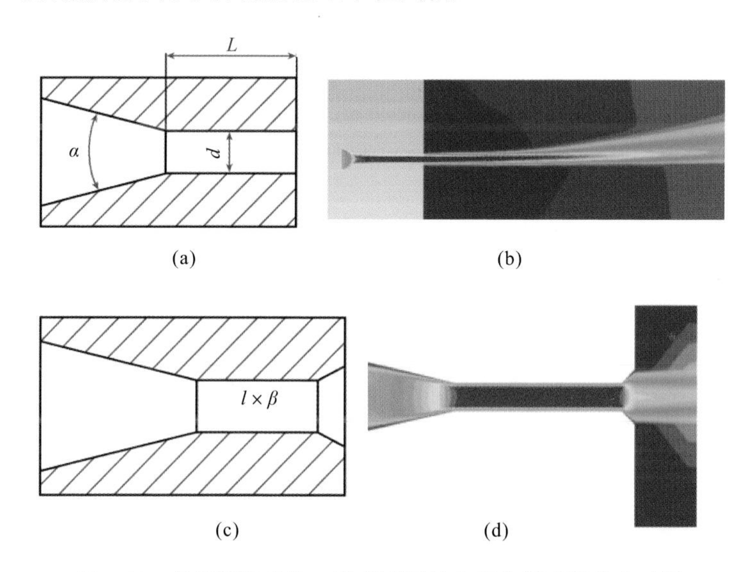

图 5-18　单喷嘴结构的二维截面图及仿真分析速度分布云图

单喷嘴模型主要是为了研究直径变化对射流碎化效果的影响。因此，对其他结果简化处理，可简化为图 5-19 所示射流喷嘴结构图，d 为喷嘴直径。

图 5-19　射流碎化喷嘴 Fluent 仿真物理模型

图 5-19 中，AB 为压力入口，BC 为壁面，$CDEF$ 为压力出口，因为射流流场为规则矩形，因此采用对称轴模型，AGF 为对称轴。模拟计算中通常选用 Fluent 中的标准 k-ε 湍流模型：

k 方程：

$$\frac{\partial(\rho k)}{\partial t}+\frac{\partial(\rho k u_i)}{\partial x_i}=\frac{\partial}{\partial x_j}\left[\left(\mu+\frac{\mu_t}{\sigma_k}\right)\frac{\partial k}{\partial x_j}\right]+G_k+G_b-\rho\varepsilon-Y_M+S_k \tag{5-1}$$

ε 方程：

$$\frac{\partial(\rho\varepsilon)}{\partial t}+\frac{\partial\left(\rho\varepsilon u_i\right)}{\partial x_i}=\frac{\partial}{\partial x_j}\left[\left(\mu+\frac{\mu_t}{\sigma_\varepsilon}\right)\frac{\partial \varepsilon}{\partial x_j}\right]+C_{1\varepsilon}\frac{\varepsilon}{k}\left(G_k+C_{3\varepsilon}G_b\right)-C_{2\varepsilon}\rho\frac{\varepsilon^2}{k}+S_\varepsilon \tag{5-2}$$

式中，G_k 为由于平均速度梯度引起的湍动能；G_b 为由于浮力引起的湍动能；Y_M 为可压缩湍流脉动膨胀对总耗散率的影响；S_k，S_ε 均为自定义参数。

湍流黏性系数：

$$\mu_t=\rho C_\mu\frac{k^2}{\varepsilon} \tag{5-3}$$

式中，$C_{1\varepsilon}$=1.44，$C_{2\varepsilon}$=1.92，$C_{3\varepsilon}$=0.09，C_μ=0.09，湍动能 k 与耗散率 ε 的湍流普朗特数分别为 σ_k=1.0，σ_ε=1.3。

入口压力 4.3MPa，排量 0.5m^3/min，对单喷嘴进行仿真，取射流距离 250mm 处的临界速度为 v_c，再通过改变喷射压力、喷嘴直径(喷射压力从 0~7MPa 依次升高，调节幅度为 1MPa；喷嘴直径从 2~6mm 依次升高，调节幅度为 1mm)找到达到该临界速度 v_c 的喷射距离，即破碎腔半径 R，同时通过仿真结果得到不同压力、不同喷嘴直径下的临界排量。

图 5-20 是压力为 4.3MPa 时 2mm 直径喷嘴的速度云图和分布图。可以看出，射流的轴向速度变化很明显，从射流出口速度 93.1m/s 的最大值经过很短的射流距离就减小到很小的程度。根据射流仿真速度分布图可以得到当喷射距离为 250mm 时，临界速度 v_c 为 24m/s。

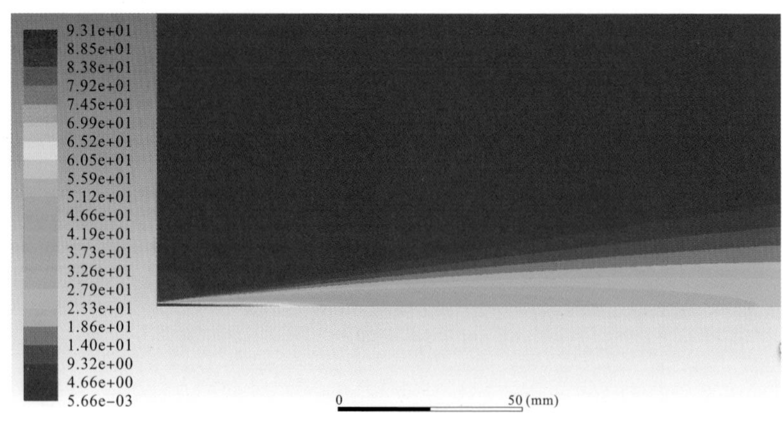

(a) 速度云图

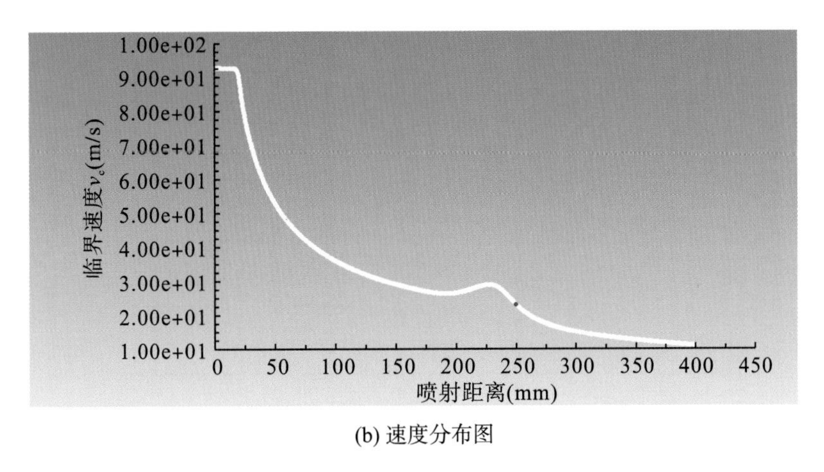

(b) 速度分布图

图 5-20　压力为 4.3MPa 时 2mm 直径的喷嘴的速度云图和分布图

图 5-21 为喷射距离随着喷嘴直径和压力的变化曲线。仿真分析结果表明，射流压力和喷嘴直径直接影响射流距离的大小，当射流压力小于 3MPa 时，射流距离随压力增大的增长速率较大，当射流压力超过 3MPa 时，射流距离随压力增大的增长速率减缓。同时随着射流压力逐渐增大，喷嘴直径的影响越来越明显，在射流压力较小时，射流距离随喷嘴直径的增大其增长率增大更为显著。当射流压力超过 3MPa 时，喷嘴直径为 2mm 的射流距离增长平缓，随着喷嘴直径增大到 6mm，射流距离增长趋势逐渐明显。

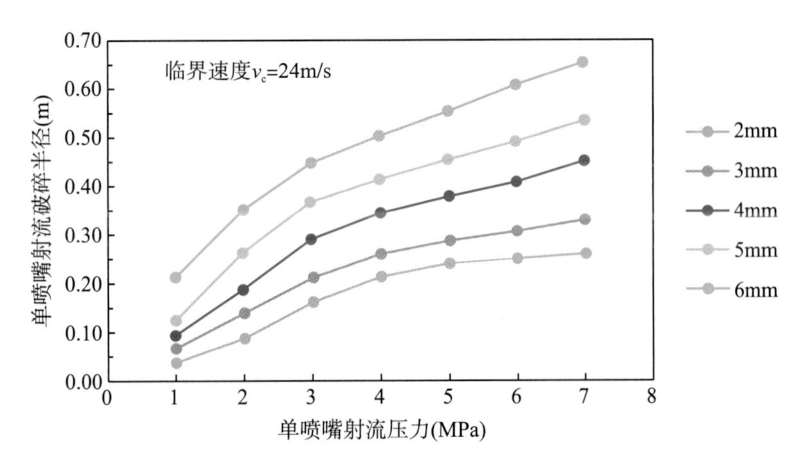

图 5-21　不同喷嘴孔眼直径下单喷嘴射流碎化半径随射流压力的变化曲线

图 5-22 为不同喷嘴孔眼直径下单喷嘴射流碎化排量与射流压力的对应关系曲线。可以看出，射流压力和排量大致成正比，当压力小于 3MPa 且喷嘴直径较小时，随着压力变大，排量无明显增长；当压力大于 3MPa 时，随着喷嘴直径和压力增大，排量增长显著。说明在喷嘴直径较大时，如需达到一定的射流距离，必须尽可能地增大喷射压力并相应地提高排量才能满足工程需要。

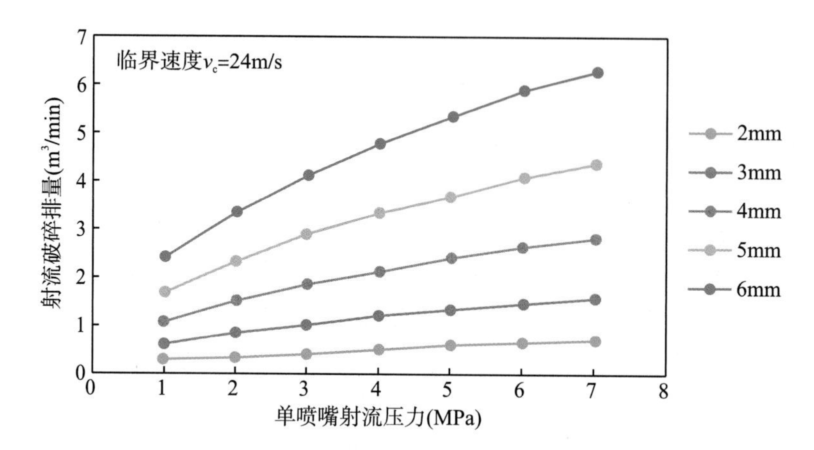

图 5-22　不同喷嘴孔眼直径下单喷嘴射流碎化排量与射流压力的对应关系曲线

5.2.2　水合物高压射流碎化实验及喷嘴工具研制

1. 水力射流碎化理论

水力射流破岩损伤机理与准则主要包括准静态弹性破碎理论、应力波破碎理论、裂纹扩展破岩理论、气蚀(空化)破碎理论、损伤破碎理论。前 4 条理论主要分析裂纹产生的方式，而损伤破碎理论则主要从射流和岩体两种介质的相互作用力来分析，其认为当岩石产生裂纹后液相可以通过裂纹进入岩石内部，通过渗透破坏造成岩石损伤。

(1)准静态弹性破碎理论。依据密实核-劈拉破岩理论对水力射流破岩给出定量分析，并将水力射流冲击压力转化为冲击面内的均布压力。

射流冲击下岩石破碎门限压力与其抗剪破坏强度之间的关系：

$$p_C = p_0\left[0.5-\nu+0.315(1+\nu)^{3/2}\right]>2\tau_s \tag{5-4}$$

式中，p_0为射流冲击压力，MPa；τ_s为剪切强度，MPa；ν为泊松比。

岩体发生损伤破碎的体积：

$$V=\frac{\pi r}{2}\left(\frac{1+\nu}{3.5-\nu}\right)^{1/3} \tag{5-5}$$

式中，r是射流冲击面域的半径，m。

岩石发生破碎破坏所需能量：

$$U=\frac{k\tau_s^2 V}{E} \tag{5-6}$$

$$k=\frac{64(1-\nu)\left[(3.5-\nu)(1+d)^{1/2}\right]}{3\pi\left[0.5-\nu+0.315(1+\nu)^{3/2}\right]} \tag{5-7}$$

式中，d是水力射流直径，mm；E是水力射流杨氏模量，MPa。

(2)应力波破碎理论。该理论认为水力射流冲击产生的动载荷是造成岩体破坏的主要原因，射流在岩体上所形成的切割深度与其声速(即纵波速度)存在如下经验公式：

$$D = \xi d_{\mathrm{c}} \left(\frac{v}{C} \right)^{2/3} \tag{5-8}$$

式中，C 为水的声速，m/s；v 为射流速度，m/s；d_{c} 为射流形成孔洞直径，m；ξ 为岩体物理学系数。

(3) 裂纹扩展破岩理论。该理论认为岩体破坏的主要原因是裂纹扩展造成的，将水力射流冲击力等效为作用于半空间弹性体平面上的集中应力，高压水力射流流体可以沿岩体裂纹传播，在裂隙尖端产生应力集中区，促使裂纹继续扩展造成岩体破碎。

(4) 气蚀(空化)破碎理论。该理论认为水力射流冲击破坏岩体主要是由气蚀冲击作用造成的，当射流内局部区域流体绝对压力降到饱和蒸汽压力以下后，其所含气泡将快速膨胀，所形成的充满蒸汽或空气的负压空穴在固体表面破碎将引起极大的冲击力，称为气蚀(空化)理论。结合破坏准则得到水力射流冲击岩体破坏判断如下：

$$\tau = \tau_{\mathrm{s}} + \frac{\mu_0 f \mu_{\mathrm{x}} d_{\mathrm{r}} v_0 \sin\theta}{\varphi} \tag{5-9}$$

式中，τ_{s} 为抗剪强度，MPa；φ 为孔隙率；d_{r} 为岩石颗粒直径，mm；μ_{x} 为内摩擦系数，无量纲；v_0 为射流横移速度，m/s。

岩石连续损伤本构模型如下：从岩石微元强度分布的随机性出发，引入莫尔-库仑准则作为微元强度分布参量，建立岩石损伤变量演化方程和统计本构模型，可用任意三轴条件下的实验数据对模型中参数进行求解。设岩石微元强度服从韦布尔分布，其概率密度 $P(F)$ 为：

$$P(F) = \frac{m}{F_0} \left(\frac{F}{F_0} \right)^{m-1} \exp\left(-\left(\frac{F}{F_0} \right)^{m} \right) \tag{5-10}$$

式中，$P(F)$ 为岩石微元强度分布函数；m 为脆性程度参数；F_0 为宏观应力强度参数；F 为材料某种应力条件下的强度参数。

岩石材料的损伤是由微元体不断破坏引起的，设在某一级载荷作用下已破坏的微元体数目为 N_{f}，定义统计损伤变量为已破坏的微元体数目与总微元体数目 N 之比，即 $D=N_{\mathrm{f}}/N$，当加载到某一 F 时，已破坏的微元数目为：

$$N_{\mathrm{f}}(F) = \int_0^F NP(y)\mathrm{d}y = N\left[1 - \exp\left(-\left(\frac{F}{F_0} \right)^{m} \right) \right] \tag{5-11}$$

因此，损伤变量 D 为：

$$D = \frac{N_{\mathrm{f}}}{N} = 1 - \exp\left(-\left(\frac{F}{F_0} \right)^{m} \right) \tag{5-12}$$

岩石的破坏可以用岩石的破坏准则来表示，设岩石的屈服条件遵循莫尔-库仑准则，岩石微元破坏前服从胡克定律，最后得到：

$$m = \frac{1}{\dfrac{-\ln \sigma_1 - \nu(\sigma_2 + \sigma_3)}{E\varepsilon_1}} \tag{5-13}$$

$$F_0 = m^{1/m} \frac{(\sigma_1 - \sigma_3)E\varepsilon_1 + (\sigma_1 + \sigma_3)E\varepsilon_1 \sin\phi}{2\left[\sigma_1 - \nu(\sigma_2 + \sigma_3)\right]} \tag{5-14}$$

式中，σ_1、σ_2 和 σ_3 为表观主应力；ε_1 为主应变；E、ν 及 ϕ 为岩石材料弹性阶段参数；m 为岩石的脆性程度，m 值越大，岩石微元强度分布越集中，材料的脆性越高。

当 E 和 m 不变时，随 F_0 增大岩石峰值强度增大，F_0 反映了岩石宏观平均强度的大小。

水力射流作用下岩石的破坏准则如下：水力射流冲击作用下，岩石存在拉伸破坏和剪切破坏。因此，采用岩石损伤理论、抗拉强度理论和莫尔-库仑强度理论来研究水力射流作用下岩石的破坏问题。引入破坏系数 d_f，表示岩石的破坏程度大小。

拉应力作用时，岩石的破坏准则为

$$d_\mathrm{fs} = \frac{|\sigma_3|}{T_0} = \begin{cases} <1, & \text{破坏不发生} \\ \geqslant 1, & \text{破坏发生} \end{cases} \tag{5-15}$$

剪切破坏时，岩石的破坏准则为

$$d_\mathrm{ft} = \frac{\sigma_1 - \sigma_3}{2c\cos\phi + (\sigma_1 + \sigma_3)\sin\phi} = \begin{cases} <1, & \text{破坏不发生} \\ \geqslant 1, & \text{破坏发生} \end{cases} \tag{5-16}$$

式中，c 为岩石内聚力。

通过破坏系数 d_ft、d_fs 值的大小，可以判别破坏事件是否发生，当破坏系数值等于 1 时，表示岩石刚好发生破坏，系数越大说明破坏程度越严重。

2. 高压射流碎化喷嘴工具研发

在水合物高压射流碎化喷嘴工具研发中，设计了水合物射流碎化的室内实验测试装置，如图 5-23 所示。其主要组成部分由底座、液压油缸、固定连续油管支架、连续油管、喷嘴和冻土样品组成。

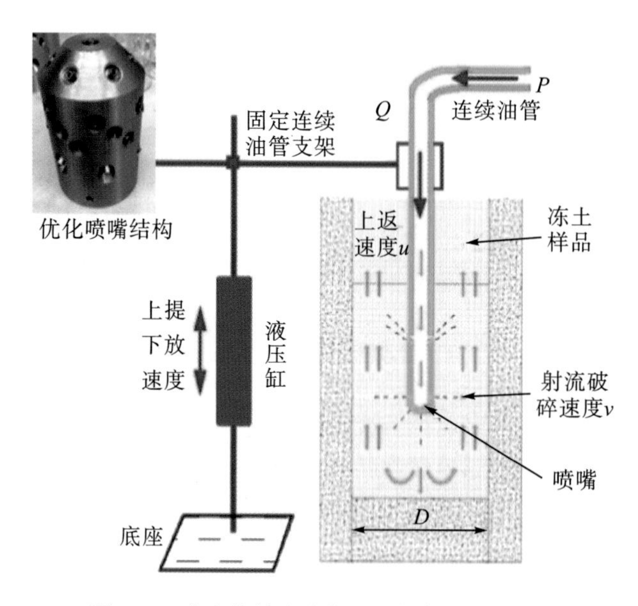

图 5-23　水合物射流碎化的室内实验测试装置

其工作原理是底座固定液压油缸，固定连续油管支架固定连续油管，液压油缸活塞调控固定连续油管上提下放，从而实现喷嘴射流碎化过程中上提下放趟数和速度的控制，射流碎化的压力和排量通过连接连续油管的海面综合处理平台调控。基于所设计的室内水合物射流碎化室内实验测试装置，可开展上提下放趟数、速度，射流碎化压力、排量或速度等因素对喷嘴射流碎化水合物孔眼的规则度、孔径、破碎效率和破碎颗粒返排效果影响规律的实验研究。

初步设计喷嘴如图 5-24 所示，技术特点如下：①喷嘴可以借助底部喷射孔偏移产生的反扭矩自行旋转，使得形成的孔眼规则；②去掉上部螺杆钻具，使得液相流量不受限制，50.8mm 连续油管现场实际流量可以达到 500~1000L/min，相对于原来的 160L/min 有较大提升，有利于上返效率的提高；③流量由小到大，多趟喷射破岩使得形成的井眼逐步增大。

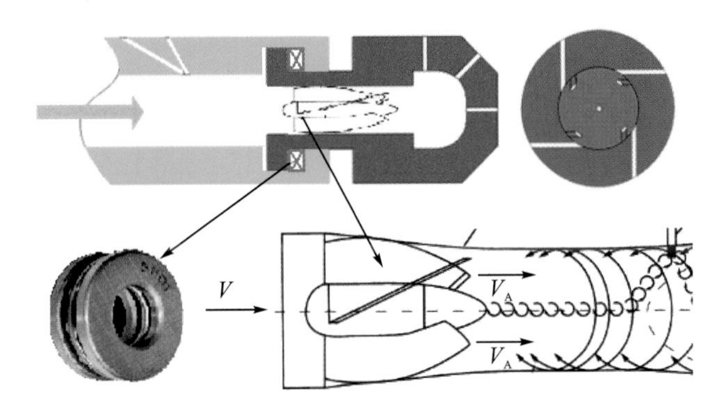

图 5-24　初步设计的喷嘴结构

基于制备的冻土样品，开展射流碎化实验研究，如图 5-25、图 5-26 所示。可以看出，初步设计的喷嘴工具通过高压射流碎化水合物冻土样品所形成的孔径形状呈花瓣状且孔眼规则度较差。

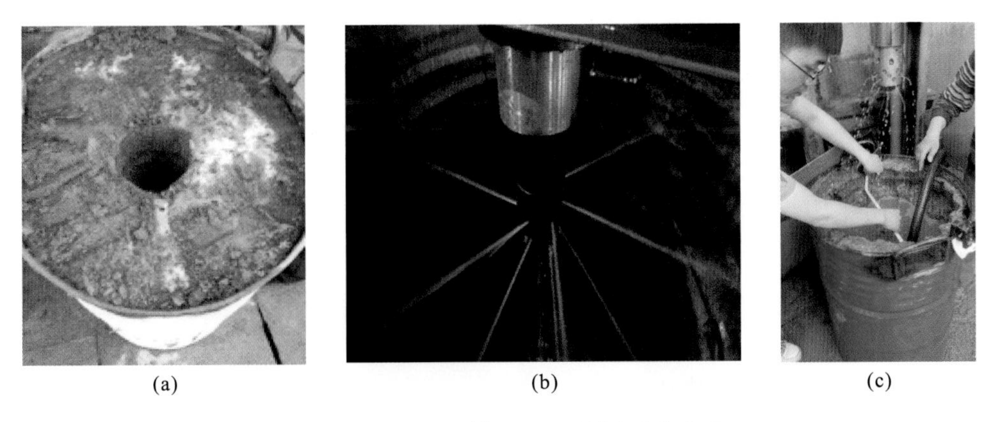

图 5-25　制备冻土样品及开展射流碎化实验

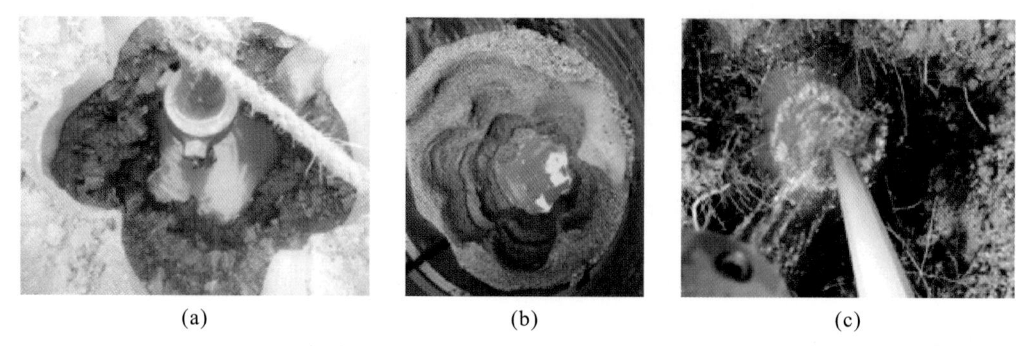

(a)　(b)　(c)

图 5-26　初步设计的喷嘴工具射流碎化冻土样品形成的腔眼

从实际工程应用出发，基于优化的单喷嘴结构，开展了射流喷嘴孔眼结构及排列的设计。喷嘴孔眼结构与排列的设计如图 5-27 所示。喷嘴的最上端布置返排孔口一排共 6 个，与轴线的夹角为 15°；喷嘴最前端沿轴线方向布置一个孔眼；喷嘴前端与轴线 45°方向布置一排孔眼共 6 个；喷嘴侧面法向布置 3 排孔眼，共 18(3×6)个孔口均匀分布，每两个孔之间周向夹角为 20°，每相邻两孔的轴向距离为 10mm，有助于周向均匀破碎，无倒角；孔口直径为 2mm，最前端 45°的射流孔口和返排孔口开 1mm×1mm 的倒角。

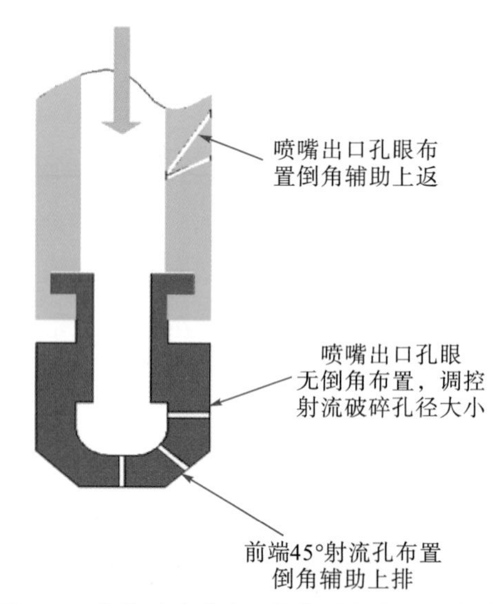

图 5-27　优化后喷嘴孔眼的排列方式和喷嘴结构

优化后喷嘴射流碎化的孔径形状呈圆形，如图 5-28 所示。通过对比发现优化后的喷嘴结构提高了射流碎化腔眼的规则度。

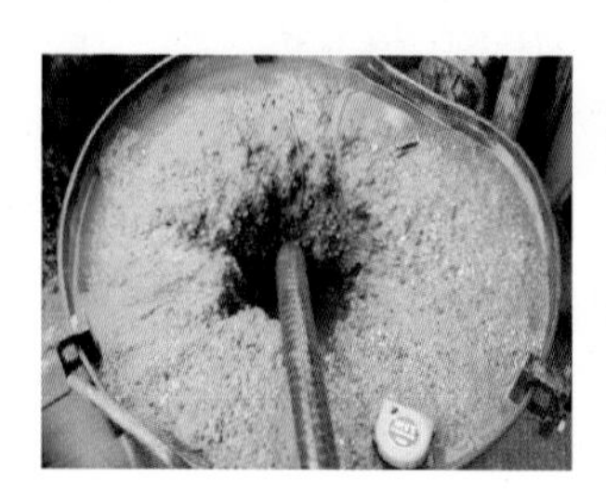

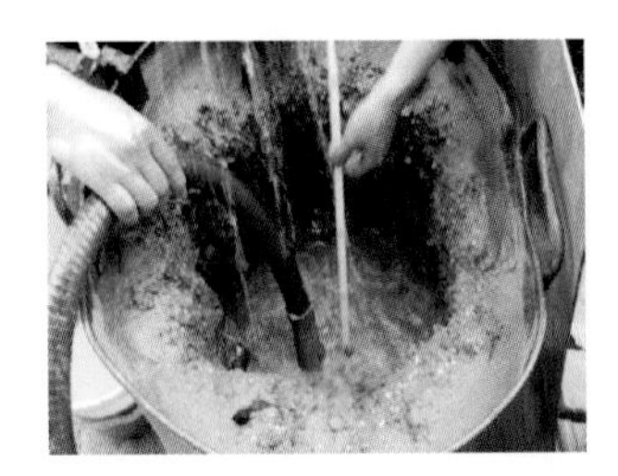
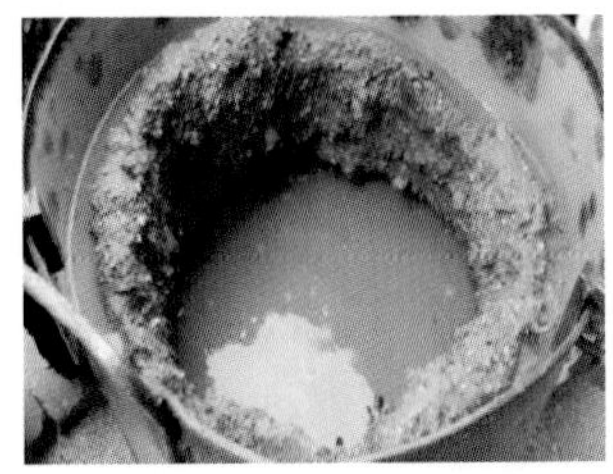

图 5-28　优化后的喷嘴工具射流碎化冻土样品形成的腔眼和孔效果

通过实验得到优化后的喷嘴工具射流强度与排量的关系，见表 5-1。

表 5-1　优化后的喷嘴工具射流强度与排量的关系表(3 个 2mm 喷嘴、31 个孔眼)

排量(L/min)	射流压力(MPa)	能否破岩
200	1.17	—
300	2.61	√
400	4.68	√
500	7.32	√
600	10.5	√
700	14.43	√
800	18.85	√

根据优化后的喷嘴工具射流强度与排量实验数据得到其关系曲线，如图 5-29 所示。

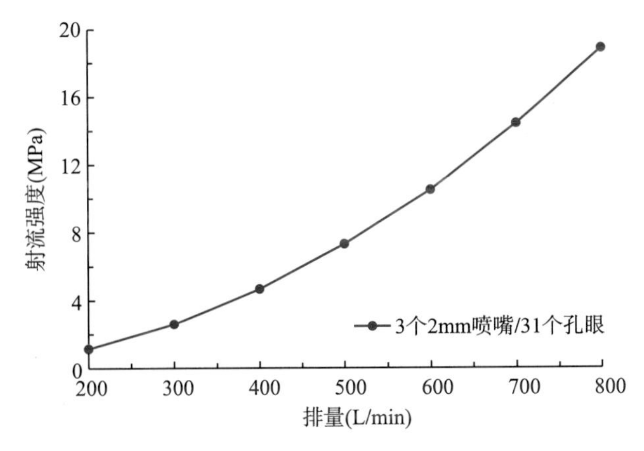

图 5-29　优化后的喷嘴工具射流强度与排量的关系

从图 5-29 可以看出，随着射流排量的增大，射流强度不断增大，破岩效率更高。通过实验研究有无领眼下喷嘴射流碎化冻土的井眼直径随下放速度的变化。实验前将喷嘴下放至射流孔口(冻土试样中心)与冻土试样上平面齐平位置，开泵并控制喷嘴匀速下放，在此过程中记录泵的排量与压力，同时每隔 30s 用量筒取返出液 1 次，待喷嘴下放至距离试样底部 150mm 后，停泵同时结束计时，用泵排出射流碎化冻土样品孔眼中的泥水，测量并记录孔眼直径参数和返排粗细颗粒砂的沉积效果。实验中采用的无领眼冻土样品均为实心样品，有领眼冻土样品是中心直径为 100mm 的空心冻土样品(如图 5-25(a)所示)。

实验结果如图 5-30 所示，当冻土无领眼时，在排量为 500L/min，射流压力为 4.3MPa 工况下，随下放速度的增大，射流碎化的孔眼直径逐渐减小，当下放速度低至 7.1m/h 时，射流碎化的井眼直径可以达到实际试采的极限井筒直径(500mm)，针对一次射流碎化建议喷嘴射流碎化的下放速度不超过 7.1m/h；当冻土样品领眼直径为 100mm 时，在排量 430L/min、泵压 4.3MPa 工况下，下放速度越快射流碎化的孔眼直径越小。在实际的试采射流碎化过程中，上提下放速度是实现特定破碎孔径的重要施工参数。

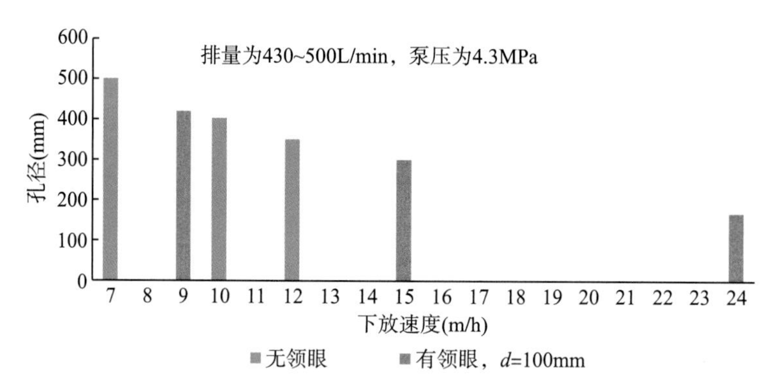

图 5-30　有无领眼下喷嘴射流碎化冻土的井眼直径随下放速度的变化

射流碎化返排泥砂混合物取样结果如图 5-31(a)所示。先后取样从左到右依次放置，随着钻井深度的增加，虽然总体固相颗粒含量增加，但固相颗粒中粗砂的含量逐渐降低，细颗粒含量逐渐增多，因此在水合物开采过程中应做好预防粗砂颗粒沉积的有效应对措施。考虑到实际实验过程中加装防喷溅的防护罩和实际作业中领眼与扩孔段交界面处较为相似，均存在返出液流道不规则的情况影响颗粒的返出。因此，建议在领眼与射流碎化形成的井筒之间添加圆锥形状的过渡段，减小破碎颗粒在返排过程中的阻碍，具体设计如图 5-31(b)所示。

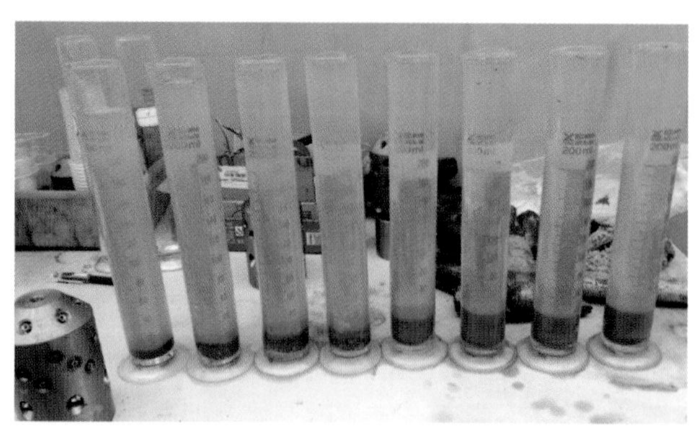

(a) 返排粗细颗粒砂沉积效果

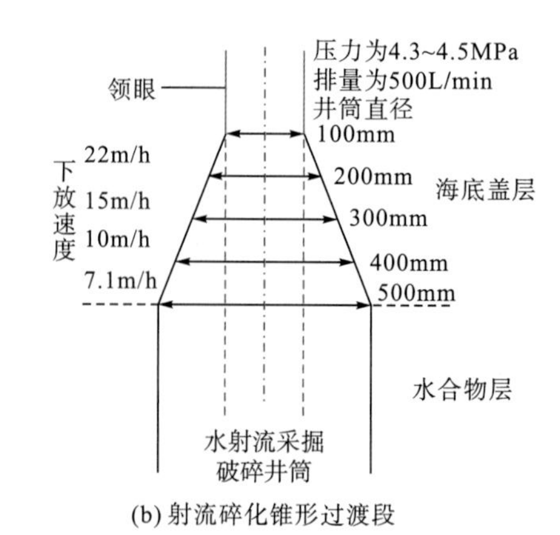

(b) 射流碎化锥形过渡段

图 5-31　喷嘴破碎水合物过程中返排粗细颗粒砂沉积效果和射流碎化锥形过渡段示意图

通过高压射流碎化实验研究及喷嘴优化设计，研发了天然气水合物高压射流碎化喷嘴工具，高压射流碎化喷嘴工具短接本体和改进后的喷嘴如图 5-32 所示。

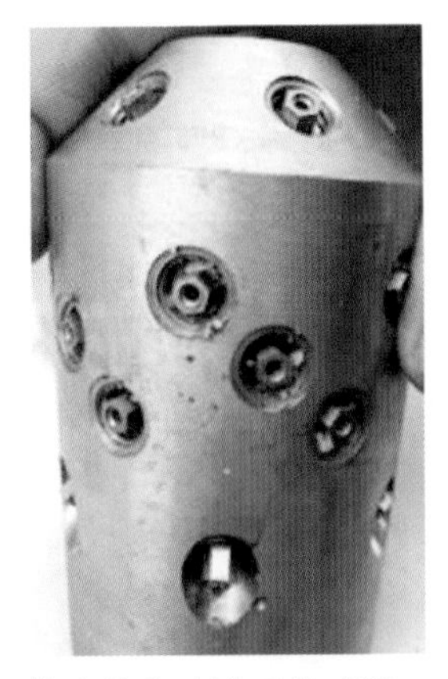

图 5-32　高压射流碎化喷嘴工具短接本体和改进后的喷嘴

应用自行研发的喷嘴和射流喷射短接开展实验，获取天然气水合物试采工程施工中不同破碎孔径和破碎速率下所需要的工艺参数范围，进行目标井固态流化开采破碎工艺参数优化，建立海洋天然气水合物固态流化开采射流碎化参数图版。

基于水合物射流碎化室内实验测试装置开展室内实验，揭示喷嘴射流碎化工作压降(4.36MPa)、排量(300L/min、400L/min、450L/min、500L/min)、上提下放速度(3.5m/min、8.0m/min、10.0m/min)、趟数与破碎水合物孔眼直径和破碎速率间的相互作用机制。得到了射流碎化孔眼直径、破碎速率与不同排量和上提下放速度影响的曲线图，如图 5-33 所示。

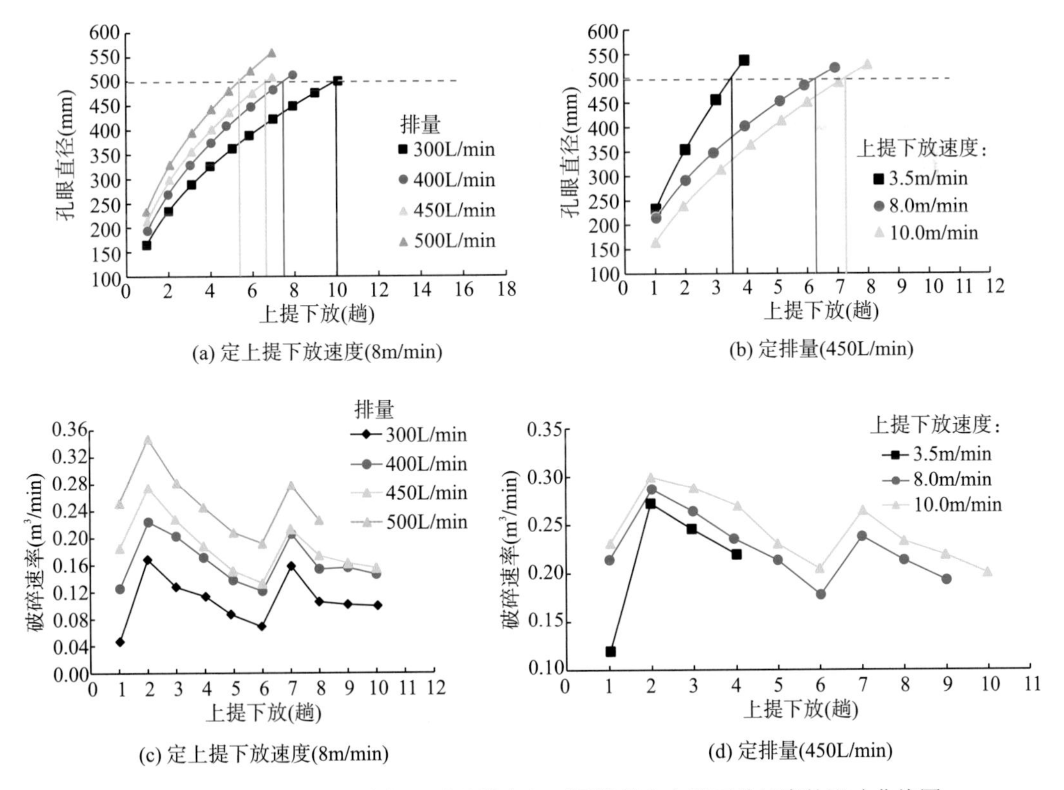

(a) 定上提下放速度(8m/min)　(b) 定排量(450L/min)

(c) 定上提下放速度(8m/min)　(d) 定排量(450L/min)

图 5-33　射流碎化孔眼直径、破碎效率与不同排量和上提下放速度的影响曲线图

由图 5-33(a)可知，在上提下放速度为 8m/min 的工况下，实验排量分别为 300L/min、400L/min、450L/min、500L/min 时，测试实现直径 500mm 的射流碎化孔眼所对应的上提下放施工趟数分别为 10、8、7 和 6 趟。实验测试结果表明，当排量一定时，射流碎化冻土孔眼直径随上提下放趟数的增加逐渐增大。实验数据拟合曲线表明，射流喷嘴破碎冻土孔眼直径与上提下放趟数呈指数递增关系。由图 5-33(c)可知，相同上提下放趟数下，排量越大，喷嘴射流碎化冻土的效率越高；随上提下放趟数的增加，呈现先升高后降低，然后再升高，最后逐渐降低的趋势。分析认为：①初始喷嘴沿领眼射流碎化时，虽然破碎冻土的作用力较大，但由于孔眼较小破碎岩屑携岩上返受限，破碎效率较低；②随扩孔孔径增大，喷嘴射流碎化的速度和压力场在孔眼井壁处达到使冻土直接产生塑性变形的阈值；③当上提下放趟数达到 7 趟时，喷嘴射流碎化效率出现先回升然后又下降的趋势，主要是破碎井眼周围冻土弹性变形累加产生塑性变形的结果。

由图 5-33(b)可知，当排量为 450L/min 时，实验上提下放的速度分别为 3.5m/min、8m/min、10m/min 时，测试表明，上提下放趟数相同时，上提下放的速度越低射流碎化的孔眼直径越大。由图 5-33(d)可知，不同上提下放的速度下射流碎化速率随上提下放趟数的变化与不同排量下喷嘴射流碎化速率随上提下放趟数呈现相同的规律。

通过实验与分析，形成了排量 450L/min 工况下海域试采射流碎化参数图版(连续下放、上提、连续射流)，如图 5-34 所示。

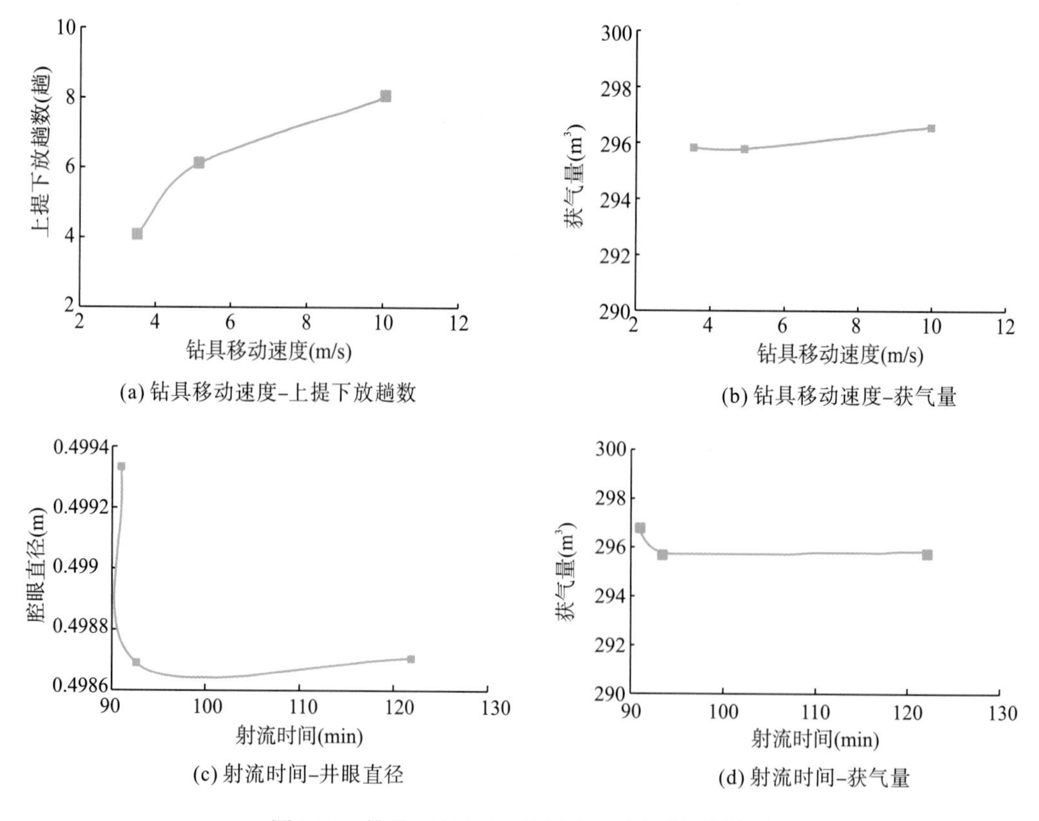

图 5-34　排量 450L/min 工况下海域试采参数图版

通过实验与分析，形成了不同排量下的各参数图版，如图 5-35~图 5-37 所示。

(1) 排量 600L/min 工况下各参数图版如图 5-35 所示。

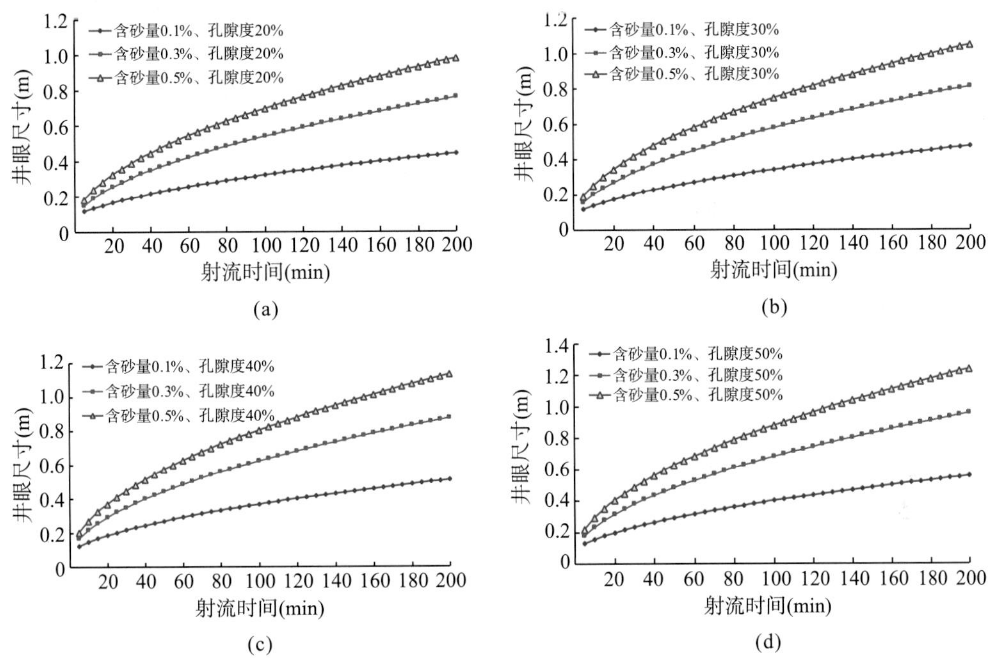

图 5-35　排量 600L/min 工况下各参数图版(地面监测含砂量-井眼尺寸-射流时间)

(2) 排量 500L/min 工况下各参数图版如图 5-36 所示。

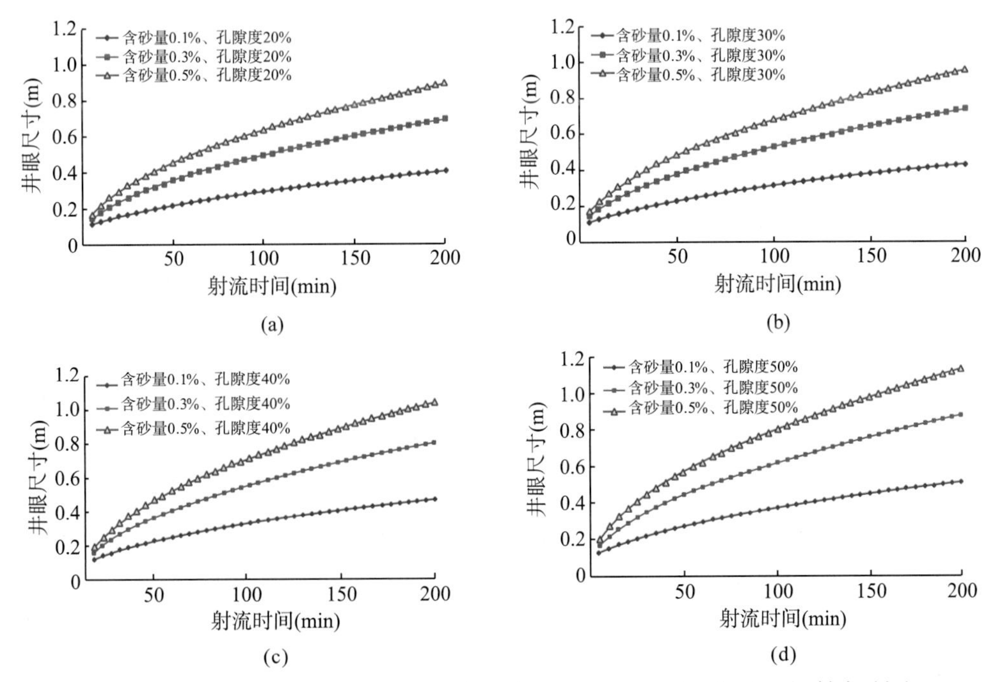

图 5-36　排量 500L/min 工况下各参数图版(地面监测含砂量-井眼尺寸-射流时间)

(3) 排量 400L/min 工况下各参数图版如图 5-37 所示。

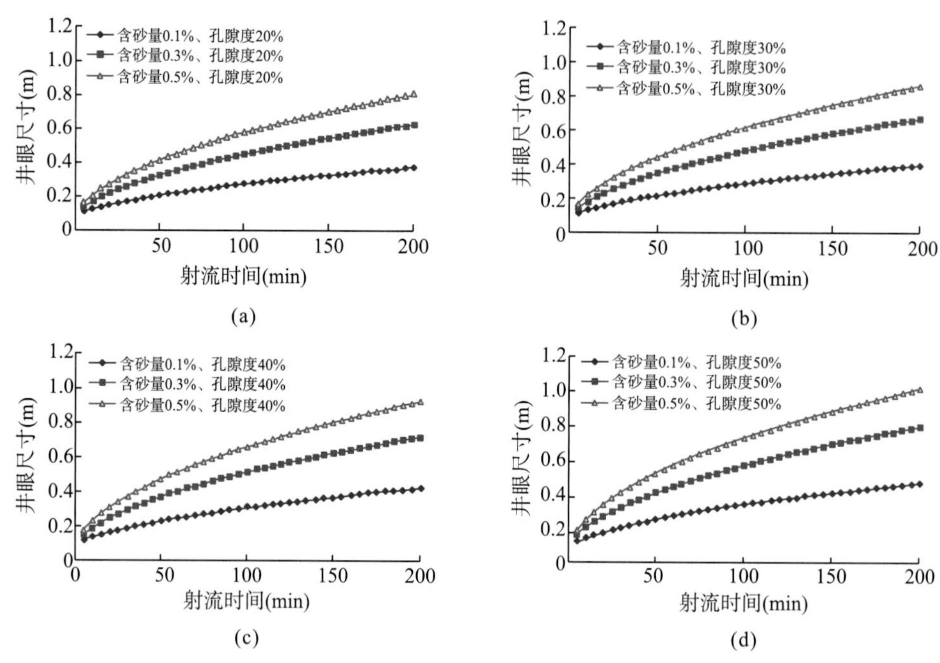

图 5-37　排量 400L/min 工况下各参数图版(地面监测含砂量-井眼尺寸-射流时间)

从图 5-35~图 5-37 中可以看出，随射流时间增加，井眼尺寸随之增大；孔隙度、射流时间一定时，地面监测含砂量增大，证明井眼尺寸增大；射流时间一定时，孔隙度越大射流形成的井眼尺寸越大；射流时间一定时，提高排量会促进井眼尺寸增大。

5.3　固态流化试采目标井施工关键参数优化

基于海洋非成岩天然气水合物固态流化试采目标井环空相态及多相流分析和高压射流碎化工具研制及实验分析，开展固态流化试采目标井施工关键参数优化，见表 5-2。

表 5-2　固态流化试采目标井施工关键参数优化

组别	产气量 (m^3/d)	井口回压 (MPa)	液相排量 (L/min)	液相密度 (kg/m^3)	射流直径 (m)	水合物临界分解位置 (m)	最高持气率 (%)	最高气相速度 (m/s)	最高固相含量 (%)	最低固相速度 (m/s)
1	63	0	500	1030	0.3	650	4.980	1.995	0.602	0.067
2	630					659	26.302	3.781	6.043	0.067
3	1008					664	33.518	4.749	9.668	0.067
4	1512					670	39.545	6.042	14.502	0.067
5	1512	0	500	1030	0.3	670	39.545	6.042	14.502	0.067
6		0.5				642	16.510	2.403	14.502	0.067
7		1				615	10.017	2.155	14.502	0.067
8		1.5				592	7.180	2.061	14.502	0.067
9	1512	0	300	1030	0.3	633	45.163	5.309	52.705	0.019
10			500			670	39.545	6.042	14.502	0.067

续表

组别	产气量（m^3/d）	井口回压（MPa）	液相排量（L/min）	液相密度（kg/m^3）	射流直径（m）	水合物临界分解位置（m）	最高持气率（%）	最高气相速度（m/s）	最高固相含量（%）	最低固相速度（m/s）
11	1512	0	700	1030	0.3	712	38.354	5.904	8.408	0.116
12			900			748	37.247	6.395	5.913	0.165
13	1512	0	500	1030	0.3	670	39.545	6.042	14.502	0.067
14				1130		650	39.537	6.040	13.442	0.072
15				1230		633	39.531	6.038	12.560	0.078
16				1330		618	39.525	6.036	11.895	0.082
17	1512	0	500	1030	0.2	670	39.545	6.042	9.882	0.232
18					0.3	670	39.545	6.042	14.502	0.067
19	1512	0	500	1030	0.4	670	39.545	6.042	41.468	0.013
20					0.5	670	39.545	6.042	-	0

基于安全携岩、最高固相含量不宜过大、最高气相速度和持气率不宜过大的井筒流动施工安全设计原则，形成了海洋天然气水合物固态流化试采目标井施工关键参数优化方案：推荐高压射流碎化排量为 500L/min 左右，射流腔体直径不超过 0.5m。

5.4　固态流化高压射流碎化现场应用技术方案设计

基于海洋非成岩天然气水合物固态流化试采目标井环空相态及多相流分析、高压射流碎化工具研制及实验分析、固态流化试采目标井施工关键参数优化，设计了海洋非成岩天然气水合物固态流化高压射流碎化现场应用技术方案（图 5-38）。

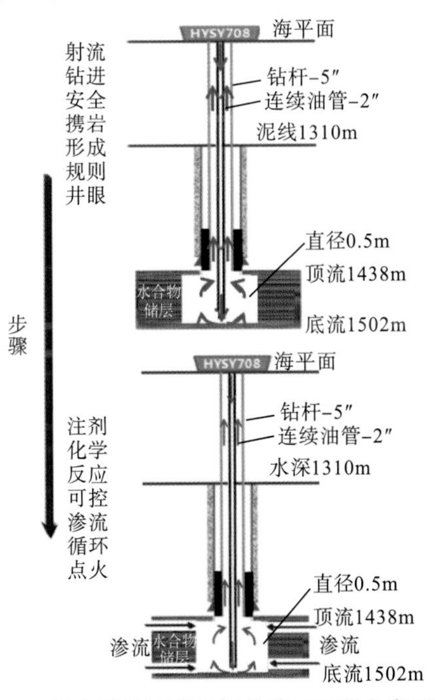

图 5-38　固态流化试采目标井施工工艺方案示意图

工艺方案流程如下：

(1) 大排量 400L/min 正常钻进、完钻井深 1502m。

(2) 以大排量 500L/min 在保证射流过程连续携砂的前提下形成安全腔体（大腔体不利于上部地层稳定）。

(3) 根据返出流量+现场测定固相含量+孔隙率实时反演腔体大小，最大至等效 0.5m 停止(形成稳定井眼、保证井眼净化)。

(4) 大排量 500L/min 循环低密度海水并上提钻具至腔体中部循环 8 个迟到时间(净化井眼防止沉沙、降低井底流压以利于注剂分解渗流)。

(5) 利用低排量注入泵将抑制剂注入腔体，停泵后进行焖井，使化学反应充分进行，等待地层中分解的天然气渗流至井底腔体达到点火气量。

(6) 根据甲烷浓度测试仪测定数值达到点火条件后点火。

制定海洋非成岩天然气水合物固态流化试采现场“零决策”方案，如图 5-39 所示。

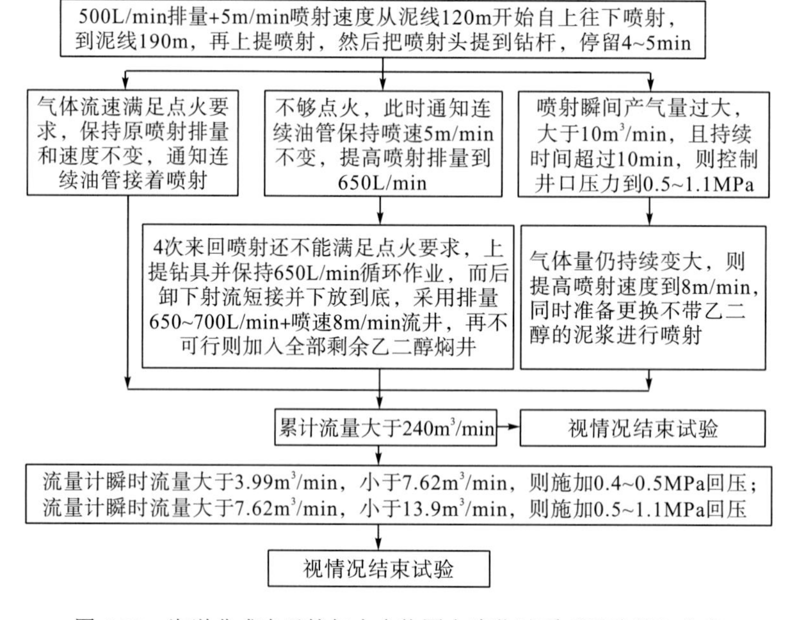

图 5-39　海洋非成岩天然气水合物固态流化试采“零决策”方案

5.5　天然气水合物固态流化开采法实施及应用前景

2016 年 5 月起，西南石油大学依托天然气水合物国家重点实验室以及国家重点研发计划项目“海洋天然气水合物试采技术和工艺”课题八–海洋水合物固态流化测试新技术（2016YFC0304008)，利用海洋非成岩天然气水合物固态流化开采模拟实验系统，在全球首次系统开展固态流化开采模拟实验，制定了试采技术方案、关键参数及作业流程，研制了海底天然气水合物井下原位破碎工具。2017 年 5 月，利用“海洋石油 708”深水工程勘察船（图 5-40)在南海神狐海域水深 1310m、埋深 117~196m 层位成功实施（图 5-41)了全球首次海洋浅表层、弱胶结、非成岩天然气水合物固态流化试采工程，采气率达 80.1%。该工程的成功实施证明了固态流化开采技术原理可行、开采工艺可行，初步实现了海洋非成岩天然气水合物固态流化试采现场应用。“海洋非成岩天然气水合物固态流化开采模拟实验技术及系统”前期所开展的理论及室内模拟实验研究成果为本次成功试采做出了不可或缺的贡献（图 5-42）。

图 5-40　“海洋石油 708”深水工程勘察船

图 5-41　现场方案讨论

图 5-42　全球首次海洋浅表层、弱胶结、非成岩水合物固态流化试采工程获得成功

2017 年 5 月 31 日，“海洋天然气水合物固态流化试采工程”成果汇报会在北京举行，宣布海洋天然气水合物固态流化试采项目获得成功。中国工程院、中国科学技术协会以及国家自然科学基金委员会等单位的 11 名院士及专家一致认为：在世界上首次创新提出“海洋天然气水合物固态流化试采技术”，创新性地探索了海洋天然气水合物安全绿色、低成本开采的新技术和新方法；以荔湾 3 为目标区，全球首次成功组织并实施了水合物固态流化试采，对世界天然气水合物资源开发具有重大意义；自主创新研制了全套试采工艺流程和配套装备及工具，是在海洋天然气水合物试采方面进行了具有重大意义的探索。

海洋非成岩天然气水合物固态流化开采模拟实验技术的发明、具有完全自主知识产权的大型物理模拟实验系统的成功研制、全过程固态流化开采模拟实验的开展与理论的形成、试采技术方案的制定以及全球首次海试的成功实施，标志着我国在海洋天然气水合物开采、实验室建设以及室内模拟技术领域取得了突破性进展，为实现天然气水合物安全可控的商业性开发提供了前期的技术储备。本系统的成功研发和进一步升级以及相关理论的进一步完善，可望推动海洋非成岩天然气水合物固态流化开采技术成为我国引领世界前沿的一项颠覆性技术，可望加快我国乃至全球天然气水合物的商业化开发进程。这对保障国家能源供给安全，推动绿色能源开采、建设海洋强国具有广大而深远的意义。

党和国家要求把油气安全饭碗牢牢端在自己手里。以习近平同志为核心的党中央高度重视能源安全问题，强调要推动能源消费革命、供给革命、技术革命、体制革命，全方位加强国际合作，实现开放条件下的能源安全，为我国能源产业发展提供了根本遵循。中国已向国际社会作出力争2030年前实现碳达峰、2060年前实现碳中和的郑重承诺。《中共中央 国务院关于完整准确全面贯彻新发展理念做好碳达峰碳中和工作的意见》明确提出，要加快构建清洁低碳安全高效能源体系。“十四五”及未来一段时间，天然气行业要立足“双碳”目标和经济社会新形势，统筹发展和安全，不断完善产供储销体系，满足经济社会发展对清洁能源增量需求，推动天然气对传统高碳化石能源存量替代，构建现代能源体系下天然气与新能源融合发展新格局，实现行业高质量发展。

天然气上产的基础条件包括南海北部丰富的海域天然气资源（含天然气水合物）、川渝等地区丰富的非常规天然气资源等。经过近20年不懈努力，我国取得了天然气水合物勘查开发理论、技术、工程、装备的自主创新，实现了历史性突破。这是在以习近平同志为核心的党中央领导下，落实新发展理念，实施创新驱动发展战略，发挥我国社会主义制度可以集中力量办大事的政治优势，在掌握深海进入、深海探测、深海开发等关键技术方面取得的重大成果，对推动能源生产和消费革命具有重要而深远的影响。虽然，我国试开采水平已跻身国际领先地位，但规模化开发研究才迈出万里长征第一步，未来尚需以钉钉子精神持续攻坚克难，打造能体现国家意志、服务国家需求、代表国家水平的国之利器。

单井日产天然气20万m^3是海上油气开发的经济门限，我国南海水合物以非成岩水合物为主，丰度远低于致密气和页岩气。海洋天然气水合物形成与常规油气本质上同源，海底由地壳构造活动产生挤压、拉伸等变形或者沉积物侧向挤压变形而出现断层，下覆圈闭游离气向上运移在高压、低温条件下形成固态天然气水合物。基于我国南海天然气水合物和下覆游离气赋存区域的纵向耦合关系（图5-43），通过固态流化法、降压法的技术融合实现从浅表层到中深层泥质粉砂型再到深部地层成岩型水合物与下覆游离气的全链条、一体化、立体合采（图5-44），是可望突破安全高效、高采收率、单井日产天然气20万m^3海上油气开发经济门限的颠覆性技术。2019年中国科学技术协会在“20个前沿科学问题和工程技术难题”中提出积极突破“海洋天然气水合物和油气一体化勘探开发机理和关键工程技术”。因此，未来如何实现从浅表层到中深层泥质粉砂再到深部地层成岩型水合物以及下覆游离气的全链条、一体化开发理论、技术及配套装备有待探索。然而，天然气水合物与下覆游离气构成的储层系统仍面临以下“4个不清楚”：层序分布不清、构造不清、水合物成藏地质年代不清、成藏烃源不清，造成天然气水合物成藏演化机制不明、开采适应性评价无法准确开展、多气合采技术方案无法有效制定、工艺流程无法安全实施。将来急需在以下四方面通过自主创新实现重大突破：①水合物储层成藏演化随钻快速识别方法及评价技术，解决油气行业上游领域新资源“怎么找”问题；②成岩与非成岩水合物资源等级定量划分理论及开采适应性评价技术，解决油气行业上游领域新资源“怎么看”问题；③浅表层、中深层、深层水合物与下覆气规模化合采机制、工艺及技术，解决油气行业上游领域新资源“怎么办”问题；④水合物与下覆气合采模式下关键装备体系，解决油气行业中游领域新资源“怎么干”问题。通过攻关为深海泥质粉砂天然气水合物安全、高效开发提供新方法与理论；为天然气水合物高效开发模式评价提供重大实验系统与软件；为浅表层、中深层天然气水合物与下覆游离气一体化开发提供系列深水重大装备与行业标准。最终，或将集成新理论、方法、技术、装备使之成为我国引领世界商业开采的变革性技术。

在此基础上建议，启动“深海天然气水合物、浅层气、油气一体化勘探开发”重大科技工程，以实现深海天然气水合物规模开发为目标，技术经济可采为攻关方向，统筹部署、分步实施：2022~2025 年，探索南海先导试验区成藏机制和资源评价方法，建立综合勘查技术装备体系，实现钻探取样、在线测试装备国产化，形成稳定试采工艺、防砂工艺、流动安全保障工艺，实现水合物和常规气合采；2026~2030 年，锁定南海先导示范区水合物和常规气富集区，实现降压法开采用井下机具国产化，完善固态流化和降压法联合试采技术和工艺，实现水合物-油气一体化开发技术与装备配套，实现试采过程安全监测设施国产化，建成先导示范区，实现规模化试采；2031~2035 年，初步建立南海水合物规模开发技术方法，形成完全自主的作业装备、技术和工艺体系，建立示范区建设规范和标准，构建规模开发环境风险控制技术体系，建成商业化示范区，实现商业化开采。最终，通过落实习近平总书记系列重要讲话精神特别是关于向地球深部进军的重要指示精神，依靠科技进步，保护海洋生态，促进天然气水合物勘查开采产业化进程，为推进绿色发展、保障国家能源安全作出新的更大贡献，早日实现“两个一百年”奋斗目标、实现中华民族伟大复兴的中国梦！

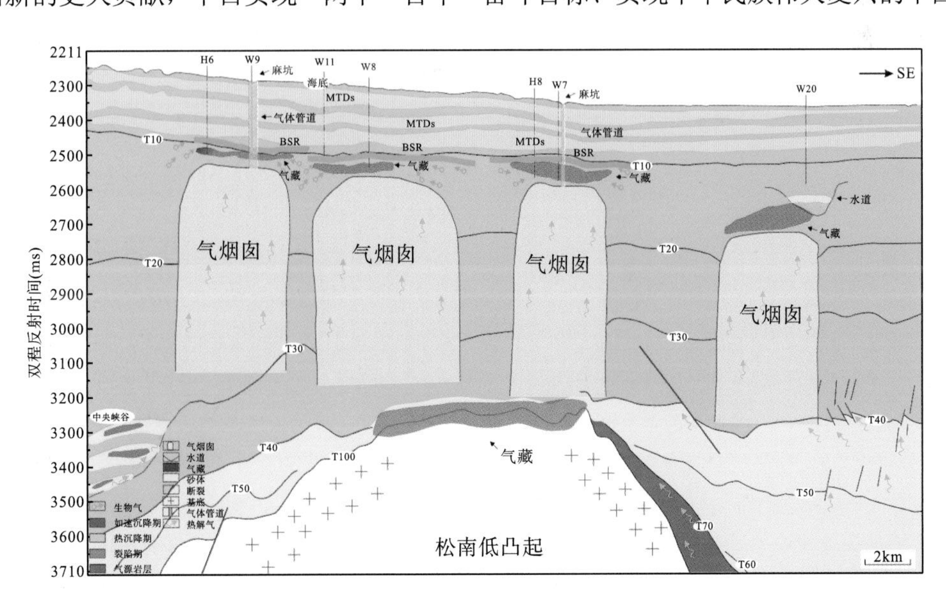

图 5-43　海洋天然气水合物藏耦合共生模式图

MTDs-mass transport deposits，深海块体流沉积；BSR-bottom simulating reflector，海底摸拟反射层

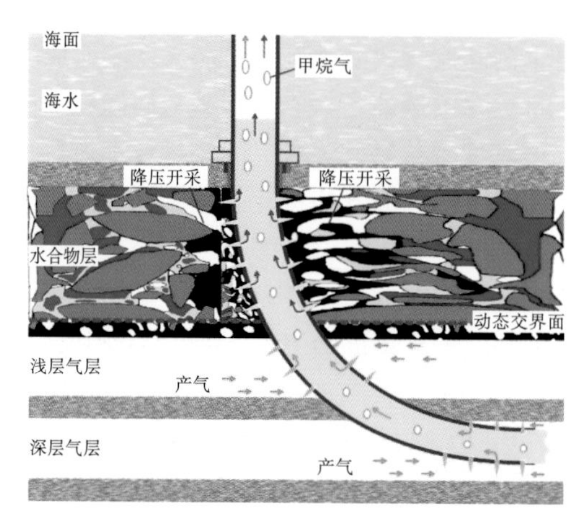

(a)水合物与下覆游离气降压法合采原理

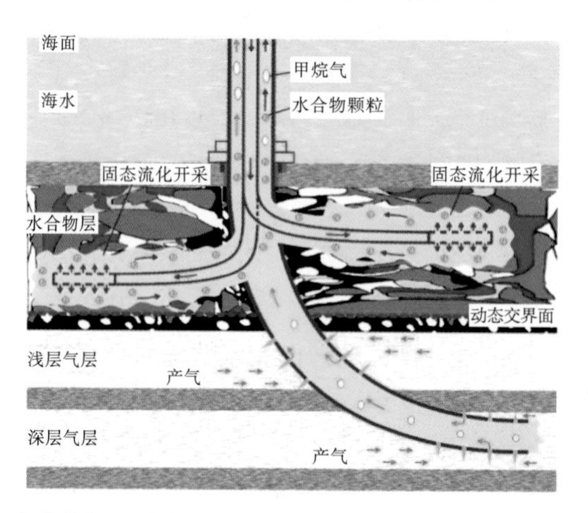

(b)水合物与下覆游离气固态流化法-降压法一体化开采原理

图 5-44　浅表层、中深层、深层水合物与下覆游离气合采原理

参 考 文 献

[1] 邹才能, 赵群, 张国生, 等. 能源革命：从化石能源到新能源[J]. 天然气工业, 2016, 36(1): 1-10.

[2] 中国共产党新闻网. 习近平：积极推动我国能源生产和消费革命[OL]. http://cpc.people.com.cn/n/2014/0614/c64094-25147885.html, 2014-6-14.

[3] 国家统计局. 2021年12月份能源生产情况[OL]. http://www.stats.gov.cn/tjsj/zxfb/202201/t20220117_1826406.html, 2022-1-17.

[4] 中国石油新闻中心. 《2021 年国内外油气行业发展报告》发布 恢复与转型：全球油气行业发展主基调[OL]. http://news.cnpc.com.cn/system/2022/04/15/030065491.shtml, 2022-4-15.

[5] 肖钢, 白玉湖. 天然气水合物—能燃烧的冰[M]. 武汉: 武汉大学出版社, 2012: 1-7.

[6] 郭平. 油气藏流体相态理论与应用[M]. 北京: 石油工业出版社, 2004: 185-187.

[7] 吴能友, 李彦龙, 万义钊, 等. 海域天然气水合物开采增产理论与技术体系展望[J]. 天然气工业, 2020, 40(8): 100-115.

[8] 刘玉山. 海洋天然气水合物勘探与开采研究的新态势(一)[J]. 矿床地质, 2011, 30(6): 1154-1156.

[9] 刘玉山, 祝有海, 吴必豪. 海洋天然气水合物勘探与开采研究进展[J]. 海洋地质前沿, 2013, 29(6): 23-31.

[10] 景鹏飞, 胡高伟, 卜庆涛, 等. 天然气水合物地球物理勘探技术的应用及发展[J]. 地球物理学进展, 2019, 34(5): 2046-2064.

[11] 宋科余, 龙涛, 段红梅, 等. 未来我国气体能源发展动向研究[J]. 地球学报, 2021,42(2): 187-195.

[12] 中华人民共和国中央人民政府. 国家中长期科学和技术发展规划纲要(2006—2020年)[OL]. http://www.gov.cn/gongbao/content/2006/content_240244.htm, 2006-2-9.

[13] 中华人民共和国国务院新闻办公室. 天然气水合物新矿种获得国务院正式批准新闻发布会[OL]. http://www.scio.gov.cn/xwfbh/gbwxwfbh/xwfbh/gtzyb/Document/1606352/1606352.htm, 2017-11-16.

[14] 中国地质调查局. 国务院批准天然气水合物成为我国第173个矿种[OL]. https://www.cgs.gov.cn/xwl/ddyw/201711/t20171117_444111.html, 2017-11-17.

[15] 央广网. "可燃冰"获批成为新矿种 或将改变我国能源结构[OL]. http://finance.cnr.cn/txcj/20171117/t20171117_524028864.shtml, 2017-11-17.

[16] 苏丕波, 曾繁彩, 砂志彬, 等. 天然气水合物在海洋钻探区域的赋存特征[J]. 海洋地质前沿, 2013(12): 16-24.

[17] 吴传芝, 赵克斌, 孙长青, 等. 天然气水合物开采研究现状[J]. 地质科技情报, 2008, 27(1): 47-52.

[18] 张焕芝, 何艳青, 孙乃达, 等. 天然气水合物开采技术及前景展望[J]. 石油科技论坛, 2013(6): 15-19, 64-65.

[19] 张卫东, 王瑞和, 任韶然, 等. 由麦索雅哈水合物气田的开发谈水合物的开采[J]. 石油钻探技术, 2007, 35(4): 94-96.

[20] 阮徐可, 杨明军, 李洋辉, 等. 不同形式天然气水合物藏开采技术的选择研究综述[J]. 天然气勘探与开发, 2012, 35(2): 39-43, 88.

[21] 苏新. 国外海洋气水合物研究的一些新进展[J]. 地学前缘, 2000, 7(3): 257-263.

[22] 许红, 黄君权, 夏斌, 等. 最新国际天然气水合物研究现状与资源潜力评估(下)[J]. 天然气工业, 2005, 25(6): 18-23.

[23] 宋海斌, 松林修. 日本的天然气水合物地质调查工作[J]. 天然气地球科学, 2001(Z1): 46-53.

[24] 邓希光, 吴庐山, 付少英, 等. 南海北部天然气水合物研究进展[J]. 海洋学研究, 2008, 26(2): 67-74.

[25] 李丽松, 苗琦. 天然气水合物勘探开发技术发展综述[J]. 天然气与石油, 2014, 32(1): 67-71.

[26] 乔少华, 苏明, 杨睿, 等. 海域天然气水合物钻探研究进展及启示：储集层特征[J]. 天然气与石油, 2014, 32(1): 67-71.

[27] 吴西顺, 黄文斌, 刘文超, 等. 全球天然气水合物资源潜力评价及勘查试采进展[J]. 海洋地质前沿, 2017, 33(7): 63-78.

[28] 魏纳, 周守为, 崔振军, 等. 南海北部天然气水合物物性参数评价与分类体系构建[J]. 天然气工业, 2020, 40(8): 59-67.

[29] 祝有海. 加拿大马更些冻土区天然气水合物试生产进展与展望[J]. 地球科学进展, 2006, 21(5): 513-520.

[30] 王屹, 李小森. 天然气水合物开采技术研究进展[J]. 新能源进展, 2013, 1(1): 69-79.

[31] 刘玉山. 海洋天然气水合物勘探与开采研究的新态势(二)[J]. 矿床地质, 2012, 31(1): 176-177.

[32] 刘士鑫, 郭平, 杜建芬, 等. 天然气水合物气田开发技术进展[J]. 天然气工业, 2005, 25(3): 121-123.

[33] 王文博, 刘晓, 崔伟 等. 天然气水合物降压开采数值模拟研究[J]. 地球物理学报, 2021, 64(6): 2097-2107.

[34] 窦斌, 蒋国盛, 吴翔, 等. 海洋天然气水合物开采方法及产量分析[J]. 热带海洋学报, 2009, 28(3): 82-84.

[35] Chuang J, Ahmadi G, Smith D H. Natural gas production from hydrate decomposition by depressurization[J]. Chemical Engineering Science, 2001, 56(20): 5801-5814.

[36] Konno Y, Masuda Y, Hariguchi Y, et al. Key factors for depressurization-induced gas production from oceanic methane hydrates[J]. Energy Fuels, 2010, 24(3): 1736-1744.

[37] Li X S, Yang B, Zhang Y, et al. Experimental investigation into gas production from methane hydrate in sediment by depressurization in a novel pilot-scale hydrate simulator[J]. Applied Energy, 2012, 93: 722-732.

[38] Li G, Li B, Li X S, et al. Experimental and numerical studies on gas production from methane hydrate in porous media by depressurization in pilot-scale hydrate simulator[J]. Energy Fuels, 2012, 26(10): 6300-6310.

[39] 宋永臣, 阮徐可, 李清平, 等. 天然气水合物热开采技术研究进展[J]. 过程工程学报, 2009, 10, 9(5): 1035-1040.

[40] 李明川, 樊栓狮. 天然气水合物注热水分解径向数学模型[J]. 高校化学工程学报, 2013, 10, 27(5): 761-766.

[41] Li X S, Wang Y, Duan L P, et al. Experimental investigation into methane hydrate production during three-dimensional thermal huff and puff[J]. Applied Energy, 2012, 94: 48-57.

[42] Li X S, Li B, Gang L, et al. Numerical simulation of gas production potential from permafrost hydrate deposits by huff and puff method in a single horizontal well in Qilian Mountain, Qinghai province[J]. Energy, 2012, 40(1): 59-75.

[43] Tang L G, Xiao R, Chong H, et al. Experimental investigation of production behavior of gas hydrate under thermal stimulation in unconsolidated sediment[J]. Energy Fuels, 2005, 19(6): 2402-2407.

[44] 张育诚. 注热及 CO_2、N_2 置换开采天然气水合物实验研究[D]. 广州: 华南理工大学, 2019.

[45] 史浩贤, 谢文卫, 于彦江, 等. 复合解堵技术在天然气水合物开发中的应用可行性分析[J]. 钻探工程, 2022, 49(1): 5-15.

[46] Li X S, Wan L H, Li G, et al. Experimental Investigation into the Production Behavior of Methane Hydrate in Porous Sediment with Hot Brine Stimulation[J]. Industrial and Engineering Chemistry Research, 2008, 47(23): 9696-9702.

[47] 孙万通. 海洋天然气水合物藏固态流化采掘多相非平衡管流研究[D]. 成都: 西南石油大学, 2016.

[48] 刘祎. 天然气集输与安全[M]. 北京: 中国石化出版社, 2010.

[49] 王遇冬. 天然气处理与加工工艺[M]. 北京: 石油工业出版社, 1999.

[50] 郭平, 刘士鑫, 杜建芬, 等. 天然气水合物气藏开发[M]. 北京: 石油工业出版社, 2006.

[51] 李臻, 王欣. 绿色开采天然气水合物技术研究[J]. 钻采工艺, 2010, 33(6): 71-74.

[52] Ersland G, Husebo J, Graue A, et al. Measuring gas hydrate formation and exchange with CO_2 in Bentheim sandstone using MRI tomography[J]. Chemical Engineering, 2010, 158(1): 25-31.

[53] Ersland G, Husebo J, Graue A, et al. Transport and storage of CO_2 in natural gas hydrate reservoirs[J]. Energy Procedia, 2009, 1(1): 3477-3484.

[54] Whitea M, McGrailb P. Designing a pilot-scale experiment for the production of natural gas hydrates and sequestration of CO_2 in class 1 hydrate accumulations[J]. Energy Procedia, 2009, 1(1): 3099-3106.

[55] 李芳芳, 刘晓栋. 天然气水合物开采新技术及其工业化开采的制约因素[J]. 特种油气藏, 2010, 17(3): 1-3.

[56] 成晶晶. CH_4, CO_2, H_2O 在纳米锥内吸附与置换的分子动力学模拟研究[D]. 太原: 太原理工大学,2018.

[57] 周锡堂, 樊栓狮, 梁德青. CO_2 置换开采天然气水合物研究进展[J]. 化工进展, 2006, 25(5): 524-527.

[58] Ohgaki K, Takano K, Sangawa H. et al. Methane Exploitation by Carbon Dioxide from Gas Hydrates-Phase Equilibria for CO_2-CH_4, Mixed Hydrate System[J]. Journal of Chemical Engineering of Japan, 1996, 29(3): 478-483.

[59] 王敏, 徐刚, 蔡晶, 等. "CH_4-CO_2"置换法开采天然气水合物[J]. 新能源进展, 2021, 9(1): 62-68.

[60] 周守为, 陈伟, 李清平, 等. 深水浅表层非成岩天然气水合物固态流化试采技术研究及进展[J]. 中国海上油气, 2017, 29(4): 1-8.

[61] 周守为, 赵金洲, 李清平, 等. 全球首次海洋天然气水合物固态流化试采工程参数优化设计[J]. 天然气工业, 2017, 37(9): 1-14.

[62] 周守为, 陈伟, 李清平. 深水浅层天然气水合物固态流化绿色开采技术[J]. 中国海上油气, 2014, 26(5): 1-7.

[63] 周守为, 李清平, 朱海山, 等. 海洋能源勘探开发技术现状与展望[J]. 中国工程科学, 2016, 18(2): 19-31.

[64] 赵金洲, 周守为, 张烈辉, 等. 世界首个海洋天然气水合物固态流化开采大型物理模拟实验系统[J]. 天然气工业, 2017, 37(9): 15-22.

[65] 王国荣, 黄蓉, 钟林, 等. 固态流化采掘海洋天然气水合物藏破碎参数的优化设计[J]. 天然气工业, 2018, 38(10): 84-89.

[66] 魏纳, 白睿玲, 周守为, 等. 碳达峰目标下中国深海天然气水合物开发战略[J]. 天然气工业, 2022, 42(2): 156-165.

[67] 庞守吉, 苏新, 何浩, 等. 祁连山冻土区天然气水合物地质控制因素分析[J]. 地学前缘, 2013, 20(1): 223-239.

[68] 马占权. 降压联合热激法甲烷水合物开采特性研究[D]. 大连: 大连理工大学, 2019.

[69] 吴林强, 张涛, 蒋成竹, 等. 黑海天然气水合物地质调查现状分析[J]. 地球学报, 2021, 42(2): 203-208.

[70] Akihiro H, Hirotoshi S, Hirotsugu M, et al. Formation Process of Structure I AND II Gas Hydrates Discovered in KUKUY, Lake Baikal[C]. Vancouver: Proceedings of the 6th International Conference on Gas Hydrates (ICGH 2008), 2008.

[71] Вассилев А, Димитров Л. Оценка пространственного распределения и запасов газогидртов в чёрном море[J]. Геология и Геофизика, 2002(43): 672-684.

[72] Minami H, Hachikubo A, Yamashita S, et al. Hydrogen and oxygen isotopic anomalies in pore waters suggesting clay mineral dehydration at gas hydrate-bearing Kedr mud volcano, southern Lake Baikal, Russia[J]. Geo-Marine Letters, 2018(38): 403–415.

[73] Khlystov O M, Khabuev A V, Minami H, et al. Gas hydrates in Lake Baikal[J]. Limnology and Freshwater Biology, 2018(1): 66-70.

[74] 杨明清, 赵佳伊, 王倩. 俄罗斯可燃冰开发现状及未来发展[J]. 石油钻采工艺, 2018, 40(2): 198-204.

[75] 赵荣. 俄罗斯天然气水合物研究进展概述[J]. 青海师范大学学报（自然科学版）, 2014, 30(2): 43-48.

[76] 肖钢, 白玉湖. 能源工程技术丛书——天然气水合物勘探开发关键技术研究[M]. 武汉: 武汉大学出版社, 2015.

[77] 邵明娟, 张炜, 吴西顺, 等. 麦索亚哈气田天然气水合物的开发[J]. 国土资源情报, 2016(12): 17-19+31.

[78] 肖莹莹, 左力艳, 张诚. 天然气水合物研究与开发试验概述[J]. 内蒙古石油化工, 2018, 44(10): 18-22.

[79] 张炜, 邵明娟, 姜重昕, 等. 世界天然气水合物钻探历程与试采进展[J]. 海洋地质与第四纪地质, 2018, 38(5): 1-13.

[80] 王丽忱, 甄鉴. 天然气水合物项目研究典型案例及对我国的启示[J]. 非常规油气, 2014, 1(3): 79-84.

[81] 张炜, 王淑玲. 美国天然气水合物研发进展及对中国的启示[J]. 上海国土资源, 2015, 36(2): 79-82+91.

[82] 陈志豪, 吴能友. 国际多年冻土区天然气水合物勘探开发现状与启示[J]. 海洋地质动态, 2010, 26(11): 36-44.

[83] Collett T S, Boswell R, Lee M W, et al. Evaluation of long-term gas-hydrate-production testing locations on the Alaska North Slope[J]. SPE Reservoir Evaluation & Engineering, 2012, 15(2): 243-264.

[84] 曾繁彩, 吴琳, 何拥军. 国外天然气水合物调查研究综述[J]. 海洋地质动态, 2003, 19(11): 19-23.

[85] 地调局地学文献中心. 美国能源部明确天然气水合物研发计划未来重点[J]. 地质装备, 2019, 20(6): 4.

[86] Anderson B, Boswell R, Collett T S, et al. Review of the findings of the Iġnick Sikumi CO_2-CH_4 gas hydrate exchange field trial[C]. Beijing: Proceedings of the 8th international conference on gas hydrates (ICGH8-2014), 2014.

[87] Boswell R, Schoderbek D, Collett T S, et al. The Iġnik Sikumi field experiment, Alaska North Slope: design, operations, and implications for CO_2-CH_4 exchange in gas hydrate reservoirs[J]. Energy Fuels, 2017, 31(1): 140-153.

[88] 张金昌. 天然气水合物勘探开发: 从马里克走向未来——加拿大北极地区天然气水合物勘探开发情况综述[J]. 地质通报, 2005, 24(7): 690-693.

[89] 刘刚, 李朝玮. 天然气水合物研究现状及应用前景[J]. 北京石油化工学院学报, 2011, 19(3): 60-64.

[90] 海洋石油工程设计指南编委会. 海洋石油工程深水油气田开发技术（第 12 册)[M]. 北京: 石油工业出版社, 2011.

[91] 左汝强, 李艺. 加拿大 Mallik 陆域永冻带天然气水合物成功试采回顾[J]. 探矿工程(岩土钻掘工程), 2017, 44(8): 1-12.

[92] Huang J W, Bellefleur G, Milkereit B. Seismic modeling of multidimensional heterogeneity scales of Mallik gas hydrate reservoirs, Northwest Territories of Canada[J]. Journal of Geophysical Research Atmospheres, 2009, 114(B07306): 1-22.

[93] Riedel M, Bellefleur G, Dallimore S R, et al. Amplitude and frequency anomalies in regional 3D seismic data surrounding the Mallik 5L-38 research site, Mackenzie Delta, Northwest Territories, Canada[J]. Geophysics, 2006, 71(6): B183-B191.

[94] 左汝强, 李艺. 日本南海海槽天然气水合物取样调查与成功试采[J]. 探矿工程(岩土钻掘工程), 2017, 44(12): 1-20.

[95] 河北省自然资源厅（海洋局). 日本天然气水合物研发最新动态及问题对策研判[OL]. http://zrzy.hebei.gov.cn/heb/gongk/gkml/kjxx/gjjl/10582193249554690048.html, 2021-4-21.

[96] 张涛, 冉皞, 徐晶晶, 等. 日本天然气水合物研发进展与技术方向[J]. 地球学报, 2021, 42(2): 196-202.

[97] 赵克斌, 吴传芝, 孙长青. 日本天然气水合物勘探开发研究进展与启示[J]. 国际石油经济, 2019, 27(9): 49-60.

[98] Boswell R. Japan completes first offshore methane hydrate production test—methane successfully produced from deepwater hydrate layers[J]. Center for Natural Gas and Oil, 2013, 412(1): 386-7614.

[99] Yoshioka H, Sakata S, Cragg B A, et al. Microbial methane production rates in gas hydrate-bearing sediments from the eastern Nankai Trough, off central Japan[J]. Geochemical Journal, 2009, 43(5): 315-321.

[100] Goto T, Kasaya T, Takagi R, et al. Methane hydrate detection with marine electromagnetic surveys: Case studies off Japan coast[C]. Bremen: OCEANS 2009-EUROPE, 2009.

[101] 杜卫刚, 钱旭瑞, 谢梦春, 等. 日本天然气水合物完井试采技术分析[J]. 油气井测试, 2019, 28(6): 49-53.

[102] 张炜, 邵明娟, 田黔宁. 日本海域天然气水合物开发技术进展[J]. 石油钻探技术, 2017, 45(5): 98-102.

[103] 国土资源部中国地质调查局. 地学文献中心通过地学情报跟踪获悉日本经济产业省宣布第二次近海甲烷水合物试采启动[OL]. http://www.cgs.gov.cn/gywm/gnwdt/201704/t20170414_427011.html, 2017-4-14.

[104] 日本 JOGMEC 独立行政法人石油天然气和金属矿物资源机构. 第 2 回メタンハイドレート海洋産出試験～ガスの生産を一時中断し、坑井の切り替え作業を実施します～(第 2 次海洋水合物试采, 暂停产气生产, 进行生产井切换作业)[OL]. http://www.jogmec.go.jp/news/release/news_01_000103.html, 2017-5-16.

[105] Li S D, Sun Y M, Chen W C, et al. Analyses of gas production methods and offshore production tests of natural gas hydrates[J]. Journal of Engineering Geology, 2019, 27(1): 55-68.

[106] 赵生才. 德国气水合物研究计划简介[J]. 天然气地球科学, 2001, 12(1): 63-67.

[107] 王力峰, 付少英, 梁金强, 等. 全球主要国家水合物探采计划与研究进展[J]. 中国地质, 2017, 44(3): 439-448.

[108] 邢军辉, 姜效典, 李德勇. 海洋天然气水合物及相关浅层气藏的地球物理勘探技术应用进展——以黑海地区德国研究航次为例[J]. 中国海洋大学学报（自然科学版）, 2016, 46(1): 80-85.

[109] Haeckel M, Bialas J, Klaucke I, et al. Gas hydrate occurrences in the Black Sea–new observations from the German SUGAR project[J]. Fire in the Ice: Methane Hydrate Newsletter, 2015, 15(2): 6-9.

[110] 陈建东, 孟浩. 主要国家海洋天然气水合物研发现状及我国对策[J]. 世界科技研究与发展, 2013, 35(4): 560-564.

[111] 萧惠中, 张振. 全球主要国家天然气水合物研究进展[J]. 海洋开发与管理, 2021, 38(1): 36-41.

[112] Scholz N A, Riedel M, Bahk J J, et al. Mass transport deposits and gas hydrate occurrences in the Ulleung Basin, East Sea - Part 1: Mapping sedimentation patterns using seismic coherency[J]. Marine and Petroleum Geology, 2012, 35(1): 91-104.

[113] Kang D H. The Seismic Indicators of Gas Hydrate in the Ulleung Basin, East Sea off Korea[C]. Vancouver: Proceedings of the 6th International Conference on Gas Hydrates (ICGH 2008), 2008.

[114] Lee J H, Baek Y S, Ryu B J, et al. A seismic survey to detect natural gas hydrate in the East Sea of Korea[J]. Marine Geophysical Researches, 2005, 26(1): 51-59.

[115] Ryu B J, Collett T S, Riedel M, et al. Scientific results of the second gas hydrate drilling expedition in the Ulleung basin (UBGH2)[J]. Marine and Petroleum Geology, 2013, 47: 1-20.

[116] Kim A R, Kim H S, Cho G C, et al. Estimation of model parameters and properties for numerical simulation on geomechanical stability of gas hydrate production in the Ulleung Basin, East Sea, Korea[J]. Quaternary International, 2017, 459: 55-68.

[117] 樊栓狮, 陈玉娟, 郎雪梅, 等. 韩国天然气水合物研究开发思路及对我国的启示[J]. 中外能源, 2009, 14(10): 20-25.

[118] 池永翔. 韩国天然气水合物资源调查进展及启示[J]. 能源与环境, 2020(5): 12-13.

[119] Ferré B, Mienert J, Feseker T. Ocean temperature variability for the past 60 years on the Norwegian - Svalbard margin influences gas hydrate stability on human time scales[J]. Journal of Geophysical Research: Oceans, 2012, 117: C10017.

[120] Carcione J M, Gei D, Rossi G, et al. Estimation of gas-hydrate concentration and free - gas saturation at the Norwegian - Svalbard continental margin[J]. Geophysical Prospecting, 2005, 53(6): 803-810.

[121] Bunz S, Polyanov S, Vadakkepuliyambatta S, et al. Active gas venting through hydrate-bearing sediments on the Vestnesa Ridge, offshore W-Svalbard[J]. Marine Geology, 2012, 332: 189-197.

[122] Westbrook G K, Chand S, Rossi G, et al. Estimation of gas hydrate concentration from multi-component seismic data at sites on the continental margins of NW Svalbard and the Storegga region of Norway[J]. Marine and Petroleum Geology, 2008, 25(8): 744-758.

[123] 陈超. 世界新兴产业发展报告[M]. 上海: 上海科学技术文献出版社, 2015.

[124] 祝有海, 张永勤, 方慧, 等. 中国陆域天然气水合物调查研究主要进展[J]. 中国地质调查, 2020, 7(4): 1-9.

[125] 祝有海, 庞守吉, 王平康, 等. 中国天然气水合物资源潜力及试开采进展[J]. 沉积与特提斯地质, 2021, 41(4): 524-535.

[126] 宁伏龙, 梁金强, 吴能友, 等. 中国天然气水合物赋存特征[J]. 天然气工业, 2020, 40(8): 1-24+203.

[127] 戴金星, 倪云燕, 黄士鹏, 等. 中国天然气水合物气的成因类型[J]. 石油勘探与开发, 2017, 44(6): 837-848.

[128] 王平康, 祝有海, 卢振权, 等. 青海祁连山冻土区天然气水合物研究进展综述[J]. 中国科学: 物理学 力学 天文学, 2019, 49(3): 76-95.

[129] 蒋国盛, 王达, 叶建良, 等. 天然气水合物的勘探与开发[M]. 武汉: 中国地质大学出版社, 2002.

[130] 陆红锋, 孙晓明, 张美. 南海天然气水合物沉积物矿物学和地球化学[M]. 北京: 科学出版社, 2011.

[131] 侯亮, 杨金华, 刘知鑫, 等. 中国海域天然气水合物开采技术现状及建议[J]. 世界石油工业, 2021, 28(3): 17-22.

[132] 张乐，贺甲元，王海波，等. 天然气水合物藏开采数值模拟技术研究进展[J]. 科学技术与工程，2021，21(28)：11891-11899.

[133] 中国地质调查局. 科技日报：我国首次海域天然气水合物试采圆满结束，创造产气时长和总量的世界纪录[OL]. https://www.cgs.gov.cn/ddztt/jqthd/trqshw/zxbdshw/201707/t20170731_436521.html, 2017-7-31.

[134] 中国地质调查局. 人民日报：我国可燃冰试采圆满结束 产气时长和总量创世界纪录[OL]. https://www.cgs.gov.cn/xwl/ddyw/201707/t20170731_436516.html, 2017-7-31.

[135] 海域天然气水合物试采重大成果及最新进展发布[J]. 中国矿业, 2017, 26(1): 82.

[136] 中国地质调查局. 我国南海海域天然气水合物试开采60天圆满结束[OL]. https://www.cgs.gov.cn/xwl/ddyw/201707/t20170709_434743.html, 2017-7-9.

[137] 天工. 我国海域天然气水合物第二轮试采成功[J]. 天然气工业, 2020, 40(4): 103.

[138] 于兴河, 付超, 华柑霖, 等. 未来接替能源——天然气水合物面临的挑战与前景[J]. 古地理学报, 2019, 21(1): 107-126.

[139] 中国地质调查局. 我国海域天然气水合物勘查开采之路[OL]. https://www.cgs.gov.cn/xwl/ddyw/202004/t20200401_560842.html, 2020-4-1.

[140] Zhao J Z, Wei N, Li H T, et al. Natural gas hydrate solid-state fluidization mining method and system under underbalanced positive circulation condition[P]. US, US11156064B2, 2021-10-26.

[141] Zhao J Z, Wei N, Li H T, et al. Hydrate solid-state fluidization mining method and system under underbalanced reverse circulation condition[P]. US, US11053779B2, 2021-7-6.

[142] 魏纳，李海涛，赵金洲，等. 欠平衡反循环条件下水合物固态流化开采方法及系统[P]. 中国：ZL201810515238.6, 2020-9-25.

[143] 付强, 王国荣, 周守为, 等. 海洋天然气水合物开采技术与装备发展研究[J]. 中国工程科学, 2020, 22(6): 32-39.

[144] 魏纳，李海涛，赵金洲，等. 欠平衡正循环条件下天然气水合物固态流开采方法及系统[P]. 中国：ZL201810515239.0, 2020-9-29.

[145] 魏纳, 李海涛, 赵金洲, 等. 固态流化开采条件下水合物分解量实验方法[P]. 中国: ZL201810514864.3, 2021-2-26.

[146] Zhao J Z, Liu Y J, Jiang L L, et al. Experimental loop system for fluidization exploitation of solid-state marine gas hydrate[P]. US, US20170260469A1, 2017-9-14.

[147] 魏纳，李海涛，伍开松，等. 一种天然气水合物固态流化开采中相含量分析装置及方法[P]. 中国：ZL201810515857.5, 2020-7-3.

[148] Gudmundsson J S. Method for production of gas hydrate for transportation and storage[P]. US, US5536893, 1996-7-16.

[149] Gudmundsson J S, Parlaktuna M, Khokhar A A. Storage of natural gas as frozen hydrate[J]. Oil Production & Facilities, 1994, 9(1): 69-73.

[150] 周春艳, 郝文峰, 冯自平. 孔板气泡法缩短天然气水合物形成诱导期[J]. 天然气工业, 2005, 25(7): 27-29.

[151] Rogers R. Hydrates for storage of natural gas[C]. Toulouse: Proceedings of the 2nd International Conference on Natural Gas Hydrates, 1996.

[152] Tsuji H, Ohmura R, Mori Y H. Forming structure-H hydrates using water spraying in methane gas: effects of chemical species of large-molecule guest substances[J]. Energy & Fuels, 2004, 18(2): 418-424.

[153] 刘有智, 邢银全, 崔磊军. 超重力旋转填料床中天然气水合物含气量研究[J]. 化工进展, 2007, 26(6): 853-856.

[154] Stern L A, Kirby S H, Durham W B. Peculiarities of methane clathrate hydrate formation and solid-state deformation, including possible superheating of water ice[J]. Science, 1996, 273(5283): 1843-1848.

[155] Kalogerakis N, Jamaluddin A K M, Dholabhai P D, et al. New Orleans: Effect of surfactants on hydrate formation kinetics[C]. New Orleans: SPE International Symposium on Oilfield Chemistry, 1993.

[156] Karaaslan U, Parlaktuna M. Surfactants as hydrate promoters[J]. Energy & Fuels, 2000, 14(5): 1103-1107.

[157] Zang X, Du J, Liang D, et al. Influence of A-type zeolite on methane hydrate formation[J]. Chinese Journal of Chemical Engineering, 2009, 17(5): 854-859.

[158] Linga P, Daraboina N, Ripmeester J A, et al. Enhanced rate of gas hydrate formation in a fixed bed column filled with sand compared to a stirred vessel[J]. Chemical Engineering Science, 2012, 68(1): 617-623.

[159] Kang S, Lee J. Kinetic behaviors of CO_2 hydrates in porous media and effect of kinetic promoter on the formation kinetics[J]. Chemical Engineering Science, 2010, 65(5): 1840-1845.

[160] 李刚, 李小森, 唐广良, 等. 降温模式对甲烷水合物形成的影响[J]. 过程工程学报, 2007, 7(4): 723-726.

[161] 郝永卯, 薄启炜, 陈月明, 等. 天然气水合物降压开采实验研究[J]. 石油勘探与开发, 2006, 33(2): 217-220.

[162] 李刚, 李小森, 张郁, 等. 注乙二醇溶液分解甲烷水合物的实验研究[J]. 化工学报, 2007, 58(8): 2067-2074.

[163] 孙建业, 业渝光, 刘昌岭, 等. 沉积物中天然气水合物减压分解实验[J]. 现代地质, 2010, 24(3): 614-621.

[164] 任韶然, 刘建新, 刘义兴, 等. 多孔介质中甲烷水合物形成与分解实验研究[J]. 石油学报, 2009, 30(4): 583-587.

[165] Booth J S, Winters W J, Dillon W P. Apparatus investigates geological aspects of gas hydrates[J]. Oil and Gas Journal, 1999, 97(40): 63-70.

[166] Winters W J, Pecher I A, Waite W F, et al. Physical properties and rock physics models of sediment containing natural and laboratory-formed methane gas hydrate[J]. American Mineralogist, 2004, 89(8-9): 1221-1227.

[167] Phelps T J, Peters D J, Marshall S L. A new experimental facility for investigating the formation and properties of gas hydrates under simulated seafloor conditions[J]. Review of Scientific Instruments, 2001, 72(2): 1514-1521.

[168] 伍开松, 廉栋, 代茂林, 等. 一种用于开采可燃冰的钻头[P]. 中国: ZL201410814838.4, 2017-4-26.

[169] 魏纳, 刘春全, 伍开松, 等. 一种用于大尺寸天然气水合物岩样的破碎系统[P]. 中国: ZL201810515840.X, 2020-12-22.

[170] 张亦驰. 海底非成岩天然气水合物机械绞吸式刀齿破碎性能研究[D]. 成都: 西南石油大学, 2018.

[171] 魏纳, 裴俊, 李海涛, 等. 一种多功能水合物反应实验装置[P]. 中国: CN202011054826.8, 2021-1-15.

[172] 樊栓狮, 李璐伶, 李海涛, 等. 一种天然气水合物合成反应釜[P]. 中国: CN201711069665.8, 2018-1-30.

[173] 伍开松, 贾玉丹, 赵金洲, 等. 一种水合物浆体气-沙分离系统[P]. 中国: ZL201610990054.6, 2019-10-1.

[174] 刘艳军, 代茂林, 赵金洲, 等. 天然气水合物保真运移实验装置及实验方法[P]. 中国: ZL201510040945.0, 2015-5-13.

[175] 刘艳军, 代茂林, 赵金洲, 等. 天然气水合物实验回路装置[P]. 中国: ZL201410578211.3, 2016-6-1.

[176] 魏纳, 张盛辉, 孙万通, 等. 降压开采水合物惰性气体吹扫防控固相沉积的装置和方法[P]. 中国: ZL202110282537.1, 2021-6-18.

[177] Yannick P, Sven N, Philippe M, et al. Flow of hydrates dispersed in production lines[C]. Denver: SPE Annual Technical Conference and Exhibition, 2003.

[178] Gainville M, Sinquin A, Darbouret M. Hydrate slurry characterization for laminar and turbulent flows in pipelines[C]. Edinburgh: International Conference on Gas Hydrates (ICGH), 2011.

[179] Fidel-Dufour A, Herri J M. Formation and transportation of methane hydrate slurries in a flow loop reactor: influence of a dispersant[C]. Okohama: 4th International Conference on Gas Hydrates, 2002.

[180] Fidel-Dufour A, Gruy F, Herri J M. Rheology of methane hydrate slurries during their crystallization in a water in dodecane emulsion under flowing[J]. Chemical Engineering Science, 2006, 61(2): 505-515.

[181] Turner D J, Kleehammer D M, Miller K T, et al. Formation of hydrate obstructions in pipelines: Hydrate particle development and slurry flow[C]. Trondheim: Proceedings of the 5th International Conference on Gas Hydrates, 2005.

[182] Boxall J A, Davies S, Nicholas J, et al. Hydrate blockage potential in an oil-dominated system studied using a four inch flow loop[C]. Vancouver: Proceedings of the 6th International Conference on Gas Hydrates, 2008.

[183] Boxall J A. Hydrate plug formation from 50% water content water-in-oil emulsions[D]. Colorado: Colorado School of Mines, 2009.

[184] Boxall J, Davies S, Koh C, et al. Predicting when and where hydrate plugs form in oil-dominated flowlines[J]. SPE Projects, Facilities & Construction, 2009, 4(3): 80-86.

[185] Joshi S, Grasso G, Lafond P, et al. Experimental flow loop investigations of gas hydrate formation in high water cut systems[J]. Chemical Engineering Science, 2013, 97(7): 198-209.

[186] Lorenzo M D, Kozielski K, Seo Y, et al. Hydrate formation characteristics of natural gas during transient operation of a flow line[C]. Brisbane: SPE Asia Pacific Oil and Gas Conference and Exhibition, 2010.

[187] Andersson V, Gudmundsson J S. Flow experiments on concentrated hydrate slurries[C]. Houston: SPE Annual Technical Conference and Exhibition, 1999.

[188] Lund A, Urdahl O, Kirkhorn S S. Inhibition of gas hydrate formation by means of chemical additives—II. An evaluation of the screening method[J]. Chemical Engineering Science, 1996, 51(13): 3449-3458.

[189] Balakin B V, Hoffmann A C, Kosinski P, et al. Turbulent flow of hydrates in a pipeline of complex configuration[J]. Chemical Engineering Science, 2010, 65(17): 5007-5017.

[190] 王武昌. 管道中水合物浆安全流动研究[D]. 广州: 中国科学院广州能源研究所, 2008.

[191] 王武昌, 樊栓狮, 梁德青, 等. HCFC-141b 水合物在管道中形成及堵塞实验研究[J]. 西安交通大学学报, 2008, 42(5): 602-606.

[192] 孙长宇. 水合物的生成/分解动力学及相关研究[D]. 北京: 中国石油大学(北京), 2001.

[193] 姚海元, 李清平, 陈光进, 等. 加入防聚剂后水合物浆液流动压降规律研究[J]. 化学工程, 2009, 37(12): 20-23.

[194] 李文庆, 于达, 吴海浩, 等. 高压水合物/蜡沉积实验环路的设计与建设[J]. 实验室研究与探索, 2011, 30(12): 13-16, 192.

[195] 宫敬, 史博会, 吕晓方. 多相混输管道水合物生成及其浆液输送[J]. 中国石油大学学报（自然科学版), 2013, 30(12): 13-16, 192.

[196] 伍开松, 邓涛, 赵金洲, 等. 海底天然气水合物浆体分解分离与除泥沙模块化开采系统[P]. 中国: ZL201610173694.8, 2018-4-17.

[197] 林洪义. 回转式容积泵理论与设计[M]. 北京: 兵器工业出版社, 1995.

[198] 赵志立. 叶轮式流体设备 泵、风机与压缩机设计与运行[M]. 重庆: 重庆大学出版社, 1997.

[199] 张涛. 喷射式液体输送泵内部流场的数值模拟与优化研究[D]. 北京: 中国农业科学院, 2011.

[200] 徐志诚. 双螺杆油气混输泵的选型设计[J]. 石油化工设备技术, 2017, 38(2): 31-34.

[201] 贾昀昭. 三螺杆泵性能评估及故障诊断研究[D]. 哈尔滨: 哈尔滨工业大学, 2017.

[202] 赵广飞. 恒流量轴向柱塞液压泵的研究[D]. 太原: 太原理工大学, 2016.

[203] 吴凡. 油液含气的轴向斜柱塞泵流动特性研究[D]. 成都: 西南石油大学, 2017.

[204] 何长江, 周小冬. 钻井泵的技术发展趋势[J]. 机械, 2015, 42(S1): 22-24, 45.

[205] 刘禧元, 于晓杰, 夏廷波, 等. 固相控制钻井降本提效的新途径[J]. 吐哈油气, 2010, 15(4): 389-391.

[206] 汝绍锋. 泥浆泵活塞仿生优化设计及其耐磨密封性能研究[D]. 吉林: 吉林大学, 2015.

[207] 周佳. 内环流活塞泵转子型线的研究及其间隙的分析[D]. 杭州: 浙江工业大学, 2010.

[208] 魏立超. 高速离心泵回流漩涡及空化特性的分析[D]. 成都: 西华大学, 2017.

[209] 魏纳, 张盛辉, 赵金洲, 等. 测量岩屑含量对天然气水合物钻井冲蚀影响的装置及方法[P]. 中国: CN202011035591.8, 2020-11-27.

[210] 魏纳, 李海涛, 赵金洲, 等. 基于螺杆泵与ERT相结合测量流体相含量分布的装置及方法[P]. 中国: ZL201810514914.8, 2021-4-13.

[211] 李海涛, 魏纳, 赵金洲, 等. 一种水合物固态流化开采模拟高压可视化监测装置[P]. 中国: CN202011054856.9, 2021-1-12.

[212] 李海涛, 魏纳, 赵金洲, 等. 一种水合物固态流化开采模拟管道流体的温度控制装置[P]. 中国: CN202011033584.4, 2021-1-1.

[213] Barros Filho J A, Santos A A C, Navarro M A, et al. Effect of chamfer geometry on the pressure drop of perforated plates with thin orifices[J]. Nuclear Engineering and Design, 2015, 284: 74-79.

[214] Xu M Y, Zhang J P, Mi J C, et a1. PIV measurements of turbulent jets issuing from triangular and circular orifice plates[J]. Science China Physics, Mechanics and Astronomy, 2013, 56(6): 1176-1186.

[215] 王慧锋, 凌长玺. 几何特征对多孔板特性的影响[J]. 华东理工大学学报: 自然科学版, 2015, 41(5): 677-685.

[216] 李妍, 陆道纲, 曾小康. 适用于大压降小间距管道的节流件设计及分析[J]. 核动力工程, 2013, 34(4): 126-129.

[217] 杨元龙. 船用锅炉给水再循环管路上的节流孔板设计与优化[J]. 中国舰船研究, 2015, 10(5): 99-103.

[218] 陆培文. 实用阀门设计手册[M]. 北京: 机械工业出版社, 2007.

[219] 宋虎堂. 阀门选用手册[M]. 北京: 化学工业出版社, 2007.

[220] Schneider R T, Hitchcox A L. Fluid power technology shapes industry worldwide[J]. Hydraulics & Pneumatics, 1998, 51(3): 59-62.

[221] Trostmann E. Water hydraulics control technology[M]. Routledge, 2019.

[222] 刘银水, 杨友胜, 朱小明, 等. 中高压水压减压阀的研制[J]. 流体机械, 2007, 35(3): 10-13.

[223] 吴珊, 毛旭耀, 廖义德, 等. 先导式海水液压减压阀静态性能分析[J]. 武汉理工大学学报, 2011, 33(1): 134-138.

[224] 刘干. 节流阀结构研究与流场数值模拟分析[D]. 南充: 西南石油学院, 2003.

[225] 王果, 范红康, 牛新明, 等. 控压钻井线性节流阀及其控制[J]. 石油学报, 2017, 38(8): 955-962.

[226] 周小刚. 化工工艺管道的伴热设计探讨[J]. 化工管理, 2013(12): 254.

[227] 刘杰. 化工工艺管道的伴热设计探讨分析[J]. 化学工程与装备, 2017(10): 181-182.

[228] 马丹旎, 高滨. 电伴热的选用及设计[J]. 山东化工, 2014, 43(10): 113-117.

[229] 刘铁民. 管道电加热管的电磁理论分析[J]. 油气储运, 1981(1): 19-26.

[230] 周洪伟, 马维纲, 王有才. 电加热埋地管道传热实验研究[J]. 油气田地面工程, 2005, 24(7): 6.

[231] 唐小云. 输油管道集肤效应电伴热控制系统的研究[D]. 杭州: 中国计量学院, 2014.

[232] 林纬. 横纹管脉冲流动与壁面振动对流传热特性研究[D]. 武汉: 武汉工程大学, 2011.

[233] 宋彬, 陈佳. 气田天然气加热炉类型选择[J]. 油气田地面工程, 2007, 26(3): 59.

[234] 魏纳, 张绪超, 赵金洲, 等. 一种天然气水合物管输压力损失的测量装置及方法[P]. 中国: CN202011054848.4, 2020-12-25.

[235] 刘艳军, 代茂林, 赵金洲, 等. 一种用于天然气水合物浆体的蛇形预热装置[P]. 中国: ZL201520155205.7, 2015-8-5.

[236] 刘艳军, 代茂林, 赵金洲, 等. 一种蛇形预热装置的预热量的计算方法[P]. 中国: ZL201510142012.2, 2018-5-15.

[237] 伍开松, 赵金洲, 陈柯杰, 等. 一种海洋非成岩天然气水合物藏开采系统及其开采工艺[P]. 中国: ZL201710179721.7, 2020-3-6.

[238] 杨浦, 王国荣, 周守为, 等. 非成岩天然气水合物固态流化模拟实验装置的研制及应用[J]. 岩石力学与工程学报, 2019, 38(S2): 3512-3519.

[239] 李海涛, 魏纳, 张博宁, 等. 一种用于模拟气井水合物堵塞的解堵装置及方法[P]. 中国: ZL202011033596.7, 2022-3-11.

[240] 魏纳, 张超, 李海涛, 等. 一种海洋水合物固态流化开采中地质风险监测系统及方法[P]. 中国: CN202110217470.3, 2021-5-28.

[241] 赵金洲, 李海涛, 张烈辉, 等. 海洋天然气水合物固态流化开采大型物理模拟实验[J]. 天然气工业, 2018, 38(10): 76-83.

[242] 李蜀涛, 魏纳, 李海涛, 等. 固态流化采掘海洋天然气水合物藏的水平管段固相颗粒运移特征[J]. 天然气工业, 2018, 38(10): 100-106.

[243] 黄鑫, 蔡明杰, 毛良杰, 等. 南海固态流化开采天然气水合物设计参数优化[J]. 科学技术与工程, 2020, 20(33): 13647-13653.

[244] 李海涛, 赵金洲, 刘安琪, 等. 海洋非成岩天然气水合物原位快速制备实验及评价[J]. 天然气工业, 2019, 39(7): 151-158.

[245] 刘艳军, 李宝罗, 袁娇, 等. 一种天然气水合物快速合成装置[P]. 中国: CN201610297410.6, 2016-10-12.

[246] 郝文峰, 樊栓狮, 王金渠. 搅拌对甲烷水合物生成的影响[J]. 天然气化工：C1 化学与化工, 2005, 30(3): 5-7, 12.

[247] 郝文峰, 盛伟, 樊栓狮, 等. 喷淋式反应器中甲烷水合反应实验研究[J]. 武汉理工大学学报, 2007, 29(12): 39-43.

[248] 张计春, 钟林, 王国荣, 等. 非成岩水合物单喷嘴射流破碎规律实验研究[J]. 中南大学学报（自然科学版）, 2021, 52(2): 607-613.

[249] 唐洋, 何胤, 姚佳鑫, 等. 天然气水合物喷射破碎压控滑套冲蚀磨损特性研究[J]. 表面技术, 2021, 50(2): 254-260, 270.

[250] 唐洋, 姚佳鑫, 王国荣, 等. 深海浅层非成岩天然气水合物喷射破碎压控滑套的研制[J]. 天然气工业, 2020, 40(8): 186-194.

[251] 唐孝蓉. 天然气水合物浆体管输特性研究[D]. 成都: 西南石油大学, 2018.

[252] 刘艳军, 唐孝蓉, 胡坤. 天然气水合物浆体分解对其在垂直管中流动特性影响的研究[J]. 化学通报, 2018, 81(3): 267-273.

[253] 赵金洲, 刘艳军, 江磊磊, 等. 一种海洋天然气水合物固态流化开采实验回路系统[P]. 中国: ZL201610139992.5, 2018-1-16.

[254] 魏纳, 陈一健, 孟英峰, 等. 天然气水合物实验用压力调节罐[P]. 中国: ZL201510658511.7, 2017-6-30.

[255] 李清平, 魏纳, 郑利军, 等. 一种钻采天然气水合物监测二次生成实验装置及方法[P]. 中国: CN202010776502.9, 2020-11-3.

[256] 魏纳, 孙万通, 赵金洲, 等. 天然气水合物钻井管道微弯对流场影响的测量装置及方法[P]. 中国: CN202011033575.5, 2020-12-15.

[257] 魏纳, 张绪超, 李海涛, 等. 含砂水合物浆体对管道冲蚀与摩阻系数测量装置及方法[P]. 中国: ZL202011054802.2, 2022-3-11.

[258] 刘艳军, 唐孝蓉, 袁娇, 等. 天然气水合物多相流流量测量装置及其测量方法[P]. 中国: CN201610284613.1, 2016-8-17.

[259] 魏纳, 孟英峰, 孙万通, 等. 天然气水合物层钻井井筒水合物动态分解位置检测方法[P]. 中国: ZL201610162158.8, 2018-8-17.

[260] 李海涛, 魏纳, 孙万通, 等. 一种在线观测海洋天然气水合物生成及破碎的可视化装置[P]. 中国: ZL201820520079.4, 2019-1-15.

[261] 王国荣, 钟林, 周守为, 等. 天然气水合物射流破碎工具及其配套工艺技术[J]. 天然气工业, 2017, 37(12): 68-74.

[262] 伍开松, 王燕楠, 赵金洲, 等. 海洋非成岩天然气水合物藏固态流化采空区安全性评价[J]. 天然气工业, 2017, 37(12): 81-86.

[263] 伍开松, 贾同威, 廉栋, 等. 海底表层天然气水合物藏采掘工具设计研究[J]. 机械科学与技术, 2017, 36(2): 225-231.

[264] 赵军, 戢宇强, 武延亮. 利用声波资料计算天然气水合物饱和度的可靠性实验[J]. 天然气工业, 2017, 37(12): 35-39.

[265] 魏纳, 孙万通, 孟英峰, 等. 海洋天然气水合物藏钻探环空相态特性[J]. 石油学报, 2017, 38(6): 710-720.

[266] 魏纳, 徐汉明, 孙万通, 等. 水平井段内不同丰度天然气水合物固相颗粒的运移规律[J]. 天然气工业, 2017, 37(12): 75-80.

[267] Wei N, Sun W T, Meng Y F, et al. Sensitivity analysis of multiphase flow in annulus during drilling of marine natural gas hydrate reservoirs[J]. Journal of Natural Gas Science & Engineering, 2016, 36: 692-707.

[268] Wei N, Meng Y F, Li G, et al. Foam drilling in natural gas hydrate[J]. Thermal Science, 2015, 19(4): 1403-1405.

[269] Wei N, Sun W T, Li Y J, et al. Characteristics analysis of multiphase flow in annulus in natural gas hydrate reservoir drilling[C]. Shenzhen: International Forum on Energy, Environment Science and Materials (IFEESM), 2015.

[270] Wei N, Meng Y F, Zhou S W, et al. Analysis of wellbore flow while drilling in natural gas hydrate reservoir[C]. Chiang Mai: International Conference on Industrial Informatics, Machinery and Materials (IIMM), 2015.

[271] Guo P, Pan Y K, Li L L, et al. Molecular dynamics simulation of decomposition and thermal conductivity of methane hydrate in porous media[J]. Chinese Physics B, 2017, 26(7): 49-54.

[272] Mao L J, Liu Q Y, Zhou S W, et al. Vortex-induced vibration mechanism of drilling riser under shear flow[J]. Petroleum Exploration and Development, 2015, 42(1): 112-118.

[273] Zheng R Y, Li S X, Li Q P, et al. Using similarity theory to design natural gas hydrate experimental model[J]. Journal of Natural Gas Science and Engineering, 2015, 22(1): 421-427.

[274] 毛良杰, 刘清友, 周守为, 等. 剪切流作用下隔水管涡激振动响应机理[J]. 石油勘探与开发, 2015, 42(1): 101-106.

[275] 刘清友, 周守为, 姜伟, 等. 基于钻井工况和海洋环境耦合作用下的隔水管动力学模型[J]. 天然气工业, 2013, 33(12): 6-12.

[276] 付强, 毛良杰, 周守为, 等. 深水钻井隔水管三维涡激振动理论模型[J]. 天然气工业, 2016, 36(1): 106-114.

[277] 李清平, 姚海元, 陈光进. 加入防聚剂后水合物浆液流动规律实验研究[J]. 工程热物理学报, 2008, 29(12): 2057-2060.

[278] 庞维新, 孙福街, 李清平, 等. 多孔介质和化学剂体系中甲烷水合物相平衡预测[J]. 石油学报（石油加工）, 2011, 27(4): 622-628.

[279] 庞维新, 孙福街, 李清平, 等. 甲烷水合物再汽化分解动力学模型建立[J]. 化工学报, 2011, 62(7): 1906-1914.

[280] 魏纳, 陈光凌, 郭平, 等. 天然气水合物脱气装置研制及性能试验[J]. 石油钻探技术, 2017, 45(2): 121-126.

[281] 付强, 魏纳, 孟英峰, 等. 深水钻井天然气水合物井筒多相流动模型及敏感性分析[J]. 中国海上油气, 2016, 28(4): 107-113.

[282] 付强, 周守为, 李清平. 天然气水合物资源勘探与试采技术研究现状与发展战略[J]. 中国工程科学, 2015, 17(9): 123-132.

[283] 周守为, 刘清友, 姜伟, 等. 深水钻井隔水管“三分之一效应”的发现：基于海流作用下深水钻井隔水管变形特性理论及实验的研究[J]. 中国海上油气, 2013, 25(6): 1-7.

[284] 庞维新, 李清平, 孙福街, 等. 三维实验装置中甲烷水合物沉积物注剂分解规律分析[J]. 中国海上油气, 2013, 25(1): 37-42.

[285] 魏纳, 陈光凌, 孟英峰, 等. 一种新型天然气水合物层钻井录井用脱气器[J]. 科学技术与工程, 2017, 17(8): 149-154.

[286] 庞维新, 李清平, 孙福街, 等. 天然气水合物藏开采数值模拟研究[J]. 中国煤炭地质, 2015, 27(8): 31-37.

[287] 庞维新, 李清平, 孙福街, 等. 热传递对甲烷水合物生成速度的影响研究[J]. 天然气与石油, 2013, 31(2): 6-9.

[288] 李清平, 曾恒一, 白玉湖, 等. 天然气水合物模拟开采技术研究进展[C]. 北京: 第二届中国工程院/国家能源局能源论坛, 2012.

[289] 李清平. 天然气水合物分解对地层和管道稳定性分析[C]. 青岛: 中国工程热物理学会 2008 多相流学术会议, 2008.

[290] 李清平, 贾旭, 曹静. 深水流动安全保障技术研究进展[C]. 北京: 2008 年中国油气论坛天然气专题研讨会, 2008.